Computer Control Technology

计算机控制技术

主　编　周　俊
副主编　甘亚辉

东南大学出版社
SOUTHEAST UNIVERSITY PRESS
·南京·

内容提要

本书详细阐述了计算机控制系统概况、过程通道配置与数字信号处理、计算机控制系统分析、数字 PID 控制器设计、数字控制器的连续系统方法设计、数字控制器的直接设计、复杂数字控制器设计、数字控制器的状态空间法设计、集散控制系统、现场总线控制系统和计算机控制系统实例，附录还简单介绍了主编独创的虚拟被控对象的计算机控制实验。对于暂时不具备开设复杂计算机控制实验条件的学校，该套实验为读者提供了一种不需要添加任何非计算机设备就能对计算机控制实验改造升级的手段。实验系统为读者提供了一个软件实现的虚拟过程通道和虚拟被控对象平台，能够非常方便和直观地仿真计算机控制系统的实物对象(如 A/D 和 D/A 转换误差;执行器的饱和、死区、变化速率限制;被控对象的动态特性和饱和特性等)，因而在该平台上实验比 MATLAB 等仿真实验更接近真实计算机控制系统环境。

本书编写力求层次分明、结构简练、主题突出、由浅入深，计算机控制系统的基本概念和知识的解释准确清晰、介绍简明扼要，注重将计算机控制系统的硬件和软件技术有机地结合起来，重点介绍了计算机控制系统的组成、常规和现代数字控制器设计，介绍了网络多机协调控制技术，通过典型设计使读者深入理解计算机控制系统技术，帮助读者掌握计算机控制技术的主要内容。

本书既可作为高等院校自动控制、自动化、计算机应用、机电一体化等专业及相关专业的高年级本科生教材，也可作为相关专业科技人员的参考书籍。

图书在版编目(CIP)数据

计算机控制技术 / 周俊主编. —— 南京：东南大学出版社，2016.12（2025.1 重印）
 ISBN 978-7-5641-6850-6

Ⅰ.①计… Ⅱ.①周… Ⅲ.①计算机控制 Ⅳ.①TP273

中国版本图书馆 CIP 数据核字(2016)第 273382 号

计算机控制技术

出版发行	东南大学出版社
社　　址	南京市四牌楼 2 号(邮编:210096)
出 版 人	江建中
责任编辑	姜晓乐(joy_supe@126.com)
经　　销	全国各地新华书店
印　　刷	苏州市古得堡数码印刷有限公司
开　　本	787mm×1092mm　1/16
印　　张	15.75
字　　数	393 千字
版　　次	2016 年 12 月第 1 版
印　　次	2025 年 1 月第 2 次印刷
书　　号	ISBN 978-7-5641-6850-6
定　　价	45.00 元

本社图书若有印装质量问题，请直接与营销部联系，电话：025-83791830。

前言 preface

随着计算机技术、电子技术、信息技术等在自动控制系统中的广泛应用,计算机控制技术已经成为自动化及自动化相关学科的一门本科生必修课程。掌握计算机控制系统的基本理论和基本设计方法,掌握计算机对模拟量、开关量、数字量及脉冲量的处理和控制方法,了解网络多机协调控制技术,掌握计算机控制系统工程应用设计方法,已成为自动化及自动化相关学科本科毕业生的基本要求。本书正是为了迎合该要求,根据教育部"21世纪中国高等学校应用型人才培养体系的创新与实践"和中国工程教育专业认证协会"工程教育认证标准(2015版)",结合编者多年从事计算机控制技术教学与科研的经验,将有关的教学和科研成果加以总结提高,并吸收近年来国内外本学科发展的先进理论、方法和技术编写而成。

为了让读者能够全面、系统地掌握计算机控制技术,达到教育部对高等院校相关专业本科毕业生的要求,在编写本教材时,编者力求层次分明、结构简练、主题突出、由浅入深,计算机控制系统的基本概念和知识的解释准确清晰、介绍简明扼要,注重将计算机控制系统的硬件和软件有机地结合起来,注重计算机控制的软件设计及其应用,重点介绍了计算机控制系统的组成、常规和现代数字控制器设计,介绍了集散控制系统和现场总线控制系统技术,通过典型的设计使读者更深入地理解计算机控制系统技术,帮助读者掌握计算机控制系统的关键技术并理解本书内容。

本教材共11章,第1章计算机控制系统概述,主要介绍了模拟控制向计算机控制的发展,计算机控制系统的构成、分类、基本原理、典型应用和发展趋势;第2章过程通道配置与数字信号处理,初步介绍了如何配置计算机过程通道硬件以及如何从硬件和软件两方面提高信号采集精度;第3章计算机控制系统分析属于理论基础,第4、第5、第6、第7章着重讨论了基于传递函数数学模型的计算机控制系统分析与控制器设计方法,由最常用、最简单的PID控制设计开始,到数字控制器的连续系统设计、直接设计和复杂控制系统设计结束,由浅入深,系统地介绍了计算机控制技术的基本设计方法。第8章给出了基于状态空间数学模型的分析和设计方法,第9、第10章分别介绍集散控制系统和现场总线控制系统技术,最后一章给出了计算机应用于生产过程、运动控制和网络多机协调控制的实例。此外,本书附录还介绍了主编独创的虚拟被控对象计算机控制实验。对于暂时不具备开设复杂计算机控制实验条件的学校,该套实验为使用者提供了一种不需要添加任何非计算机设备就能对计算机控制实验改造升级的方法。实验系统为读者提供了一个软件实现的虚拟过程通道和虚拟被控对象平台,在该平台上实验比用 MATLAB 等仿真软件更接近真实计算机控制系统环境。

  本教材参考学时为 60 学时,可根据需要选用,建议第 2 章部分内容和第 3 章、第 5 章、第 8 章、第 11 章作为可选内容。本教材的先修课程为"电路基础""自动控制原理"和"微机原理"。

  本书在编写过程中得到了东南大学教务处、自动化学院有关领导和教师的大力支持与帮助,在此一并表示衷心的感谢。

  为了方便教师教学和与本书作者交流,本书作者将向使用本教材的教学单位提供相关教学资料,并免费赠送虚拟被控对象计算机控制实验软件。

  限于编者水平有限,本书难免有纰漏和不当之处,敬请读者批评、指正。

编者

2016 年 3 月

目录 contents

第1章 计算机控制系统概述 ... 1

1.1 计算机控制系统的产生及原理 ... 1
1.1.1 模拟控制向计算机控制的发展 ... 1
1.1.2 计算机控制系统的基本工作原理 ... 2

1.2 计算机控制系统的构成 ... 3
1.2.1 计算机控制系统硬件的基本构成 ... 3
1.2.2 计算机控制系统软件的基本组成 ... 4
1.2.3 控制用计算机的主要特点 ... 5

1.3 计算机控制系统的分类 ... 7

1.4 计算机控制系统举例 ... 11
1.4.1 工业炉燃料和空气比率控制系统(生产过程控制) ... 11
1.4.2 火炮瞄准位置控制系统(运动控制) ... 11
1.4.3 原料混合和加热控制系统(顺序控制) ... 12

1.5 计算机控制系统的优缺点和发展趋势 ... 12
1.5.1 计算机控制系统的主要优点和缺点 ... 12
1.5.2 计算机控制系统的发展趋势 ... 13

思考题与习题1 ... 14

第2章 过程通道配置与数字信号处理 ... 15

2.1 信号变换 ... 15
2.1.1 计算机控制系统中信号的分类 ... 15
2.1.2 计算机控制系统中信号的变换 ... 16

2.2 过程通道的硬件选型 ... 18
2.2.1 传感器与变送器的选型 ... 19

2.2.2　执行器与功放接口电路的选型 …………………………………………………… 21
　　2.2.3　输入/输出通道接口板的选型 …………………………………………………… 23
2.3　过程通道抗干扰技术 ………………………………………………………………………… 24
　　2.3.1　干扰信号的分类 …………………………………………………………………… 24
　　2.3.2　串模干扰的抑制 …………………………………………………………………… 25
　　2.3.3　共模干扰的抑制 …………………………………………………………………… 27
2.4　过程通道数字滤波技术 ……………………………………………………………………… 29
2.5　线性化处理技术 ……………………………………………………………………………… 32
　　2.5.1　计算法 ……………………………………………………………………………… 33
　　2.5.2　查表法 ……………………………………………………………………………… 33
　　2.5.3　线性插值法 ………………………………………………………………………… 34
2.6　标度变换技术 ………………………………………………………………………………… 36
思考题与习题 2 ……………………………………………………………………………………… 37

第3章　计算机控制系统分析　　　　　　　　　　　　　　　　　　　　　38

3.1　计算机控制系统的数学模型 ………………………………………………………………… 38
　　3.1.1　差分方程 …………………………………………………………………………… 38
　　3.1.2　Z 变换 ……………………………………………………………………………… 38
　　3.1.3　Z 反变换 …………………………………………………………………………… 40
　　3.1.4　脉冲传递函数 ……………………………………………………………………… 42
3.2　计算机控制系统的稳定性分析 ……………………………………………………………… 43
　　3.2.1　Z 平面和 S 平面的映射关系 ……………………………………………………… 43
　　3.2.2　稳定性判据 ………………………………………………………………………… 45
3.3　离散控制系统的稳态特性分析 ……………………………………………………………… 46
3.4　离散控制系统的动态特性分析 ……………………………………………………………… 47
　　3.4.1　闭环极、零点对系统动态响应的影响 …………………………………………… 47
　　3.4.2　离散控制系统的动态响应 ………………………………………………………… 49
3.5　计算机控制系统的频率特性分析 …………………………………………………………… 50
　　3.5.1　频率特性定义 ……………………………………………………………………… 50
　　3.5.2　频率特性分析 ……………………………………………………………………… 50
思考题与习题 3 ……………………………………………………………………………………… 52

第4章 数字 PID 控制器设计 … 53

4.1 标准数字 PID 控制算法 … 53
4.1.1 PID 控制基本原理 … 53
4.1.2 标准 PID 控制数字算式 … 54
4.1.3 数字 PID 程序流程图 … 56

4.2 改进的 PID 算法 … 57
4.2.1 带有死区的 PID 算式 … 57
4.2.2 抑制积分饱和的 PID 算法 … 57
4.2.3 不完全微分的 PID 算式 … 60
4.2.4 微分先行 PID 控制 … 62

4.3 数字 PID 控制工程实现的一些问题 … 62
4.3.1 工程上数字 PID 控制器程序的组成 … 62
4.3.2 编程时需要注意的几个问题 … 63
4.3.3 数字 PID 控制工程的报警处理 … 64
4.3.4 自动/手动切换 … 65

4.4 PID 参数整定方法 … 66
4.4.1 采样周期 T 的选择 … 66
4.4.2 扩充临界比例度法 … 67
4.4.3 简化扩充临界比例度法 … 68
4.4.4 扩充响应曲线法 … 68
4.4.5 试凑法整定 PID 控制器参数 … 69

思考题与习题 4 … 69

第5章 数字控制器的连续系统方法设计 … 71

5.1 连续系统方法设计数字控制器的原理 … 71
5.2 数值积分法 … 72
5.2.1 三种变换公式 … 72
5.2.2 三种变换法的稳定性分析 … 76
5.2.3 双线性变换的预扭曲 … 77
5.3 零极点匹配法 … 79
5.4 等效保持算法 … 80
5.4.1 冲击响应不变转换 … 80

5.4.2 阶跃响应不变转换 ……………………………………………………………… 81
5.5 设计举例 …………………………………………………………………………… 81
5.6 各种方法的比较 …………………………………………………………………… 83
思考题与习题 5 ………………………………………………………………………… 84

第6章 数字控制器的直接设计 ……………………………………………………… 85

6.1 系统性能指标与 Z 域极、零点的关系 …………………………………………… 85
  6.1.1 主导极点在 Z 域样板图中的位置 …………………………………………… 85
  6.1.2 稳态性能指标对控制器在 Z 域极、零点的要求 …………………………… 86
  6.1.3 动态性能指标对系统主导极点的要求 ……………………………………… 87
6.2 Z 平面上的根轨迹法 ……………………………………………………………… 90
6.3 用解析法进行数字控制器设计 …………………………………………………… 95
6.4 最少拍控制系统的设计 …………………………………………………………… 97
  6.4.1 最少拍控制系统的基本概念 ………………………………………………… 97
  6.4.2 最少拍控制器设计 …………………………………………………………… 98
  6.4.3 最少拍控制系统的局限性 …………………………………………………… 100
6.5 最少拍无波纹控制系统的设计 …………………………………………………… 102
6.6 非最少的有限拍控制 ……………………………………………………………… 104
6.7 惯性因子法 ………………………………………………………………………… 105
6.8 大林算法 …………………………………………………………………………… 106
  6.8.1 大林基本算法 ………………………………………………………………… 106
  6.8.2 振铃现象的消除 ……………………………………………………………… 107
思考题与习题 6 ………………………………………………………………………… 110

第7章 复杂数字控制器设计 ………………………………………………………… 111

7.1 串级控制 …………………………………………………………………………… 111
  7.1.1 串级控制的工作原理 ………………………………………………………… 111
  7.1.2 串级控制系统设计 …………………………………………………………… 113
  7.1.3 串级控制系统的主要优点 …………………………………………………… 114
7.2 前馈控制 …………………………………………………………………………… 115
  7.2.1 前馈控制的工作原理 ………………………………………………………… 115
  7.2.2 前馈控制系统设计 …………………………………………………………… 117
7.3 史密斯(Smith)预估控制 ………………………………………………………… 117

7.3.1 史密斯(Smith)预估控制的工作原理 …… 118
7.3.2 史密斯(Smith)预估控制系统设计 …… 119
7.4 比值控制 …… 119
7.4.1 单闭环比值控制 …… 119
7.4.2 双闭环比值控制 …… 120
思考题与习题7 …… 121

第8章 数字控制器的状态空间法设计 …… 122

8.1 线性定常离散系统的状态空间描述 …… 122
8.1.1 状态方程与输出方程 …… 122
8.1.2 连续系统状态空间数学模型的离散化 …… 123
8.1.3 离散系统状态空间数学模型的实现 …… 124
8.2 线性定常离散系统的状态空间分析 …… 128
8.2.1 状态方程的 Z 变换求解 …… 128
8.2.2 系统的稳定性 …… 130
8.2.3 能控性、能达性和能观性 …… 130
8.3 极点配置 …… 131
8.3.1 状态反馈与输出反馈 …… 131
8.3.2 状态反馈的极点配置 …… 132
8.3.3 输出反馈的极点配置 …… 134
8.4 带状态观测器的状态反馈系统设计 …… 135
思考题与习题8 …… 137

第9章 集散控制系统 …… 138

9.1 数据通信与工业网 …… 138
9.1.1 数据通信的基本概念 …… 138
9.1.2 数据传输模式 …… 139
9.1.3 异步传输与同步传输 …… 140
9.1.4 差错控制技术 …… 142
9.1.5 网络拓扑结构 …… 143
9.1.6 网络通信协议 …… 146
9.2 集散控制系统的产生 …… 148
9.3 集散控制系统的基本构成 …… 149

9.3.1　分散过程控制级 ··· 149
　　9.3.2　集中操作监控级 ··· 151
9.4　集散控制系统的主要特点 ··· 152
9.5　集散控制系统设计 ··· 153
9.6　SCADA 系统简介 ·· 156
　　9.6.1　系统概述 ·· 156
　　9.6.2　SCADA 系统体系结构 ··· 157
　　9.6.3　SCADA 系统与 DCS 的主要区别 ······································ 159
9.7　计算机集成制造系统(CIMS)简介 ··· 160
　　9.7.1　系统概述 ·· 160
　　9.7.2　CIMS 的体系结构 ·· 160
　　9.7.3　CIMS 与 DCS 的主要区别 ··· 162
9.8　集散控制系统的发展趋势 ··· 162
思考题与习题 9 ··· 163

第 10 章　现场总线控制系统 ·· 164

10.1　现场总线控制系统的基本概念 ··· 164
10.2　现场总线的体系结构 ·· 165
10.3　现场总线智能仪表 ··· 166
10.4　现场总线控制系统的特点与优势 ··· 168
　　10.4.1　FCS 与 DCS 的比较 ··· 168
　　10.4.2　现场总线控制系统的技术特点 ··· 169
　　10.4.3　现场总线控制系统的主要优点 ··· 169
10.5　几种典型的现场总线 ·· 170
　　10.5.1　基金会现场总线(FF) ·· 171
　　10.5.2　过程现场总线(Profibus) ··· 172
　　10.5.3　局部操作网络(LonWork) ·· 175
　　10.5.4　控制局域网络(CAN) ··· 175
　　10.5.5　可寻址远程传感器数据通路(HART) ······························· 176
10.6　工业以太网与实时以太网简介 ··· 177
　　10.6.1　工业以太网概述 ··· 177
　　10.6.2　几种工业以太网协议简介 ·· 178
　　10.6.3　实时以太网的产生 ··· 179

10.6.4　几种实时以太网通信协议简介 180
10.7　现场总线的主要产品 184
思考题与习题10 185

第11章　计算机控制系统实例　186

11.1　锅炉计算机控制系统 186
 11.1.1　锅炉生产工艺简介 186
 11.1.2　锅炉控制方案 187
 11.1.3　锅炉控制系统结构 189
 11.1.4　锅炉控制系统软件设计 191
11.2　钢筋卷绕控制系统 192
 11.2.1　钢筋卷绕控制工艺简介 192
 11.2.2　传感器和执行元件的选择 193
 11.2.3　控制系统基本结构 198
 11.2.4　关键功能模块控制器设计 200
11.3　某焦化企业DCS系统 200
 11.3.1　系统工艺流程与控制需求 200
 11.3.2　系统硬件配置 203
 11.3.3　系统软件配置 205
 11.3.4　系统组态编程 207
 11.3.5　部分组态界面举例 208
11.4　无人靶机单片机控制系统 211
 11.4.1　系统基本组成和功能需求 211
 11.4.2　系统控制器设计 212
 11.4.3　系统软件设计 214
11.5　智能家居控制系统 215
 11.5.1　智能家居控制需求 215
 11.5.2　设计原则 216
 11.5.3　系统组成与主要功能 216

附录A　部分函数拉氏变换与Z变换对照表 219

附录 B　基于虚拟实验平台的计算机控制实验简介 ………………………… 220

- B.1　基于虚拟实验平台的计算机控制实验基本原理 ……………………… 220
- B.2　虚拟被控对象简介 ……………………………………………………… 221
- B.3　虚拟输入/输出过程通道简介 …………………………………………… 226
- B.4　基于虚拟实验平台的计算机控制实验编程指导 ……………………… 228
- B.5　实验一　虚拟被控对象计算机 PID 控制实验指导书 ………………… 230
- B.6　实验二　虚拟被控对象大林算法控制实验指导书 …………………… 232
- B.7　实验三　计算机前馈与反馈相结合控制实验指导书 ………………… 235

参考文献 ……………………………………………………………………… 238

第1章 计算机控制系统概述

随着计算机应用的普及、高可靠性和低成本化,人们越来越多地用计算机来实现工业的自动控制。在计算机控制系统中,用计算机代替自动控制系统中的常规控制设备,对动态系统进行调节和控制,这是对自动控制系统所使用的技术装备的一种革新。这一革新,改变了自动控制系统的结构,也导致对这类系统的分析和设计较经典的时间连续系统控制发生较多的变化。由于计算机控制的优越性及其良好的发展前景,掌握分析、设计这一类系统的理论和方法,实现对实际对象或过程的控制就成为高等学校有关专业学生的必备知识。

本章主要介绍计算机控制系统的产生及原理、计算机控制系统的构成和分类、计算机控制的典型应用和计算机控制系统的发展趋势。

1.1 计算机控制系统的产生及原理

1.1.1 模拟控制向计算机控制的发展

在传统自动控制系统中,信号一般为时间连续信号,这样的系统我们称其为模拟控制系统(或连续控制系统)。典型的模拟控制系统闭环结构如图 1.1 所示。

测量元件(也叫传感器)对被控对象的输出 y(如温度、压力、流量、转速、位移等)进行测量得到电信号,变送单元将该信号变成可与给定信号 r 相比较的电压或电流信号,反馈给控制器。比较单元将给定信号 r 与反馈信号比较得到偏差 e,控制器根据偏差 e 产生控制信号 u 去修正执行器的动作,使得被控对象的输出 y 达到预定的要求。模拟控制系统中的控制器是由硬件电路构成的,如果控制器不能较好地控制被控量,必须改变控制器的硬件结构。

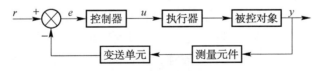

图 1.1 模拟控制系统闭环结构图

如果把图 1.1 中的比较单元和控制器用计算机来代替,就可构成典型的计算机控制系统,如图 1.2 所示。

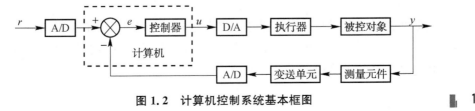

图 1.2 计算机控制系统基本框图

在控制系统中引进计算机,可以充分利用计算机的运算、逻辑判断和记忆等功能。被控对象的输出 y 经测量元件和变送单元转换成统一的标准信号送到 A/D 转换器进行模拟量/数字量的转换,转换后的数字量通过接口送入计算机,经计算机软件处理后得到反馈数字信号。计算机通过 A/D 接口电路采集给定信号 r 得到给定数字信号,并将该信号与反馈数字信号比较得到偏差 e,然后计算机可以对偏差 e 用一定的控制规律(如 PID 算法)进行运算,得到控制信号 u。再经 D/A 转换器将数字信号 u 转换成模拟控制信号输出到执行器,执行器动作使得被控对象的输出 y 达到预定的要求。显然,计算机控制系统要改变控制规律只需要修改计算机程序即可,而不用像模拟控制系统那样改变硬件结构。

计算机控制系统中的计算机是广义的,可以是工业控制计算机、嵌入式计算机、可编程控制器、单片机系统、数字信号处理器等。

1.1.2 计算机控制系统的基本工作原理

计算机控制就是对被控对象的有关输出参数进行采样并转换成统一的标准信号,通过输入通道将模拟量和数字量表示的各种参数信息传送给计算机,计算机将这些信息和期望的给定信息比较,按照预先规定的控制规律进行运算和处理,并通过输出通道输出运算结果,使运算结果以模拟量或数字量的形式去控制被控对象,进而使被控的参数达到预期的目标。

从本质上来看,计算机控制系统的工作过程可以归纳为以下三个方面:

(1) 实时数据采集:对被控对象的瞬时输出值及时进行检测和采集,并经计算机软件处理后得到反映被控对象状态的反馈信息。

(2) 实时控制决策:首先,必要时计算机会根据实时采集的数据判断是否要进行越限报警和事故预告报警;其次,计算机将采集到的给定信号与实时采集的反馈信号进行比较得到偏差,然后按照一定的控制规律产生控制信号,及时作出控制决策。

(3) 实时控制输出:根据控制决策,对执行机构发出控制信号,完成控制任务。

系统中的计算机要按顺序连续不断地重复以上几个步骤的操作,保证整个系统能按预定的性能指标要求正常运行。

上述过程中的实时概念是指信号的输入、计算决策和输出都要在一定的时间(采样周期)内完成,控制系统应能在采样周期内及时地检测偏差、纠正偏差,达到规定的要求,超出了这个采样周期时间,系统就会失去控制的时机。但是,"实时"不等于"同时",因为从被控参数的采集到控制输出作出反应,是需要经历一段时间的,即存在一个实时控制的延迟时间,该时间的长短反映实时控制的速度,被称为采样周期。只要该时间足够短,不至于错过控制的时机,便可认为该系统具有实时性。不同的控制过程对实时控制速度的要求是不同的。例如,控制运动中的电机转速和移动部件位移的暂态过程很短,一般要求采样周期较短,这类控制常被称为快过程的实时控制;而热工、化工类的温度、流量等过程往往是一些慢变化的过程,对它们的控制采样周期往往可以适当长一些。

采样周期在正常情况下包含数据采集、控制决策和控制输出三个步骤所需时间之和,其中控制决策部分所花时间占的比例一般最大,因此要合理选择控制算法、优化控制程序结构和选用运算速度较高的计算机。

在计算机硬件选型方面一般应配备有实时时钟和优先级中断处理电路的微型计算机;在软件编程方面,中断处理程序、实时时钟、中断优先级管理是保证微机控制系统实时性的常用手段。

1.2 计算机控制系统的构成

1.2.1 计算机控制系统硬件的基本构成

由于被控对象千差万别,计算机完成的控制任务不同,对控制要求和使用设备会有不同的需求。各个计算机控制系统的具体组成是千差万别的,有的是多机网络结构,但从原理上说,与单机计算机控制系统类似,都具有共同的结构特点。

典型的计算机控制系统的硬件结构如图 1.3 和 1.4 所示。图 1.3 所示 I/O 通道(AO 板、DO 板、AI 板和 DI 板)是插在计算机主机扩展槽之中,图 1.4 所示 I/O 通道(AO 单元、DO 单元、AI 单元和 DI 单元)是通过外部串行总线与计算机主机相连,两者其他结构基本没有差别。计算机控制系统一般由计算机主机单元、人机接口单元、被控对象和输入/输出通道组成。

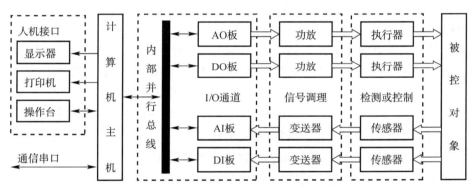

图 1.3 基于内部总线计算机控制系统硬件组成基本结构图

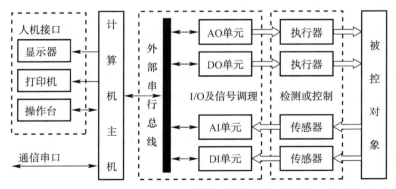

图 1.4 基于外部总线计算机控制系统硬件组成基本结构图

1) 主机单元

主机单元由中央处理器(CPU)、内存储器(RAM、ROM)和接口电路等组成,有的主机单元还会带外部存储器(如硬盘)。主机单元是整个系统的指挥部,通过接口和软件可以向系统的各个部分发出命令。根据输入通道送来的被控对象的状态参数,进行巡回检测、信息处理、分析、计算,按照某种控制规律作出控制决策,通过输出通道发出控制命令,等等。

2) 输入/输出通道

输入/输出通道是位于计算机和被控对象之间的过程通道,用来实现控制计算机与被控对象之间的信息传送与转换。按照信号传送的形式,输入/输出通道(过程通道)可以分为模拟量通道和数字量通道;按照传送信号的方向,过程通道可以分为输入通道和输出通道。因此过程通道有:模拟量输入通道、数字量输入通道、模拟量输出通道和数字量输出通道。

被控对象的被控参数一般为连续变化的非电物理量,在模拟量输入通道中先通过传感器把被控参数转换成连续变化的模拟电量信号,再通过变送器将传感器输出的电信号转换成标准的电信号送入 AI 板进行 A/D 转换,把模拟信号转换成计算机能够接收的数字量送入计算机,该数字量经计算机软件处理后即可作为被控对象的输出反馈信号。计算机通过接口电路采集给定信号(操作台信号或通讯串口等信号),并将该信号与反馈数字信号进行比较,得到偏差信号,然后用一定的控制规律计算得到数字控制信号,经模拟量输出通道控制被控参数。模拟量输出通道首先通过 AO 板的 D/A 转换器将数字控制信号转换成连续的模拟量控制信号,再经模拟量功放接口电路对信号功率放大去控制可连续动作的执行器动作,进而控制被控对象的参数变化。

如果计算机控制系统中有多个被控参数,那么在硬件结构图中就对应有多路模拟量输入通道和模拟量输出通道。在模拟量输入通道中 AI 一般有多路 A/D 转换开关,用于选择哪路信号送入 A/D 转换器进行转换。和模拟量输入通道类似,模拟量输出通道 AO 也可能加入反多路开关,用来选择从 D/A 转换器输出的信号中哪一路驱动功放和执行器动作。

数字量通道主要用来传送数字量信号,它的作用是:除了完成编码数字输入/输出以外,还可将各种继电器、限位开关等的状态通过数字输入通道传送给计算机,或将计算机发出的开关动作逻辑信号经由数字输出通道传送给运行装置中的各个电子开关或电磁开关等。

3) 人机接口单元

人机接口单元主要包括显示器、打印机和操作台等。

显示器和打印机等输出设备可以把各种信息和数据以曲线、字符、数字等形式提供给操作人员,以便及时了解控制过程。

操作台是操作人员与计算机控制系统进行联系的平台,通过它可以向计算机输入程序,修改内存数据,显示被测参数和发出各种操作命令等。操作台一般至少包含下面三种装置:

(1) 显示器:显示系统的运行状态;
(2) 功能按钮:利用它,操作人员可输入或修改控制参数或发出命令;
(3) 数字键盘:其作用与"功能按钮"相同。

1.2.2 计算机控制系统软件的基本组成

计算机控制系统除了 1.2.1 节所述的硬件以外,软件也是必不可少的。软件是指计算机中使用程序的总称。软件通常可分为系统软件和应用软件。

1）系统软件

系统软件一般由计算机厂家提供,是专门为维护和管理计算机设计的一类程序,它具有一定的统一性。系统软件包括操作系统、语言加工系统和诊断系统。

（1）操作系统

操作系统就是对计算机本身进行管理和控制的一种软件。

计算机自身系统中的所有硬件和软件统称为资源。从功能上讲,可把操作系统看成资源的管理系统,实现对CPU、内存、设备以及信息的管理。例如对上述资源的分配、控制、调度和回收等。

（2）语言加工系统

语言加工系统就是将用户编写的源程序转换成计算机可以执行的机器代码(目标程序)。它主要由编辑程序、编译程序、连接装配程序、调试程序及子程序库组成。

（3）诊断系统

诊断系统是用于测试计算机硬件是否出现故障以及维修计算机的一套软件。

2）应用软件

应用软件是用户为了完成特定的任务而编写的各种程序的总称。计算机控制系统的应用软件一般包括控制程序、数据采集及处理程序、巡回检测程序和数据管理程序等。

（1）控制程序:主要实现对系统的调节和控制。它根据各种控制算法和被控对象的具体情况来编写,控制程序的主要目标是使系统满足预定的性能指标。

（2）数据采集及处理程序:包括数据可靠性检查程序(检查是可靠输入数据还是故障数据)、A/D转换及采样程序(完成模拟量到数字量的采样及转换功能)、数字滤波程序(滤除干扰造成的错误,得到真正的实际数据)和线性化处理程序(对检测元件或变送器的非线性进行线性补偿)等。

（3）巡回检测程序:包括数据采集程序(完成数据的采集与处理)、越限报警程序(用于在生产中某些物理量超过限定值时报警)、事故预告程序(根据限定值,检查被控量的变化趋势,若有可能超过限定值则发出事故预告信号)和画面显示程序(用图、表在显示器上形象地反映被控对象的状况)等。

（4）数据管理程序:用于生产管理,主要包括统计报表程序、生产调度程序、产品销售程序、库存管理程序、产值利润预测程序等。

1.2.3 控制用计算机的主要特点

计算机是计算机控制系统的核心部件,应用于工业控制的计算机主要有工业控制计算机、可编程控制器(PLC)和单片微型处理器等类型。根据计算机控制系统规模的大小和控制参数的复杂程度,我们可以选择不同的控制用计算机。一般小型系统选择单片机,中型或大型系统选择工业控制计算机、可编程控制器。

单片机大多应用于嵌入式系统或用于开发专用仪表。计算机控制工程应用较多的还是工业控制计算机和可编程控制器。后两者都形成了系列产品,用户可根据需要进行模块选配,组成不同的计算机控制系统。

下面我们以工业控制计算机为例介绍控制用计算机的主要特点。那么科学计算或办公室自动化所用的计算机与工业控制计算机主要有什么区别呢？

任何一台可用的计算机都是由硬件和一些软件构成的，这是所有计算机的共性，控制用计算机主要有如下特点：

1) 较高的可靠性

控制用计算机通常用于控制不间断的生产过程，在运行期间不允许停机检修，一旦发生故障将会导致质量事故，甚至生产事故。因此要求控制用计算机具有很高的可靠性，也就是说要有许多提高安全可靠性的措施，以确保平均无故障工作时间达到几万小时，同时尽量缩短故障修复时间，以达到很高的运行效率。

在可靠性要求更高的场合，控制用计算机要有双机工作及冗余系统，包括双控制站、双操作站、双网通信、双供电系统、双电源等；具有双机切换功能、双机监视软件等，以确保系统长期不间断地运行。

为使程序跑飞系统也能自动恢复正常，看门狗电路已成为控制用计算机设计中不可缺少的一部分。它能在系统出现故障时迅速报警，并在无人干预的情况下，使系统自动恢复运行。

2) 较多的扩展插槽

对于使用图 1.3 结构的计算机控制系统来说，控制用计算机要能够安装多种功能的过程输入和输出配套模板，如模拟量、开关量、脉冲量、频率量等输入/输出模板。由于计算机控制系统具有多种类型的信号调理功能［如隔离型和非隔离型信号调理；各类热电偶、热电阻信号输入调理，电压(V)和电流(mA)信号输入和输出信号的调理等］，因此要求控制用计算机具有灵活的扩展性，具有较多的扩展插槽可插入相关模板。

3) 较好的恶劣工作环境下的适应性

工业现场环境恶劣，电磁干扰严重，供电系统也常受大负荷设备启、停的干扰，其接地系统复杂，共模及串模干扰大。因此要求控制用计算机具有很强的环境适应能力，如对温度、湿度变化范围要求高；要有防尘、防腐蚀、防振动冲击的能力；要具有较好的电磁兼容性和高抗干扰能力以及高共模抑制的能力。

4) 较高的实时配置要求

控制用计算机对生产过程进行实时控制与监测，因此要求它必须实时地响应控制对象各种参数的变化。当过程参数出现偏差或故障时，控制用计算机能及时响应，并能实时地进行报警和处理。为保证计算机控制系统具有实时性，控制用计算机常配备有实时时钟和优先级中断处理电路。

5) 较丰富的软件配置

控制用计算机往往配置专用性很强的控制算法和控制策略软件对被控的生产过程进行控制，这些程序大部分写在 Eprom 中，并周而复始地工作。其控制软件包的功能一般较强，要具备人机交互方便、界面丰富、实时性好等性能；具有系统组态和系统生成功能；具有实时及历史的趋势记录与显示功能；具有实时报警及事故追忆功能等。此外尚须具有丰富的控制算法。除了常规 PID 控制算法外,还应具有一些高级控制算法,如模糊控制、神经元网络、最优化、自适应、自整定等算法,并具有在线自诊断功能。目前一个优秀的控制软件包往往将连续控制功能与断续控制功能相结合。

目前制造业自动化生产线上广泛使用的可编程控制器(PLC)和工业控制用计算机都具有较丰富的软件配置,可供用户选用。

6) 较好的开放性

要求控制用计算机具有开放性体系结构,也就是说在主机接口、网络通信、软件兼容及升级等方面遵守开放性原则,以便于系统扩展、异机种连接、软件要可移植和互换。

1.3 计算机控制系统的分类

计算机控制系统所采用的结构与它所控制的生产过程的复杂程度密切相关,不同的被控对象和不同的控制要求,应有不同的控制方案。根据计算机在控制系统中的功能和结构特点,可以将计算机控制系统分为操作指导控制系统、直接数字控制系统、计算机监督控制系统、集散型控制系统和现场总线控制系统。

1) 操作指导控制系统

操作指导控制系统(Operational Guidance System,OGS)如图 1.5 所示,属于开环型结构。计算机的输出与生产过程的各个控制单元不直接发生联系,控制动作实际上由操作人员按计算机指示去完成。这类系统不仅具有数据采集和处理功能,而且能够为操作人员提供反映生产过程工况的各种数据,并给出相应的操作指导信息,供操作人员参考。

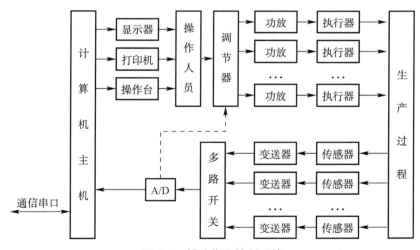

图 1.5 操作指导控制系统

计算机通过输入通道对生产过程的参数进行检测并采集,然后对数据进行处理,并根据一定的控制算法,计算出供操作人员选择的最优操作条件及操作方案。操作人员根据计算机的输出信息(如显示器输出、打印机输出、报警等),去改变调节器的给定值或直接操作执行机构。

操作指导控制的优点是结构简单,控制灵活、安全;缺点是要由人工操作,速度受到限制,不适合较多路数的被控系统。

2) 直接数字控制系统

直接数字控制(Direct Digital Control,DDC)系统如图1.6所示,是计算机用于工业过程最普遍的一种形式,属于闭环型控制结构。计算机通过输入通道对一个或多个生产过程的参数进行巡回检测和采集,并对数据进行处理得到控制反馈值,然后与给定值进行比较得到偏差,并根据规定的控制算法计算出控制信号,通过过程输出通道直接去控制执行器机构,使被控制量达到预定的要求。

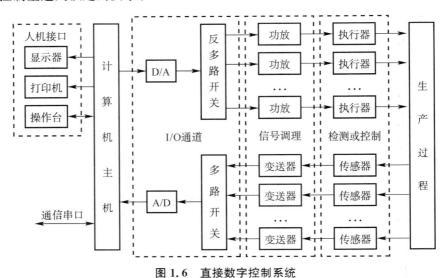

图1.6 直接数字控制系统

DDC系统的计算机参加闭环控制过程,它不仅能完全取代模拟调节器,实现多回路的控制,而且由于其控制算法是软件实现的,所以改变控制算法及其结构非常方便,可以实现非常复杂的控制算法,如前馈控制、非线性控制、自适应控制和最优控制等等。

由于DDC系统中的计算机直接承担控制任务,所以要求系统的实时性、可靠性和适应性等等能得到保证。为了充分发挥计算机的利用率,一台计算机通常要控制几个或几十个回路,所以要合理地设计计算机控制应用软件才能保证其实时性。

在DDC系统中使用的计算机常常被称为数字控制器。

3) 计算机监督控制系统

计算机监督控制(Supervisory Computer Control,SCC)系统如图1.7所示。监督控制计算机一方面通过人机接口或其他途径接收或存储工艺数据,另一方面通过直接测量或接收DDC计算机和模拟仪表送来生产过程中工作情况的数据,经过各种运算,并与存储的工艺数据进行比较,从而确定应向DDC计算机或控制仪表发送的各种设定值和控制参数,保证生产过程满足预定的工艺要求,达到稳定、高产的目的。

图1.7中模拟调节器只有在早期的计算机监督控制系统中才会出现,现在的监督控制系统往往是全数字化系统,底层一律使用DDC系统。

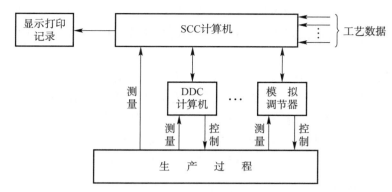

图 1.7 计算机监督控制系统

监督控制系统中,保持被控量稳定的工作是由 DDC 计算机或控制仪表来完成的。监督控制计算机则着眼于整个生产过程的全局,进行高级的控制和管理。它往往根据预定的数学模型和各种控制算法(如最优控制算法、自适应控制算法等),在满足工艺要求的条件下,算出应向 DDC 计算机或模拟调节器发出的控制信息,并随时检查这些计算机和仪表的工作情况。由于要求 SCC 计算机能输入、输出和存储大量数据,进行复杂的运算,并且有一定的管理功能,所以 SCC 计算机往往选用工业控制计算机。

4) 集散控制系统

集散型控制系统(Distributed Control System,简称 DCS)亦叫分散型控制系统,如图 1.8 所示。该类系统是集计算机、控制、通信和显示等技术于一体的综合性高技术控制装置,它以多台微处理机分散应用于过程控制(现场控制站、PLC 控制器等),通过通信网络连接上位机(操作员操作站、工程师站等)。上位机配有高分辨率大屏幕显示器、键盘、打印机等设备以实现高度集中的操作、显示和报警管理。

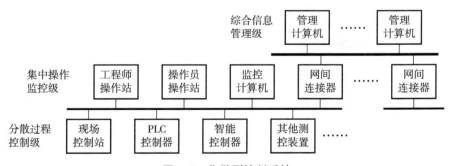

图 1.8 集散型控制系统

集散型控制系统由分散执行控制功能的现场控制站、高速实时通信总线和进行集中监视、操作功能的操作站以及完成其他管理工作的计算机等组成。一般把集散型控制系统分为三层,每一层有 1 台或多台计算机,同一层次的计算机以及不同层次的计算机都可通过网络通信,相互协调,构成一个严密的整体。每一层的大致功能如下:

(1) 第一层:分散过程控制级(亦叫装置控制级)。这一层上有很多台计算机或 PLC 或专用控制器,它们分散在生产现场,被称为现场控制站。每个现场控制站可从事 DDC 系统的部分工作,如某几个物理量的数据采集、顺序控制或闭环控制。由于控制任务由各个现场控制站来完成,因此局部的故障不会影响整个系统的工作,从而避免了集中控制系统中"危险集中"的缺陷。

(2) 第二层:集中操作监控级。这一层主要有监控计算机、操作员站、工程师站。它们的任务是直接监视各个现场控制站的所有信息,集中显示,集中操作,集中数据管理,并且实现各个回路的组态、参数的设定和修改以及实现优化控制等等。

(3) 第三层:综合信息管理级。这一层上工作的是管理计算机,它们主要针对车间和工厂的生产向决策者提供各种信息,以便做出有关生产计划、调度和管理的方案,使部门协调,使生产管理处于最佳状态。

5) 现场总线控制系统

现场总线控制系统(Fieldbus Control System,FCS)如图 1.9 所示。它是以现场总线为纽带,连接分散的现场仪表或设备,使之成为可以相互沟通信息、共同完成自动控制任务的网络多机协调控制系统。

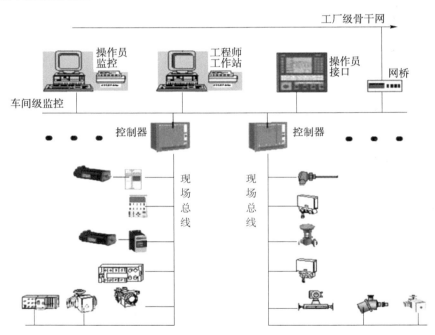

图 1.9 现场总线控制系统

现场总线是用于现场设备仪表与控制室控制器之间的一种开放、全数字化、双向、多站的通信系统,可使系统成为具有测量、控制、执行和过程诊断等综合能力的控制网络。它实际上融合了智能化现场设备、计算机网络和开放系统互连(OSI)等技术的精髓。

简单地说,现场总线就是以数字通信替代了传统 4~20 mA 模拟信号及普通开关量信号的传输,是连接智能现场设备仪表和自动化系统的全数字、双向、多站的通信系统。主要解决工业现场的智能化仪器仪表、控制器、执行机构等现场设备间的数字通信以及这些现场控制设备和高级控制系统之间的信息传递问题。

1.4 计算机控制系统举例

随着计算机控制技术的发展,计算机控制系统已经广泛应用于工业过程中,下面举例介绍典型的计算机控制系统。

1.4.1 工业炉燃料和空气比率控制系统(生产过程控制)

如图1.10所示是一个工业炉燃料和空气比率的生产过程计算机控制系统。为了保证燃料在炉膛内正常燃烧,必须保持燃料和空气的比值恒定。当空气太多时,过剩的空气将带走大量热量,当空气太少时,由于燃料燃烧不充分而产生许多一氧化碳和炭黑。为了保持所需的炉温,将测得的炉温送入计算机计算,进而控制燃料和空气阀门的开度。为了保持炉膛压力恒定,避免在炉膛压力过低时从炉墙的缝隙吸入大量过剩空气,或在压力过高时大量燃料通过缝隙溢出炉外,必须采用压力控制回路。将测得的炉膛压力送入计算机,进而控制烟道出口挡板的开度。此外,为保证燃料、空气供应管道没有出现堵塞,需要测量燃料、空气的进入管道压力。为了提高炉子的热效率,还必须对炉子排出的废气进行分析,一般是用氧化锆传感器测量烟气中的微量氧,通过计算得出其热效率,并用于指导燃烧控制。

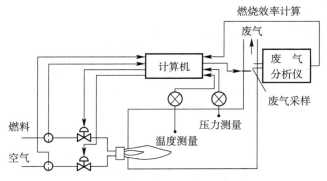

图1.10 工业炉燃料和空气比率控制系统

1.4.2 火炮瞄准位置控制系统(运动控制)

如图1.11所示是一个火炮瞄准位置的计算机伺服控制系统。火炮瞄准方向由火炮的高低角度和方位角度位置所决定。计算机通过高低角度电位计和方位角度电位计由A/D转换电路测量火炮的高低角和方位角的实际位置,与雷达探测、计算到的敌方目标位置进行比较得到偏差,然后按照一定的控制规律计算高低角和方位角的控制输出值,经过D/A输出到相应的速度控制回路和功率放大器,使火炮瞄准位置与雷达探测、计算到的敌方目标位置吻合。

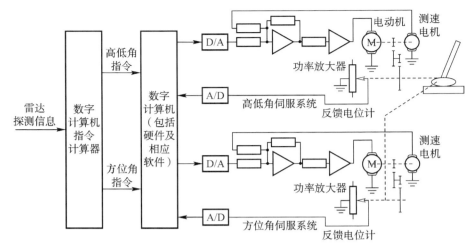

图 1.11　火炮瞄准位置控制系统

1.4.3　原料混合和加热控制系统（顺序控制）

如图 1.12 是一个原料混合和加热的计算机控制系统。该装置的任务是：
(1) 装入原料 A，使液面达到贮槽的一半；
(2) 装入原料 B，使液面进一步升到贮槽的 75%；
(3) 开始搅拌并加热至 95 ℃，在此恒定温度上维持 20 min；
(4) 停止搅拌和加热，开动出料泵排料，一直到液位低于贮槽的 5% 为止。

上述过程由计算机自动控制，按照一定的顺序重复进行，完成原料混合和加热控制。

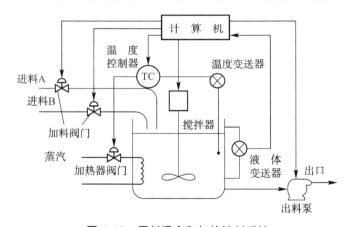

图 1.12　原料混合和加热控制系统

1.5　计算机控制系统的优缺点和发展趋势

1.5.1　计算机控制系统的主要优点和缺点

计算机控制系统与模拟控制系统相比主要优势体现在：

(1) 计算机控制系统中控制算法由软件实现,改变控制算法及控制结构非常容易,因而适应性强,灵活性高。

(2) 计算机运算速度快、精度高,具有极丰富的逻辑判断功能和大容量存储能力,可以对测量数据进行智能处理,控制算法用软件实现,也可很复杂,并兼有智能,因此控制精度高。

(3) 计算机控制系统一般具有强大的人机接口功能,一台计算机可控制多个回路,因而功能/价格比值高。

(4) 计算机控制系统使控制与管理更易结合,可借助计算机网络互联技术实现更高层次的自动化(该优势将在第9章和第10章介绍)。

(5) 实现自动检测和故障诊断较为方便,故提高了系统的可靠性和容错及维护能力。

当然,计算机控制系统与模拟控制系统相比也有缺点,主要表现在:

(1) 计算机控制系统一般是模数混合系统,其控制系统分析理论相对模拟控制更复杂。

(2) 计算机控制系统比较怕脉冲噪声干扰,若输入/输出通道处理不当可能造成强脉冲干扰串入系统,轻则引起信号误差,重则使计算机程序跑飞,导致计算机控制系统故障。

(3) 大多数计算机控制系统是采样控制系统,采样周期对其性能影响很大,而模拟控制根本不需要考虑采样周期对系统性能的影响。

1.5.2 计算机控制系统的发展趋势

随着大规模及超大规模集成电路的发展,计算机的可靠性和性能价格比越来越高,这使得计算机控制系统得到越来越广泛的应用。同时,生产力的发展、生产规模的扩大,又使得人们不断对计算机控制系统提出新的需求。目前,计算机控制系统有如下几个发展趋势。

1) 普及应用可编程序控制器(PLC)

PLC 是一种专为工业环境应用而设计的计算机系统,具有可靠性高、编程灵活简单、易于扩展和功能价格比高等许多优点。它用可编程序的存储器来存储用户的指令,通过数字量或模拟量的输入/输出完成确定的逻辑、顺序、定时、计数和运算等功能。近年来 PLC 几乎都采用微处理器作为主控制器,且采用大规模集成电路作为存储器及 I/O 接口,因而其可靠性、功能、价格、体积等都比较成熟和完美。智能化 I/O 模块的成功开发,使 PLC 除了具有逻辑运算、逻辑判断等功能外,还具有数据处理、故障自诊断、PID 运算及网络等功能,从而大大地扩大了 PLC 的应用范围。

2) 采用集散控制系统和现场总线控制系统

集散控制系统和现场总线控制系统是以网络为纽带,把计算机、PLC、数据通信系统、显示操作装置、输入/输出通道、模拟仪表等有机地结合起来的一种计算机控制系统,它为生产的综合自动化创造了条件。若采用先进的控制策略,会使自动化系统向低成本、综合化、高可靠性的方向发展,实现计算机集成制造系统。特别是现场总线技术越来越受到人们的青睐,将成为今后计算机控制系统的发展方向。

3) 研究和发展智能控制系统

智能控制是一类无需人的干预就能够自主地驱动智能机器实现其目标的自动控制技

术,是用机器模拟人类智能的一种行为。智能控制包括学习控制系统、分级递阶智能控制系统、专家系统、模糊控制系统和神经网络控制系统等。应用智能控制技术和自动控制理论来实现的先进的计算机控制系统,将有力地推动科学技术进步,并提高工业生产系统的自动化水平。计算机技术的发展加快了智能控制方法的研究。智能控制方法可模拟人类大脑的思维判断过程,通过模拟人类思维判断的各种算法实现控制。计算机控制系统的优势、应用特色及发展前景将随着智能控制系统的发展而发展。

思考题与习题 1

1. 什么是计算机控制系统?它主要由哪几部分组成?
2. 什么是计算机控制系统的实时性?
3. 控制用计算机和普通用计算机主要有哪些区别?
4. 从功能和结构可以将计算机控制系统分为哪几类?各有什么主要特点?
5. 什么是 DDC 系统?请简述其工作原理。
6. 本章所列举的计算机控制系统的例子,从原理和结构上看主要有什么共性?
7. 数字控制器和模拟控制器(或模拟调节器)相比较主要有什么优缺点?

第 2 章　过程通道配置与数字信号处理

计算机控制系统要实现控制的目的和要求,首先要解决控制系统的信息来源和经控制器处理后的信息输出问题,也就是要解决控制系统的输入/输出通道的问题。下面简单介绍过程通道设计需要注意的一些问题。

2.1　信号变换

2.1.1　计算机控制系统中信号的分类

计算机控制系统中的信号具有不同的分类方式。如图 2.1 所示,计算机控制系统中的信号可从时间上和幅值上进行分类。

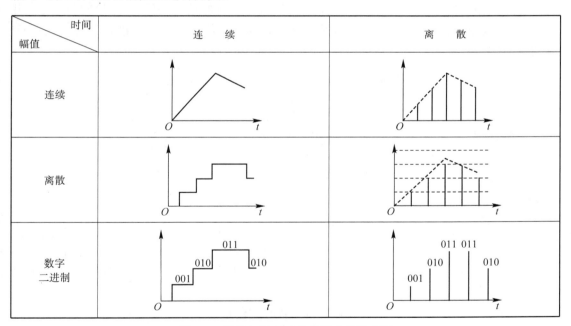

图 2.1　计算机控制系统信号分类示意图

从时间上可将计算机控制系统中的信号分为连续时间信号和离散时间信号。在任何时刻都有值的信号为连续时间信号;仅在离散断续时刻出现的信号为离散时间信号。

从幅值上可将计算机控制系统中的信号分为模拟(连续)信号、离散信号和数字信号。信号幅值可取任意值的信号为模拟信号;信号幅值具有最小分层单位的模拟量为离散信号;

信号幅值用一定位数的二进制编码形式表示的信号为数字信号。

2.1.2 计算机控制系统中信号的变换

如图 2.2 所示是计算机控制系统的基本原理示意图。被控信号 r 经输入通道的 A/D 转换进入计算机,将模拟信号转换为数字信号;控制信号 u 经输出通道的 D/A 转换送出,将数字信号变换到模拟信号,都涉及信号变换。下面分别讨论模拟量到数字量的转换和数字量到模拟量的转换。

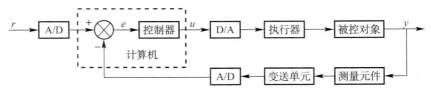

图 2.2 计算机控制系统基本框图

1) 模拟量到数字量的转换

从连续对象测得的模拟量需转换成数字量后才能送到计算机进行处理。如图 2.3 所示,模拟量到数字量的转换需要经过采样(S/H)、量化和编码三个步骤。采样就是将连续的模拟输入信号以一定的时间间隔 T(称为采样周期)进行采样,变成时间离散(断续)、幅值等于采样时刻输入信号值的序列信号;量化就是将采样时刻的信号幅值按 A/D 的最小量化单位取整,变成整量化分层信号;编码就是将整量化的分层信号变换为二进制数码形式,用计算机的数字量表示。

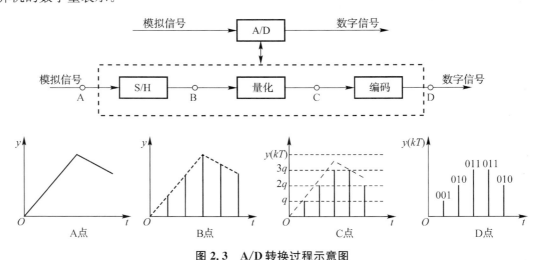

图 2.3 A/D 转换过程示意图

由于编码仅是信号形式的改变,其变换过程可看作无误差的等效变换。A/D 转换中的误差可看成来自采样和量化过程。量化误差取决于 A/D 转换器的位数,采样误差则涉及较多因素。

由于信号采样不是取全部时间上的信号值,而是取某些时刻的值。这样处理会不会造成信号的丢失呢? 下面,我们不加证明直接给出采样定理。

香农(Shannon)采样定理指出:对于一个具有有限频谱$|\omega|<\omega_{max}$的连续信号进行采样时,采样信号$y^*(t)$唯一地复现原信号$y(t)$所需的最低采样角频率必须满足$\omega_s \geq 2\omega_{max}$或$T \leq 2\pi/\omega_{max}$的条件。其中,$\omega_{max}$是原信号的最高角频率。

采样角频率与采样频率、采样周期的关系为

$$\omega_s = 2\pi f_s = \frac{2\pi}{T}$$

采样定理给出了合理选择采样周期的理论指导原则,在计算机控制系统中采样周期的选择通常取$f_s=(5\sim10)f_{max}$,或者更高。其中f_{max}是原信号的最高频率。

尽管A/D转换采样必定带来误差,但在采样周期T满足香农采样定理、采样脉冲宽度远远小于T和A/D转换精度能够得到保证的前提下,人们一般把A/D采样看成为理想的采样。

理想采样相当于A/D有一个理想的脉冲幅度调制器,如图2.4所示。

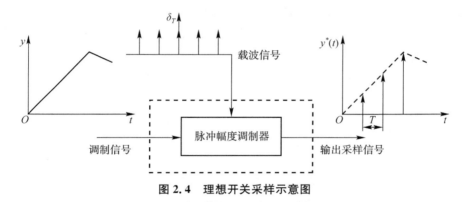

图 2.4　理想开关采样示意图

理想采样将连续信号$y(t)$经理想脉冲幅度调制器变换成理想采样信号$y^*(t)$,式(2.1)为采样公式:

$$y^*(t) = \sum_{k=-\infty}^{\infty} y(kT)\delta(t-kT) = \sum_{k=0}^{\infty} y(kT)\delta(t-kT) \quad (2.1)$$

$y^*(t)$是离散的模拟信号,再经过A/D转换的量化和编码作用即可将其转换成计算机可接收的离散数字量。因此,在计算机控制系统等效结构图中,人们常常将A/D转换看成一个理想开关,其功能是以一定间隔采样周期T,按照公式(2.1)将模拟量转换成数字量。

2) 数字量到模拟量的转换

在许多计算机控制系统中,计算机要通过输出通道将计算出的控制值转换成模拟量形式去控制被控对象。如图2.5所示,数字量到模拟量的转换需要经过解码和保持两个步骤。解码就是将数字量转换为幅值等于该数字量的模拟脉冲信号;保持就是将解码后的模拟脉冲信号变为随时间连续变化的信号。

由于解码仅是信号形式的改变,其变换过程可看作无误差的等效变换。因此D/A转换的关键在于保持器,常用的保持器为零阶保持器,偶尔也会使用一阶保持器。

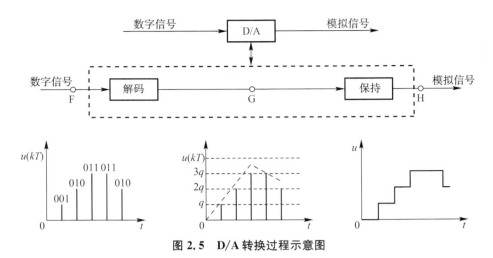

图 2.5 D/A 转换过程示意图

零阶保持器是计算机控制系统常用的一种保持器,它恢复信号的方法是将某一采样时刻的信号原封不动地保存到下一个时刻。零阶保持器恢复信号示意图如图 2.6 所示,零阶保持器的输出为式(2.2):

$$u(t)=u(kT) \quad 当 kT \leqslant t < (k+1)T 时, k=0,1,2,3,\cdots \qquad (2.2)$$

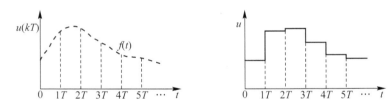

图 2.6 零阶保持器信号恢复

零阶保持器的传递函数为式(2.3):

$$G(s)=\frac{1-e^{-sT}}{s} \qquad (2.3)$$

在计算机控制系统等效结构图中人们常常将 D/A 转换看成一个理想开关加零阶保持器,其功能是以一定间隔采样周期 T 按照公式(2.2)将数字量解码成模拟脉冲量,零阶保持器的功能是将模拟脉冲量变为随时间连续变化的模拟量。

2.2 过程通道的硬件选型

由第 1.2.1 节的计算机控制系统硬件组成基本结构图(图 1.3 和图 1.4)可知,过程通道可分为模拟量输入通道、数字量输入通道、模拟量输出通道和数字量输出通道。模拟量是指如温度、压力、流量、速度、位移等时间上和大小上都连续变化的物理量;数字量是指如开关闭合和断开、串行脉冲编码等时间上和大小上不连续变化的物理量。由于图 1.3 和图 1.4 结构基本类似,以下仅以图 1.3 所示结构进行说明。

2.2.1 传感器与变送器的选型

传感器可以将非电的被控物理量变换成与之相对应的电信号。变送器就是把非标准电信号转换成标准电压或电流信号送入 AI 板或 DI 板。由于 AI 板或 DI 板一般只能接收标准电信号,选用时应注意传感器、变送器、AI 板和传感器、变送器、DI 板的匹配。

传感器一般有两种分类方式,一种是按照被测对象的参数划分,可分为温度、压力、位移、流量、液位、力、力矩、加速度、流速和振动等传感器;另外一种是按照变换的原理划分,可分为电阻式、电容式、电感式、压电式、光电式、光栅式、热电式、红外、光纤、超声波和激光等传感器。常用的传感器如表 2-1 所示。

表 2-1 常用的传感器

大类	小类	传感器特性
温度传感器	热电偶	低内阻,电压输出,测量精度高,测量范围广,需温度冷端补偿,用于中、高温度范围测量,测量范围 400~1800 ℃
	热电阻	测量精度高,性能稳定,用于低温范围测量,测量范围−200~800 ℃,典型的是铂热电阻
	热敏电阻	分为负温度系数和正温度系数,灵敏度高,工作温度范围广,非线性
压力传感器	应变式	电阻变化或电压输出,灵敏度低
	压电式	电荷输出,只响应交流信号和瞬态信号
	可变电阻	输出电压或电阻比值,灵敏度高,需要激励电压或电流
流量传感器	差压式	性能稳定可靠,使用寿命长,应用范围广,测量精度较低,现场安装条件要求高
	浮子式	在小、微流量方面应用多,适用于小管径和低流速,压力损失较低
	容积式	计量精度高,应用范围广,可用于高黏度液体测量
	涡轮	高精度,重复性好,无零点漂移,抗干扰能力好,应用范围宽
液位传感器	电容式	精度 0.5%,测量范围在 0.2~20 m
	浮球式	精度不高,测量范围一般在 4 m 以下
	雷达式	短距离测量精度较低,测量范围大,非接触测量,使用寿命长

传感器选择的主要注意事项如下:

(1) 测量的对象、目的和要求:测量要求包括测量范围、频带宽度、测试精度、测量所需要的时间等。

(2) 传感器特性:包括静态和动态特性指标、输出量类型、校正周期、过载信号保护、配套仪器等。

(3) 测试条件:包括传感器的设置场所、环境温度、环境湿度、振动情况、与其他设备的连接距离、所需功率等。

(4) 购买和维护有关事项:包括性价比、零配件的储备、售后服务与维修制度、保养时间、交货日期等。

虽然选择传感器时要考虑的事项很多,但无需满足所有事项要求,应根据实际使用的目的、指标、环境、维护要求、价格等,有不同的侧重点。例如,长时间使用的传感器,就必须重视经得起时间考验等长期稳定性问题;而对机械加工或化学分析等时间比较短的工序过程,则需要灵敏度和动态特性较好的传感器。为提高测量精度,平常使用时测量范围的显示值最好选择在满刻度的 50% 左右。传感器的速度应适应输入信号的频带宽度。应合理选择设置场所,注意安装方法,了解传感器的外形尺寸、重量等。如果应用要求较高,环境复杂,选择传感器时还需要从传感器的工作原理入手分析其特性,以确定选择哪一款传感器最适合。选择传感器的具体原则如下:

(1) 传感器类型的确定

根据测量对象与测量环境确定传感器的类型。首先要考虑采用何种原理的传感器,这需要分析多方面的因素之后才能确定。因为,即使是测量同一物理量,也有多种原理的传感器可供选用,哪一种原理的传感器更为合适,则需要根据被测量的特点和传感器的使用条件考虑,包括以下一些具体问题:量程的大小;被测位置对传感器体积的要求;测量方式为接触式还是非接触式;信号的引出方法为有线还是无线。在考虑上述问题之后就能确定选用何种类型的传感器,然后再考虑传感器的具体性能指标。

(2) 传感器灵敏度的选择

通常,在传感器的线性范围内,希望传感器的灵敏度越高越好。因为灵敏度高时,与被测量变化对应的输出信号的值比较大,有利于信号处理。但需要注意的是,如果传感器的灵敏度高,与被测量无关的外界噪声也容易混入,也会被放大系统放大,影响测量精度。

(3) 频率响应特性的选择

传感器的频率响应特性决定了被测量的频率范围,必须在允许频率范围内保持不失真的测量条件,实际上传感器的响应总有一定的延迟,希望延迟时间越短越好。传感器的频率响应高,可测的信号频率范围就宽。在动态测量中,应根据信号的特点(稳态、瞬态、随机等)来选择传感器的频率响应特性,以免产生过大的误差。

(4) 线性范围的确定

传感器的线性范围是指输出与输入成正比的范围。理论上讲,在此范围内,灵敏度保持定值。传感器的线性范围越宽,则其量程越大,并且能保证一定的测量精度。在选择传感器时,当传感器的种类确定以后首先要看其量程是否满足线性要求。实际上,任何传感器都不能保证绝对的线性,其线性度也是相对的。当所要求测量精度比较低时,在一定的范围内,可将非线性误差较小的传感器近似看作线性的,这会给测量带来极大的方便。

(5) 精度的确定

精度是传感器的一个重要的性能指标,它是关系到整个测量系统测量精度的一个重要环节。传感器的精度越高,其价格越昂贵,因此,传感器的精度只要满足整个测量系统的精度要求就可以,不必选得过高。这样就可以在满足同一测量目的的诸多传感器中选择比较便宜和简单的传感器。如果测量目的是为了定性分析,选用重复精度高的传感器即可,不宜选用绝对量值精度高的;如果是为了定量分析,必须获得精确的测量值,就需选用绝对量值精度高的。对某些特殊使用场合,若无法选到合适的传感器,则需自行设计制造传感器。自制传感器的性能应满足使用要求。

(6) 稳定性的考虑

传感器使用一段时间后,其性能保持不变化的能力称为稳定性。影响传感器长期稳定性的因素除传感器本身结构外,主要是传感器的使用环境。因此,要使传感器具有良好的稳定性,则传感器必须要有较强的环境适应能力。在选择传感器之前,应对其使用环境进行调查,并根据具体的使用环境选择合适的传感器,或采取适当的措施,减小环境对它的影响。传感器的稳定性有定量指标,超过使用期后,在使用前应重新进行标定,以确定传感器的性能是否发生变化。在某些要求传感器长期使用、不能轻易更换或标定的场合,所选用的传感器稳定性要求更严格,要能够经受住长时间的考验。

线性变送器的选择相对简单,主要考虑其所适合的环境(如防火防爆、温度、湿度、振动、抗干扰等)以及输出形式(如电流、电压)是否适合 AI 板或 DI 板等。选用时应特别注意与 I/O 通道匹配。变送器的输入来自传感器,因此其输入要与传感器的输出相匹配;变送器的输出送 AI 板或 DI 板,因此其输出要与 AI 板或 DI 板的输入相匹配。

因为执行器和被控对象的综合特性有可能不近似为线性,为了弥补执行器和被控对象的非线性以及传感器的非线性,有时要选择非线性变送器。非线性变送器选型除要考虑线性变送器选型时所要考虑的因素外,主要应考虑变送器如何使被控系统总的特性接近线性,否则就要在控制器设计中想办法。

除此以外,传感器与变送器、变送器与 AI 板、变送器与 DI 板之间可能存在长距离布线,因此还要求变送器具有相应的长线抗干扰能力。

2.2.2 执行器与功放接口电路的选型

功放接口电路与执行器配合把计算机发出的控制信号转换成机械动作,对生产过程实施控制。执行器在自动控制系统中相当于人的四肢,它接收控制器及功放电路送出的控制信号,改变操纵变量,使生产过程按预定要求进行执行。执行器是过程控制系统的一个重要组成部分,其特性好坏对控制质量的影响很大。

执行器由执行机构和调节机构组成,执行机构是根据控制信号产生推力或位移的装置,调节机构是根据执行机构输出信号去改变能量或物料传送量的装置。最常见的就是调节阀,如图 2.7 所示。

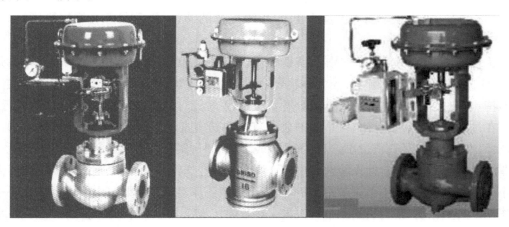

图 2.7 常用的调节阀示意图

执行器可分成气动、电动和液动三大类。

气动执行器就是以压缩空气为动力能源的一种自动调节阀。其结构简单,工作可靠,价格便宜,维护方便,有防火、防爆功能。大多数工控场合所用执行器都是气动机构。从维护观点来看,气动执行机构比其他类型的执行机构易于操作,在现场也可以很容易实现正反、左右的互换。由于气动调节阀动作时有防火防爆功能,所以适合易燃易爆环境。虽然现在电动调节阀的应用范围越来越广,但在化工领域,气动调节阀还是占据着绝对的优势。

电动执行器是利用电动机构进行操作的。具有能源取源方便、信号传递迅速、操作稳定和推力比较恒定的优点,但是结构复杂,防火、防爆能力差。电动执行机构的抗偏离能力是很好的,输出的推力或力矩基本上是恒定的,可以很好地克服介质的不平衡力,达到对生产过程的高质量控制,其控制精度一般比气动执行机器要高。如果配用伺服放大器,可以很容易地实现正反作用切换,也可以轻松地控制其阀位(保持、全开、全关),而故障时一定停留在原位,这是气动执行元件一般做不到的。但电动机构结构复杂,对现场维护人员的技术要求相对较高;电机运行产生热,如果调节太频繁,容易造成电机过热,产生热保护,同时也会加大减速齿轮的磨损,另外调节动作速度较慢,比气动、液动逊色不少。

液动执行器就是利用液压原理推动的执行机构。其推力大且比较恒定,但是设备较笨重。因为液体的不可压缩性,当需要异常的抗偏离能力、较高的推力以及较快的动作时,往往选择液动执行器。电液动执行机构是将电机、油泵、电液伺服阀集成于一体,只要接入电源和控制信号即可工作,而液动执行器需要配备液压站和输油装置,相比之下电液执行器更方便一些。

综上所述,在生产过程的控制系统中,气动执行器使用最普遍,电动执行器使用较普遍,液动执行器很少使用。执行器选型主要考虑如下因素:

(1) 被控对象特性:被控目的和要求、调节范围、频带宽度、系统精度等。

(2) 使用条件:如执行器安装场所、工作温度、工作压力等,特别是介质类型、黏度、毒性、状态纯净程度等。

(3) 执行器特性:如执行器类别、执行器的静态性能指标和动态性能指标等。

(4) 系统要求:如可调比、噪声、泄漏量等。

(5) 购买和维护有关事项:包括性价比、零配件的储备、售后服务与维修制度、保养时间、交货日期等。

执行器最常见的就是调节阀门,实践证明,在过程控制系统设计中,若调节阀特性选择不当,阀门动作不灵活,阀门口径大小不合适,都会严重影响控制质量。所以应根据生产过程的特点、被控介质的情况和安全运行需要,并从系统设计的总体考虑,选用合适的执行器。

在过程控制系统设计中,调节阀的公称直径和阀座直径必须根据计算所得的流通能力来选择。调节阀口径选得过小,当系统受到较大扰动时,调节阀可能运行在全开或接近全开的非线性饱和工作状态,使系统暂时失控。调节阀口径选得过大,系统运行中阀门会经常处于小开度的工作状态,不但调节不灵活,而且易造成流体对阀芯、阀座的严重冲蚀,在不平衡力作用下产生振荡,甚至引起调节阀失灵。在正常工况下要求调节阀开度处于 $15\%\sim85\%$ 之间。

调节阀流量特性对控制质量的影响是很大的。调节阀流量特性分为理想流量特性和工作流量特性。产品出厂时制造商提供的流量特性是理想流量特性,实际应用需要的是工作流量特性。调节阀流量特性的选择一般分两步进行。首先根据过程控制系统的要求,确定工作流量特性;然后根据流量特性曲线的畸变程度,确定理想流量特性,以此作为向生产厂家订货的内容。

选择调节阀工作流量特性的依据是控制系统稳定运行准则。根据控制系统稳定运行准则,扰动或设定变化时,控制系统静态稳定运行的条件是控制系统各开环增益之积基本恒定;控制系统动态稳定运行的条件是控制系统中开环传递函数的模基本恒定(即总开环幅频特性和相频特性基本保持不变)。在选择执行器时,应考虑通过调节阀调节机构的增益来补偿因对象增益变化而造成开环总增益变化的影响。这样,当被控对象增益随负荷或设定变化时,相应调节阀流量特性的调节阀增益可与对象增益之积基本保持不变。

流量特性的选择用于补偿广义被控对象的非线性特性,应尽量使调节阀流量特性与广义被控对象的特性之积成线性。但有时被控对象的非线性并不能够用选择调节阀的流量特性来补偿,这时可以选择检测变送器或控制器的特性来满足补偿要求。

功放接口电路实质上是一种换能器,用于驱动执行器。选用时应主要考虑环境(如防火、防爆、温度、湿度、振动、抗干扰等)以及输入/输出形式(如电流、电压)是否适合执行器、AO板、DO板等。选用时应特别注意与I/O通道匹配。功放接口电路的输入来自AO板或DO板,因此其输入要与AO板或DO板的输出相匹配;功放接口电路的输出送执行器,因此其输出要与执行器的输入相匹配。除此以外,功放接口电路与AO板或DO板之间,以及与执行器之间也可能存在长距离布线,还要考虑是否可以克服长线干扰所造成的危害。现在,很多AO板和DO板已经带功放接口电路,可以直接驱动执行器,因此功放接口电路是否需要配置还要看执行器、AO板和DO板的选型情况才能决定。

2.2.3 输入/输出通道接口板的选型

输入/输出通道接口板一般插在系统内部总线扩展槽内,如PCI总线扩展槽、STD总线扩展槽和ISA总线扩展槽等。工业控制计算机一般有较多的扩展槽,很多PLC也有相应的扩展接口装置。

AI板一般由硬件滤波电路、多路切换开关、采样器、A/D转换电路和光电隔离电路构成,高速数据采集板可能含有多个A/D转换芯片。随着单片机技术的发展,现在很多AI板已经含有智能芯片,它可将转换数据存入板中自带的存储区供计算机主机读取。

AO板一般由光电隔离电路、D/A转换电路、反多路切换开关、输出驱动电路构成,有的AO板驱动电路相当于功放可直接驱动某些执行器。高速输出板可能含有多个D/A转换芯片,此时一般没有反多路切换开关。随着单片机技术的发展,现在很多AO板已经含有智能芯片,它可接收计算机主机数据,自行完成D/A转换。

DI板或DO板相对比较简单,主要由光电隔离电路、信号电平标准变换等电路组成。

输入/输出接口板一般应选择工控类型的模板。选择接口板时可根据测量点数的分布情况和技术要求确定模拟量输入板AI和数字量输入板DI的块数,可根据控制点数的分布情况和技术要求确定模拟量输出板AO和数字量输出板DO的块数。在选择模板时要考虑布线、维护和检修等是否方便,同时还要考虑留有一定通道余量,便于工业现场临时增加控制点数或测量点数。

AI 模板输入信号等级:0～±5 V,1～5 V,0～10 mA,4～20 mA,热电耦(TC),热电阻(RTD)等。一块 AI 模板的输入路数一般为 4 路、6 路、8 路、12 路或 16 路。

AO 模板输出信号等级:0～5 V,1～5 V,0～10 mA,4～20 mA,-5～5 V 等。一块 AO 模板的输出路数一般为 2 路、4 路、6 路、8 路、12 路或 16 路。

DI 模板输入等级:有源接点有 TTL、CMOS 等,无源接点有 24 V、48 V 等。一块 DI 模板的输入路数一般为 8 路、12 路、16 路、32 路,甚至高达 64 路。

DO 模板输出等级:TTL、CMOS、24 V、48 V 等。一块 DO 模板的输出路数一般为 8 路、12 路、16 路、32 路,甚至高达 64 路。

2.3 过程通道抗干扰技术

由于生产现场往往有各种强电设备,如大功率电机、大功率高频炉,这些设备的启动、停止、工作能产生较强的磁场,形成很强的噪声源,而生产过程控制系统的计算机和被控对象又往往距离较远,因此过程通道设备或导线势必受到这些噪声源的干扰。干扰信号除了通过过程通道传导到计算机外,还可直接辐射计算机。干扰会给计算机控制系统带来严重的影响,轻则使系统中的被测信息增加误差,不可信赖;重则使控制失误,造成事故。所以必须采取适当的措施对干扰进行抑制,以保证计算机控制系统的可靠运行。

2.3.1 干扰信号的分类

计算机控制系统中的干扰种类可按下列几种方式划分:

1) 按产生的原因分类

(1) 放电干扰

主要是雷电、静电、电动机的电刷跳动、大功率开关通断等放电产生的干扰。

(2) 高频振荡干扰

主要是中频电弧炉、感应电炉、开关电源、直流—交流变换器等在高频振荡时产生的噪声。

(3) 浪涌干扰

主要是电动机的启动电流、电炉的合闸电流、开关调节器的导通电流以及晶闸管交流器等设备产生的干扰。

2) 按照来源分类

(1) 外部干扰

指那些与系统结构无关,由外部环境因素决定的干扰,如电气设备的干扰、天线干扰和天体干扰等。

(2) 内部干扰

指那些由系统结构、制造工艺所决定的干扰。主要是分布电容、分布电感引起的耦合感应,电磁场辐射感应,长线传输的波反射,多点接地造成的电位差以及寄生振荡引起的干扰,元器件产生的噪声也属于内部干扰。

3) 按照作用方式分类

(1) 串模干扰

串模干扰是指叠加在被测信号上的干扰噪声,即干扰串联在信号源回路中。其表现形式与产生原因如图2.8所示。图中,u_s为信号源电压,u_n为串模干扰电压,临近导线(干扰线)有交变电流I_a流过,I_a产生的电磁干扰信号会通过分布电容C_1和C_2的耦合引至计算机控制系统的输入端。

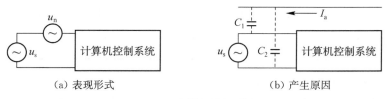

图 2.8 串模干扰示意图

串模干扰造成的后果是输入到 A/D 的信号为实际信号和干扰信号之和。当实际信号本来就是弱信号时,干扰将对有用信号造成极大危害。

(2) 共模干扰

在计算机控制系统中一般都用较长的导线把现场的传感器或执行器引入计算机系统的输入通道或输出通道中,这类信号传输线通常长达几十米以至上百米,这样,现场信号的参考接地点与计算机系统输入或输出通道的参考接地点之间存在一个电位差u_{cm},如图2.9所示。这个u_{cm}是加在放大器输入端上共有的干扰电压,故称为共模干扰。

共模干扰也称为对地干扰、横向干扰或不平衡干扰,可以是直流电压,也可以是交流电压,其幅值达几十伏甚至更高(取决于现场产生干扰的环境条件和计算机等设备的接地情况)。

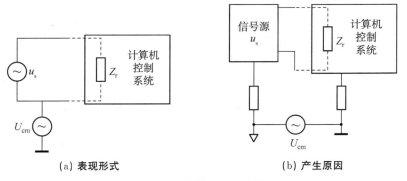

图 2.9 共模干扰示意图

2.3.2 串模干扰的抑制

1) 用双绞线作信号线

采用双绞线的目的是减少电磁感应,并且使各个小环路的感应电势互相呈反向抵消。用这种方法可使干扰抑制比达到几十分贝,具体见表2-2。为了从根本上消除串模干扰,一方面应对测量仪表进行良好的电磁屏蔽,另一方面应选用带有屏蔽层的双绞线作信号线,并应有良好的接地。

表 2-2　不同的双绞线串模干扰抑制效果

节距(mm)	干扰衰减比	屏蔽效果(dB)
100	14∶1	23
75	71∶1	37
50	112∶1	41
25	141∶1	43
平行线	1∶1	0

2) 引入滤波电路

采用硬件滤波器抑制串模干扰是一种常用的方法。根据串模干扰频率与被测信号频率的分布特性,可以选用低通、高通、带通、带阻滤波器。

(1) 低通滤波器:允许低频信号通过,但阻止高频信号通过。

(2) 高通滤波器:允许高频信号通过,但阻止低频信号通过。

(3) 带通滤波器:允许规定的某一频段信号通过,但阻止高于和低于该频段的信号通过。

(4) 带阻滤波器:只阻止规定的某一频段信号通过,但允许高于和低于该频段的信号通过。

在抗干扰技术中,由于串模干扰都比被测信号变化快,所以使用最多的是低通滤波器,一般采用电阻、电容和电感等无源元件构成无源滤波器,如图 2.10 所示,其缺点是信号有较大的衰减。为了把增益和频率特性结合起来,可以采用以反馈放大器为基础的有源滤波器,如图 2.11 所示,这对于小信号尤其重要。它不仅可提高增益,而且可提供频率特性,其缺点是线路复杂。

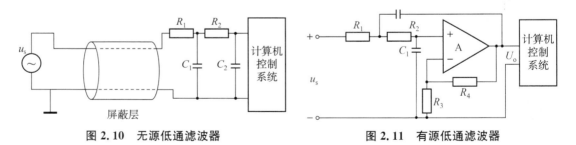

图 2.10　无源低通滤波器　　　　图 2.11　有源低通滤波器

3) 对长线进行阻抗匹配

信号在长线传输中除了会受到外界干扰和引起信号延迟外,还可能会产生波反射现象。当信号在长线中传输时,由于传输线的分布电容和分布电感的影响,信号会在传输线内部产生正向前进的电压波和电流波,称为入射波。如果传输线的终端阻抗与传输线的阻抗不匹配,入射波到达终端时会引起反射;同样,反射波到达传输线始端时,如果始端阻抗不匹配,又会引起新的反射,从而使信号波形严重畸变。

采用终端阻抗匹配或始端阻抗匹配的方法,可以消除长线传输中的波反射或者把它抑制到最低限度。

4) 采用数字滤波技术

数字滤波就是用软件算法对计算机采集的信号进行处理,将某个频段的干扰信号进行滤除,得到新的信号。常常采用平均值法、中值法、一阶滤波等数字滤波方法抑制串模干扰,详见第 2.4 节。

2.3.3 共模干扰的抑制

1) 变压器隔离

如图 2.12 所示,利用变压器把现场信号源的地与计算机的地隔离开来,也就是把"模拟地"与"数字地"断开。被测信号通过变压器耦合获得通路,而共模干扰电压由于不形成回路而得到有效的抑制。

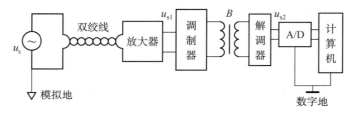

图 2.12 变压器隔离示意图

2) 光电隔离

光电隔离是目前计算机控制系统中最常用的一种抗干扰方法。它使用光电耦合器来完成隔离任务。光电耦合器是将发光二极管和光敏三极管封装在一个管壳内组成的,发光二极管两端为信号输入端,光敏三极管的集电极和发射极分别作为光电耦合器的输出端,它们之间的信号传递是靠发光二极管在信号电压的控制下发光再传给光敏三极管来完成的。

光电耦合器的特点如下:

(1) 由于是密封在一个管壳内,所以不会受到外界光的干扰。

(2) 由于是靠光传送信号,切断了各部件电路之间地线的联系。

(3) 发光二极管动态电阻非常小,而干扰源的内阻一般很大,故能够传送到光电耦合器输入端的干扰信号就变得很小。

(4) 光电耦合器的传输比和晶体管的放大倍数相比一般很小,远不如晶体管对干扰信号那样灵敏,且光电耦合器的发光二极管只有在通过一定的电流时才会发光。因此,即使是在干扰电压幅值较高的情况下,由于没有足够的能量,仍不能使发光二极管发光,从而可以有效地抑制掉干扰信号。

(5) 光电耦合器提供了较高的带宽,较低的输入失调漂移和增益温度系数。因此,能够较好地满足信号传输速度的要求。

具体分为如下两种隔离:

(1) 数字信号隔离

如图 2.13 所示,利用光电耦合器的开关特性,可传送数字信号而隔离电磁干扰。

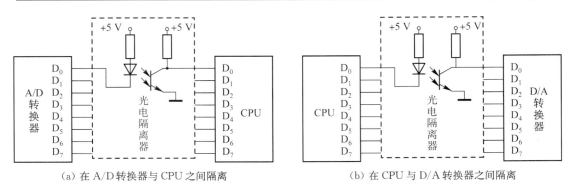

(a) 在 A/D 转换器与 CPU 之间隔离　　　　(b) 在 CPU 与 D/A 转换器之间隔离

图 2.13　光电数字信号隔离示意图

(2) 模拟信号隔离

如图 2.14 所示,利用光电耦合隔离器的线性放大区,传送模拟信号而隔离电磁干扰,在模拟信号通道中进行隔离。

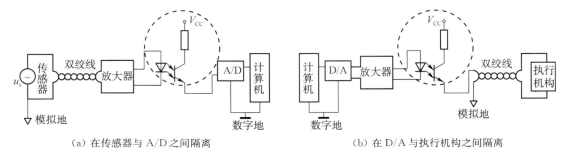

(a) 在传感器与 A/D 之间隔离　　　　(b) 在 D/A 与执行机构之间隔离

图 2.14　光电模拟信号隔离示意图

3) 浮地屏蔽

如图 2.15 所示。Z_{s1}、Z_{s2} 为信号源内阻及信号引线电阻,一般较小;Z_{s3} 为信号线的屏蔽电阻,至多只有十几欧姆。Z_{c1}、Z_{c2} 为放大器输入端对内屏蔽的漏阻抗,Z_{c3} 为内屏蔽与外屏蔽之间的漏阻抗。

浮地屏蔽的计算机部分采用内外两层屏蔽,且内屏蔽对外屏蔽层(机壳层)是浮地的,内层与信号源及信号线屏蔽层在信号端单点接地;被测信号到控制系统中的放大器采用双端差动输入方式。

工程设计中 Z_{c1}、Z_{c2}、Z_{c3} 应达到数十兆欧姆以上,这样模拟地与数字地之间的共模电压 U_{cm} 在进入放大器以前将会被衰减到很小很小。这是因为首先在 U_{cm}、Z_{s3}、Z_{c3} 构成的回路中,$Z_{c3} \gg Z_{s3}$,因此干扰电流 I_3 在 Z_{s3} 上的分压 U_{s3} 就小得多;同理,U_{s3} 在 Z_{s2} 与 Z_{s1} 上的分压 U_{s2} 与 U_{s1} 也被衰减很多,而且由于是同时进入计算机放大器的差动输入端,因此两次衰减的很小很小的干扰信号再次相减,余下的进入到计算机系统内,这时的共模电压在理论上几乎为零。因此,这种浮地屏蔽系统对抑制共模干扰是很有效的。

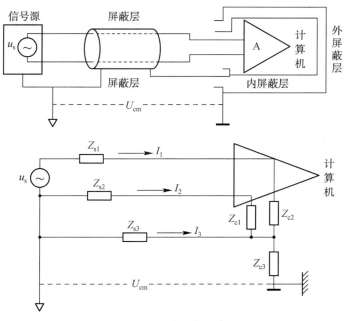

图 2.15 浮地屏蔽示意图

2.4 过程通道数字滤波技术

计算机控制系统的模拟输入信号中,一般均含有各种噪声和干扰。为了进行准确测量和控制,必须消除被测信号中的噪声和干扰。噪声一般有两大类:一类为周期性的,其典型代表为 50 Hz 的工频干扰,采用积分时间等于 20 ms 整倍数的双积分 A/D 转换器可有效地消除其影响;另一类为非周期的不规则随机信号,可以用数字滤波方法予以削弱或滤除。

数字滤波(Digital Filtering)就是用软件通过一定的算法对计算机采集的信号进行处理,将某个频段的干扰信号进行滤除,得到新的信号。

数字滤波算法可以分为经典滤波算法和现代滤波算法。经典滤波算法就是假定采样信号 $y(k)$ 中的有用成分和希望滤除成分分别位于不同的频带,因而通过一个线性系统就可以对噪声进行滤除。如果噪声和信号的频谱相互混叠,则经典滤波算法得不到想要的滤波结果。经典滤波算法通常有低通滤波、高通滤波、带通滤波和带阻滤波算法。现代滤波算法是从含有噪声的信号中估计出有用的信号和噪声信号。这种方法把信号和噪声本身都视为随机信号,利用其统计特征,如自相关函数、互相关函数、自功率谱、互功率谱等引导出信号的估计算法,然后利用软件实现,目前主要有维纳滤波、卡尔曼滤波、自适应滤波等算法。

数字滤波器与模拟滤波器相比,具有如下优点:

(1) 数字滤波器用软件实现,不需要硬件设备,不存在阻抗匹配问题,系统可靠性高;

(2) 模拟滤波器通常是各通道专用,而数字滤波器可以多通道共享,从而降低了成本;

(3) 模拟滤波器往往受电容容量的限制,对低频信号的滤波受到一定限制,而数字滤波可以对信号进行极低频率的滤波。

（4）由于数字滤波用软件实现,改变滤波器结构和参数非常方便,灵活性比模拟滤波器要强很多。

1）限幅滤波法

在生产过程控制中,许多被控物理量变化都较慢,相邻两次采样值之间的变化不可能很大,因此可以由经验确定一个两次采样值之间变化的最大允许值 Δy_{max},限幅滤波法的过程是在每次检测到新值时判断:如果本次值与上次值之差小于等于 Δy_{max},则本次值有效;如果本次值与上次值之差大于 Δy_{max},则本次值无效,放弃本次值,用上次值代替本次值。其计算公式为式(2.4)：

$$y^*(k) = \begin{cases} y(k) & \text{当} |y(k)-y(k-1)| \leqslant \Delta y_{max} \\ y(k-1) & \text{当} |y(k)-y(k-1)| > \Delta y_{max} \end{cases} \quad (2.4)$$

其中, $y(k)$, $y(k-1)$ 分别为本次、上次采样值, $y^*(k)$ 为本次处理后作为采样的输出值。

该算法适合变化比较缓慢的参数,如温度、液位等测量系统,使用时,关键问题是如何选择 Δy_{max},若 Δy_{max} 太大,则有些小干扰将有机可乘进入系统,使系统误差变大;若 Δy_{max} 太小,则某些有用的信号将被拒之门外,使计算机采样效率变低。

该算法的优点是能有效克服因偶然因素引起的脉冲干扰;缺点是无法抑制周期性的干扰,算法的平滑度较差。

2）中值滤波法

中值滤波就是每个采样周期内连续采样 N 次(N 取奇数),把 N 次采样值按大小排列,取中间值作为本采样周期的有效采样值。

中值滤波能有效克服因偶然因素引起的波动干扰(如脉冲干扰)或克服 A/D 转换器本身采样误差对系统采样精度的影响。对温度、液位这类变化缓慢的被测参数比较适合而且具有良好的滤波效果,但对流量、速度等快速变化的参数则一般不适宜。不过如果 A/D 转换速度很高,则为了克服 A/D 转换器本身采样误差对系统采样精度的影响,也可使用该方法。

3）算术平均滤波法

算术平均滤波就是每个采样周期内连续采样 N 个值进行算术平均,结果作为本采样周期的采样值。其计算公式为式(2.5)：

$$y^*(k) = \frac{1}{N} \sum_{i=1}^{N} y_k(i) \quad (2.5)$$

其中, $y_k(1)$, $y_k(2)$, $\cdots$, $y_k(N)$ 分别为本次的 N 个采样值, $y^*(k)$ 为本次处理后作为采样的输出值。

算术平均滤波主要用于对压力、流量等周期脉冲参数的采样值进行平滑加工,但是对脉冲性干扰的平滑作用尚不理想,因而它不适合脉冲性干扰比较严重的场合。采样次数 N 的选取,取决于系统对参数平滑度的要求和 A/D 转换速度。N 值较大时,信号平滑度较高;N

值较小时,信号平滑度较低。通常对流量滤波时 N 取 12;对压力滤波时 N 取 4;对于温度,若无噪声干扰则可不平均。

4) 中值平均滤波法

中值平均滤波法相当于"中值滤波法"+"算术平均滤波法",它是一种复合数字滤波方法。

中值平均滤波每个采样周期内连续采样 N 个数据,去掉两个最大值和两个最小值,然后计算 $N-4$ 个数据的算术平均值,结果作为本采样周期的采样值。

中值平均滤波法的优点是融合了中值滤波法和算术平均滤波法的优点,可消除偶然出现的脉冲性干扰所引起的采样值偏差,缺点是算法比较复杂。N 值一般选取 6~14。

5) 滑动平均滤波法

算术平均滤波是每个采样周期内连续采样 N 个值进行算术平均运算,而滑动平均滤波则是每个采样周期采样一个值并利用最近采样的 N 个值进行算术平均运算,因此其实质上是利用了 N 个采样周期的数据进行算术平均运算。也就是把连续取 N 个采样值看成一个队列,队列的长度固定为 N,每次采样到一个新数据放入队尾,并扔掉原来队首的一个数据(先进先出原则),然后把队列中的 N 个数据进行算术平均运算,就可获得新的滤波结果。其计算公式为式(2.6):

$$y^*(k) = \frac{1}{N}\sum_{i=0}^{N-1} y(k-i) \tag{2.6}$$

其中,$y(k),y(k-1),\cdots,y_k(k-N-1)$ 为最近的 N 个周期采样值,$y^*(k)$ 为本次处理后采样的输出值。

滑动平均滤波的优点是对周期性干扰有良好的抑制作用,平滑度高;缺点是使反馈灵敏度变低,对偶然出现的脉冲性干扰的抑制作用较差,不易消除由于脉冲干扰所引起的采样值偏差,不适用于脉冲性干扰比较严重的场合。

6) 限幅平均滤波法

限幅平均滤波法相当于"限幅滤波法"+"滑动平均滤波法",它也是一种复合数字滤波方法。

限幅平均滤波法每个采样周期采样到新数据时先进行限幅处理,再送入队列进行滑动平均滤波处理。

限幅平均滤波法的优点是融合了限幅滤波法和滑动平均滤波法的优点,可消除偶然出现的脉冲性干扰所引起的采样值偏差;缺点是算法比较复杂。

7) 加权递推平均滤波法

加权递推平均滤波法是对滑动平均滤波法的改进,即不同时刻的数据加以不同的权。通常是越接近现时刻的数据,权取得越大。其计算公式为式(2.7):

$$y^*(k) = \frac{1}{N}\sum_{i=0}^{N-1} c_i y(k-i) \tag{2.7}$$

其中，$y(k),y(k-1),\cdots,y_k(k-N-1)$ 为最近的 N 个周期采样值，c_i 为加权系数，$y^*(k)$ 为本次处理后采样的输出值。c_i 要满足式(2.8)：

$$c_i > 0 \quad \text{且} \quad \sum_{i=0}^{N-1} c_i = 1 \tag{2.8}$$

加权递推平均滤波法中，若新采样值的权系数越大，则灵敏度越高，但信号的平滑度越低。其优点是适用于有较大纯滞后时间常数的对象和采样周期较短的系统；缺点是对于纯滞后时间常数较小，采样周期较长，变化缓慢的信号不能迅速反应系统当前所受干扰的严重程度，此时滤波效果较差。

8）低通数字滤波法

由于生产过程的许多物理量表现为低频变化，如温度、液位等，而干扰往往是高频信号，因此在计算机控制系统 A/D 转换电路的设计中，很多人喜欢在 A/D 转换的前置电路中加入硬件 RC 滤波，如图 2.16 所示。

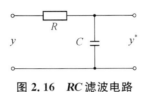

图 2.16　RC 滤波电路

其传递函数为式(2.9)：

$$\frac{Y^*(s)}{Y(s)} = \frac{1}{RCs+1} \tag{2.9}$$

考虑到带负载能力和电容 C 不可能设计得很大，要想实现极低频率的低通滤波必须用计算机软件来实现。若定义计算机控制系统的采样周期为 T，则式(2.9)的数字化计算公式为式(2.10)：

$$y^*(k) = (1-\alpha)y^*(k-1) + \alpha y(k) \tag{2.10}$$

其中，$y(k)$ 为实际采样值，$y^*(k)$ 为本次处理后采样的输出值，$y^*(k-1)$ 为存储在计算机内存中的上次处理后的采样的输出值，$\alpha = \dfrac{T}{RC+T}$ 为平滑滤波系数。

该算法的优点是对周期性干扰具有良好的抑制作用，适用于波动频率较高的场合；缺点是相位滞后，灵敏度低，滞后程度取决于 α 值的大小，不能消除滤波频率高于采样频率 1/2 的干扰信号。

2.5　线性化处理技术

计算机从模拟量输入通道采集到的有关现场数字信号与该信号所代表的物理量不一定呈线性关系。例如，从差压变送器送来的信号 X 与实际流量 Y 成平方根关系，即 $Y = k\sqrt{X}$；又如，铂电阻或热电偶与温度的关系也是非线性的。为了提高变换精度，必须利用软件进行补偿，即线性化处理。通过软件实现非线性补偿的方法有计算法、查表法和插值逼近法。

2.5.1 计算法

在工程实际中,有许多非线性参数的关系是可以用数学方程来表示的,对非线性补偿就可按照实际公式进行计算。假定测量值和实际值之间的非线性关系为式(2.11):

$$y = f(x) \tag{2.11}$$

式中,f 为非线性函数。

计算法就是将 A/D 转换及数字滤波后的数据作为 x 代入式(2.11)进行计算,计算结果 y 就作为线性化处理后的被测值。例如:

(1) 在温度测量中大量使用热电偶作为测温元件,但其被测温度 T_m 与输出热电势 E 之间呈现非线性关系,而且不同种类的热电偶非线性程度不一样。一般情况下,常见的温度与热电势的关系为式(2.12):

$$T_m = a_4 E^4 + a_3 E^3 + a_2 E^2 + a_1 E + a_0 \tag{2.12}$$

式中,$a_0, a_1, \cdots, a_4$ 为热电偶系数,与热电偶的类型及其测量温度范围有关。

(2) 在流量测量中常用差压变送器,其输出差压信号 X 和实际流量 Y 成平方根信号关系,即式(2.13):

$$Y = k\sqrt{X} \tag{2.13}$$

计算机必须把差压信号 X 开平方根后才和流量呈线性关系。式中,k 是和孔板及被测流体的温度、压力有关的系数。

2.5.2 查表法

在计算机控制系统中,有些参数的计算非常复杂,如果直接用计算机在线计算不仅程序长,需要耗费大量 CPU 用时,而且还会涉及指数、对数、三角函数、积分、微分等运算。这些程序编写一般也比较复杂,因此可将数据对应表离线计算好,作为表格存入计算机内存,当采集到相应数据时,计算机自动查找表格中对应的数据作为其线性补偿值,以节省 CPU 用时并省去复杂的计算编程。查表是一种非数值的计算方法,利用这种方法可以完成数据补偿、计算、转换等工作,它具有程序简单、执行速度快等优点。

常用的查表法有顺序查表法、计算查表法和对分搜索法。顺序查表法适用于无序排列表格的查找。计算查表法适用于数据按一定的规律排列,并且搜索内容和表格数据地址之间的关系能用公式表示的有序表格。在实际应用中,很多表格尽管按一定顺序排列,但表格比较长,难以用计算查表法查找,如热电偶的热电势与温度对应表,流量测量中的差压和流量对照表等,这些表可用对分搜索法。

设一个表格字节长度为 N,若采用顺序查表法,平均查找次数为 $N/2$;对分查表法的最多查找次数约为 $\log_2(N-1)+1$ 次。所以当 N 较大时,和顺序查表法相比,对分法可以大大减少查表次数,提高检索效率。对分查表法的程序流程图如图 2.17 所示。

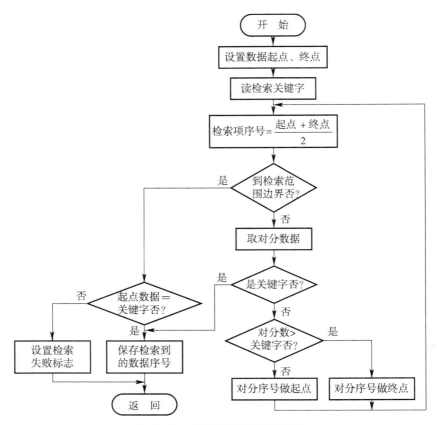

图 2.17 对分查表法程序流程图

2.5.3 线性插值法

由于计算机控制系统对实时性要求较高,在利用插值逼近方法进行线性处理的应用中,主要使用运算量较小的线性插值法和二次插值法。

1) 线性插值原理

设某传感器输入信号 X 和输出信号 Y 之间的关系如图 2.18 所示。由图可知,输入 X 和输出 Y 之间存在非线性关系,该关系用函数表示不容易,因此已知 X 求 Y 值不容易用公式实现。但是,如果将该非线性关系的曲线按一定要求分成若干段,然后把相邻两分段用直线连接起来,用此直线近似代替相应的曲线,则可以方便地求出任一输入 X 对应的输出 Y。

设 X 在 $[X_i, X_{i+1}]$ 区间内,则其对应的逼近值 Y 由式(2.14)表示:

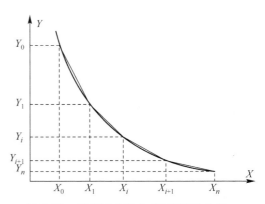

图 2.18 传感器的输入/输出特性曲线

$$Y = Y_i + \frac{Y_{i+1} - Y_i}{X_{i+1} - X_i}(X - X_i) \quad (2.14)$$

即

$$Y = Y_i + K_i(X - X_i) \quad (2.15)$$

式中,$K_i = \frac{Y_{i+1} - Y_i}{X_{i+1} - X_i}$ 为第 i 段直线的斜率。

从图 2.18 可以看出:

(1) 曲线斜率变化越小,替代直线越逼近特性曲线,则线性插值法带来的误差就越小。

(2) 插值基点取得越多,替代直线越逼近实际的曲线,插值计算的误差就越小。因此,只要插值基点足够多,就可以获得足够的精度。

2) 线性插值的计算机实现步骤

(1) 用实验法测出传感器输出特性曲线,可反复测量,应尽可能保证该曲线的精确性。

(2) 选取插值点,将绘制好的曲线分段。注意分段要根据曲线的变化情况来具体确定,有等距分段法和非等距分段法。

(3) 计算并存储各相邻插值点间逼近曲线的斜率 K_i,以表格形式存储在存储器中。

(4) 通过查表找出 X 所处区间 $[X_i, X_{i+1}]$,并取出该段的斜率 K_i 和 Y_i。

(5) 按式(2.15)计算 Y。

注意上述步骤(1)、(2)、(3)是离线进行的(编程时做完),(4)、(5)才是线性化处理程序实时运行的。

3) 线性插值法非线性补偿实例

根据热电偶的技术数据可以绘制出输出电压信号 V 和温度 T_m 之间的特性曲线,假设热电偶的输入/输出特性曲线如图 2.19 所示。

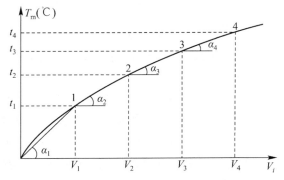

图 2.19 热电偶的输入/输出特性曲线

由图 2.19 可以看出,该热电偶的输出特性曲线斜率的变化不大,可以采用线性插值法进行非线性补偿。

选择 4 个插值基点 (V_1, t_1)、(V_2, t_2)、(V_3, t_3)、(V_4, t_4),然后写出每段曲线的插值函数表达式,如式(2.16)所示。

$$T_m = \begin{cases} K_1 V, & \text{当 } 0 \leqslant V < V_1 \text{ 时;} \\ t_1 + K_2(V-V_1), & \text{当 } V_1 \leqslant V < V \text{ 时;} \\ t_2 + K_3(V-V_2), & \text{当 } V_2 \leqslant V < V_3 \text{ 时;} \\ t_3 + K_4(V-V_3), & \text{当 } V_3 \leqslant V < V_4 \text{ 时;} \\ t_4 + K_5(V-V_4), & \text{当 } V_4 \leqslant V \text{ 时。} \end{cases} \quad (2.16)$$

2.6 标度变换技术

生产过程中各种参数都具有不同的量纲和数值变化范围,例如温度的单位为℃,流量的单位为 m^3/h,压力的单位为 Pa 或 MPa 等。所有这些参数都需要经过变送器转换为标准电信号,再经 A/D 转换器转换成计算机所能处理的数字量。由于不同参数的变化范围和量纲是不同的,因此即使计算机检测到同样的数字量,表示的物理量也可能是不同的。如数字量 FAH 可能表示的是 180 ℃温度,也可能表示 50 V 的直流电压。即使相同的量纲,如果变化范围不同,同样的数字量表示的物理量也可能是不同的。例如 8 位 A/D 采集的数字是 FFH,若温度变化范围是 0~200 ℃,则物理量表示的是 200 ℃;若温度变化范围是 -100~100 ℃,则物理量表示的是 100 ℃。

出于操作人员管理及操纵生产过程的需要,必须把这些数字量转换成不同量纲的物理量,使之便于显示、记录、打印和报警等操作,这种转换被称为标度变换或工程量转换。标度变换有各种不同类型,取决于被测参数、传感器等输入数据通道的类型,要根据实际情况进行设计。

常用的标度变换方式是线性标度变换,其前提条件是被测参数值与 A/D 转换结果为线性关系。线性标度变换的公式如下:

$$A_x = A_0 + (A_m - A_0) \frac{N_x - N_0}{N_m - N_0} \quad (2.17)$$

式中,A_0,A_m 分别为测量仪表物理量的下限值和上限值;N_0,N_m 分别为仪表下限和上限对应的 A/D 采样结果值;N_x 为当前 A/D 采样结果值;A_x 为当前采样转换为工程量纲的结果值。

显然,对于某一固定的被测参数来说 A_0,A_m,N_0,N_m 是常数,而不同的被测参数 A_0,A_m,N_0,N_m 有着不同的值,存储器可以存储多组这样的常数,在进行标度变换的时候根据需要调用。编程时,在 A/D 采样值滤波和线性化处理后,其值为 N_x,将根据式(2.17)计算所得结果 A_x 作为该被测参数的实际物理数据进行显示、记录和打印等操作。

【例 2.1】 某热处理炉温测量仪表的量程为 100~1200 ℃,采用 12 位 A/D 转换器,其被测物理量与 A/D 转换数值为线性关系。设在某采样周期计算机采样并经数字滤波后的数字量为 2680,求此时的温度值为多少?

解 根据题意得,$A_0 = 100$,$A_m = 1200$,$N_0 = 0$,$N_m = 4095$,$N_x = 2680$。代入公式(2.17),可求得 $A_x \approx 820$ ℃。

必须指出的是上述介绍的只是线性标度变换,只适用于具有线性刻度的参量,如果被测量为非线性刻度时,则其标度变换应具体问题具体分析。先求出它所对应的标度变换公式,再根据公式编程,实现相应的标度变换。

思考题与习题 2

1. 计算机控制系统的信号从时间上和幅值上可分成哪几类?请简要叙述每类信号的特点。
2. 过程通道分为哪几类?请简要叙述每类通道的作用。
3. 模拟输入通道和模拟输出通道分别由哪几部分组成?
4. 传感器从原理上主要可分成哪几类?其选型应主要注意哪些问题?
5. 执行器主要可分成哪几类?其选型应主要注意哪些问题?
6. 什么是串模干扰和共模干扰?如何抑制?
7. 什么是数字滤波?你认为数字滤波主要有什么优点?
8. 请简单说明各种滤波算法的特点和所适用的场合。
9. 算术平均滤波和滑动平均滤波有何不同,它们的基本思想是什么?
10. 某加热炉温度传感器的量程为 200~600 ℃,采用 12 位 A/D 转换器转换结果为 010H~FF5H。设在某采样周期计算机采样的数字量为 1000,求此时的温度值为多少?

第 3 章 计算机控制系统分析

计算机控制系统一般为采样控制系统,其分析理论一般使用时间离散控制系统的理论。和连续控制系统类似,任何离散控制系统必须工作在稳定状态而且要具有一定的干扰抑制能力,工作要满足稳态性能指标和动态性能指标。如何分析计算机控制系统是否达到性能指标,这是本章要介绍的问题。

3.1 计算机控制系统的数学模型

在连续控制系统中,经常使用微分方程和传递函数来表征系统。而在计算机控制系统中,通常使用差分方程和脉冲传递函数等来描述系统的数学模型。

3.1.1 差分方程

假设离散被控系统的输出信号为 $y(kT)$,输入信号为 $u(kT)$。由于采样周期 T 是一个常数,故 $y(kT)$ 常常记为 $y(k)$ 或 y_k,$u(kT)$ 常常记为 $u(k)$ 或 u_k。线性定常离散控制系统的输出与输入之间的关系可以表示为式(3.1)或式(3.2)。

$$y(k)+a_1 y(k-1)+\cdots+a_n y(k-n)=b_0 u(k-d)+b_1 u(k-d-1)+\cdots+b_m u(k-d-m) \tag{3.1}$$

$$y_k+a_1 y_{k-1}+\cdots+a_n y_{k-n}=b_0 u_{k-d}+b_1 u_{k-d-1}+\cdots+b_m u_{k-d-m} \tag{3.2}$$

式(3.1)或式(3.2)就是描述离散控制系统的差分方程。其中 n 为系统的阶次,指系统极点的个数;m 为系统零点的个数;d 则表示输出滞后输入的步数(采样周期个数),若 $d=0$ 则表示输入和输出之间没有纯滞后。$a_i(i=1,2,\cdots,n)$ 和 $b_i(i=1,2,\cdots,m)$ 是系统的参数,为常数。

式(3.1)也可写成式(3.3),常用来描述线性离散系统在某一时刻的输出与该时刻的输入以及过去的输入、输出之间的关系。

$$y(k)=-\sum_{j=1}^{n} a_j y(k-j)+\sum_{j=0}^{m} b_j u(k-d-j) \tag{3.3}$$

3.1.2 Z 变换

1) Z 变换的定义

由第 2.1.2 节的式(2.1)可知,理想采样后的离散信号可以表示为式(3.4)。

$$y^*(t)=\sum_{k=0}^{\infty} y(kT)\delta(t-kT) \tag{3.4}$$

对式(3.4)进行拉氏变换,得

$$Y^*(s)=\sum_{k=0}^{\infty}y(kT)e^{-kTs}$$

令 $z=e^{Ts}$,
则

$$Y(z)=Y^*(s)\Big|_{z=e^{sT}}=\sum_{k=0}^{\infty}y(kT)z^{-k} \tag{3.5}$$

其中,$Y(z)$ 称为离散信号 $y^*(t)$ 的 z 变换。通常表示为:

$$Y(z)=Z[y^*(t)]=\sum_{k=0}^{\infty}y(kT)z^{-k}=y(0)+y(1)z^{-1}+y(2)z^{-2}+y(3)z^{-3}+\cdots \tag{3.6}$$

从式(3.6)可以看出,$Y(z)$ 是 z 的无穷幂级数之和,其中 $y(kT)$ 表示信号在 kT 时刻的采样值,z^{-k} 表示信号相对于时间的起点延迟了 k 个采样周期出现,因此 $Y(z)$ 既包含了信号的幅值信息,也包含了信号的时间信息。

2) 常用的 Z 变换方法

(1) 级数求和法

当 $y(0),y(1),y(2),y(3),\cdots$ 已知时,根据式(3.6)计算级数和,利用高等数学级数的知识将其写成闭合算式,进而可得到 Z 变换。

【例 3.1】 试求指数序列 $y(kT)=\alpha^k(0<\alpha<1)$ 的 Z 变换。

解 $Y(z)=1+\alpha z^{-1}+\alpha^2 z^{-2}+\alpha^{-3} z^{-3}+\cdots=\dfrac{1}{1-\alpha z^{-1}}=\dfrac{z}{z-\alpha}$。

(2) 部分分式法

当 $y^*(t)$ 的拉氏变换 $Y^*(s)$ 知道时,首先将 $Y^*(s)$ 表示成若干个比较简单的部分分式之和,再对各个分式进行查表,求出对应的 Z 变换,最后求和得出总的 Z 变换。

$Y^*(s)$ 一般可表示成

$$Y^*(s)=b_n+\frac{b_m s^m+\cdots+b_1 s+b_0}{s^n+\alpha_{n-1}s^{n-1}+\cdots+\alpha_1 s+\alpha_0}(m<n)$$

由于整数部分的 Z 变换可直接查 Z 变换表求出,故只讨论非整数部分的 Z 变换求解方法。以下假定

$$Y^*(s)=\frac{B(s)}{A(s)}=\frac{b_m s^m+\cdots+b_1 s+b_0}{s^n+\alpha_{n-1}s^{n-1}+\cdots+\alpha_1 s+\alpha_0}(m<n) \tag{3.7}$$

当 $A(s)$ 无重根时,式(3.7)可以写为如式(3.8)所示的 n 个分式之和,即

$$Y^*(s)=\frac{c_1}{s-s_1}+\frac{c_2}{s-s_2}+\cdots+\frac{c_n}{s-s_n} \tag{3.8}$$

系数 c_i 可以按照式(3.9)求出:

$$c_i=(s-s_i)Y^*(s)\Big|_{s=s_i} \tag{3.9}$$

当 $A(s)$ 有重根时,设 s_1 为 r 阶重根,$s_{r+1},s_{r+2},\cdots,s_n$ 为单根,则式(3.7)可以写为如式(3.10)所示的 n 个分式之和,即

$$Y^*(s)=\frac{c_1}{s-s_1}+\frac{c_2}{(s-s_1)^2}+\cdots+\frac{c_r}{(s-s_1)^r}+\frac{c_{r+1}}{s-s_{r+1}}+\cdots+\frac{c_n}{s-s_n} \tag{3.10}$$

式中，$c_{r+1}, c_{r+2}, \cdots, c_n$ 为单根部分分式的待定系数，可按照式(3.9)计算，而重根项待定系数 $c_1, c_2, \cdots, c_r$ 的计算公式如式(3.11)和式(3.12)所示。

$$c_r = (s-s_1)^r Y^*(s) \Big|_{s=s_1} \tag{3.11}$$

$$c_{r-j} = \frac{1}{j!} \cdot \frac{d^j}{ds^j}[(s-s_1)^r Y^*(s)]\Big|_{s=s_1} \quad j=1,2,\cdots,r-1 \tag{3.12}$$

【例 3.2】 试求 $Y^*(s) = \dfrac{1}{(s+1)(s+2)}$ 的 Z 变换。

解 将 $Y^*(s)$ 按部分分式展开，有

$$Y^*(s) = \frac{A}{s+1} + \frac{B}{s+2}$$

$$A = (s+1)Y^*(s)\Big|_{s=-1} = 1, \quad B = (s+2)Y^*(s)\Big|_{s=-2} = -1$$

于是

$$Y^*(s) = \frac{1}{s+1} - \frac{1}{s+2}$$

查表得

$$Y(z) = \frac{z}{z-e^{-T}} - \frac{z}{z-e^{-2T}} = \frac{z(e^{-T}-e^{-2T})}{(z-e^{-T})(z-e^{-2T})}$$

3) Z 变换基本定理

（1）线性定理

设 $Z[y_1^*(t)] = Y_1(z), Z[y_2^*(t)] = Y_2(z), \alpha, \beta$ 为常数，则

$$Z[\alpha y_1^*(t) + \beta y_2^*(t)] = \alpha Y_1(z) + \beta Y_2(z) \tag{3.13}$$

（2）位移定理

$$Z[y^*(t-kT)] = z^{-k}Y(z) \quad (\text{滞后定理}) \tag{3.14}$$

$$Z[y^*(t+kT)] = z^k Y(z) \quad (\text{超前定理}) \tag{3.15}$$

（3）初值定理

如果 $\lim\limits_{z \to \infty} Y(z)$ 存在，则

$$\lim_{t \to 0} y^*(t) = y^*(0) = \lim_{z \to \infty} Y(z) \tag{3.16}$$

（4）终值定理

如果 $\lim\limits_{t \to \infty} y^*(t)$ 存在，则

$$\lim_{t \to \infty} y^*(t) = \lim_{z \to 1}(z-1)Y(z) = \lim_{z \to 1}(1-z^{-1})Y(z) \tag{3.17}$$

3.1.3 Z 反变换

Z 反变换就是根据 Z 域函数 $Y(z)$ 求出相应时间域的离散函数序列 $y^*(t)$ 或 $y(kT)$ 的过程，记作

$$y^*(t) = y(kT) = Z^{-1}[Y(z)] \tag{3.18}$$

常用的 Z 反变换有部分分式法和长除法。

1) 部分分式法

当 $Y(z)$ 比较复杂时，首先将 $Y(z)$ 表示成若干个较简单的部分分式之和，再对各个分式

进行查表,求出对应的 Z 反变换,最后求和得出相应时间域的离散函数序列 $y(kT)$ 或 $y^*(t)$。

假定 $Y(z)$ 具有如下形式

$$\frac{Y(z)}{z} = \frac{b_m z^m + \cdots + b_1 z + b_0}{z^n + \alpha_{n-1} z^{n-1} + \cdots + \alpha_1 z + \alpha_0} \quad (m < n)$$

则当 $\frac{Y(z)}{z}$ 有 n 个无重根的极点时,$\frac{Y(z)}{z}$ 可以写为如式(3.19)所示的 n 个分式之和,即

$$\frac{Y(z)}{z} = \frac{c_1}{z - p_1} + \frac{c_2}{z - p_2} + \cdots + \frac{c_n}{z - p_n} \tag{3.19}$$

系数 c_i 可以按照式(3.20)求出:

$$c_i = (z - p_i) \frac{Y(z)}{z} \bigg|_{z = p_i} \tag{3.20}$$

于是

$$Y(z) = \sum_{i=1}^{n} \frac{c_i z}{z - p_i}$$

得到

$$y(kT) = \sum_{i=1}^{n} c_i p_i^k$$

进而有

$$y^*(t) = \sum_{k=0}^{\infty} \sum_{i=1}^{n} c_i p_i^k \delta(t - kT)$$

当 $\frac{Y(z)}{z}$ 有重根时,设 p_1 为 r 阶重根,$p_{r+1}, p_{r+2}, \cdots, p_n$ 为单根,则式 $\frac{Y(z)}{z}$ 可以写为如式(3.21)所示的 n 个分式之和,即

$$\frac{Y(z)}{z} = \frac{c_1}{z - p_1} + \frac{c_2}{(z - p_1)^2} + \cdots + \frac{c_r}{(z - p_1)^r} + \frac{c_{r+1}}{z - p_{r+1}} + \cdots + \frac{c_n}{z - p_n} \tag{3.21}$$

式中,$c_{r+1}, c_{r+2}, \cdots, c_n$ 为单根部分分式的待定系数,可按照式(3.20)计算,而重根项待定系数 $c_1, c_2, \cdots, c_r$ 的计算公式如式(3.22)和式(3.23)所示。

$$c_r = (z - p_1)^r \frac{Y(z)}{z} \bigg|_{z = p_1} \tag{3.22}$$

$$c_{r-j} = \frac{1}{j!} \cdot \frac{d^j}{dz^j} \left[(z - p_1)^r \frac{Y(z)}{z} \right] \bigg|_{z = p_1} \quad j = 1, 2, \cdots, r - 1 \tag{3.23}$$

由式(3.21)可得

$$Y(z) = \frac{c_1 z}{z - p_1} + \frac{c_2 z}{(z - p_1)^2} + \cdots + \frac{c_r z}{(z - p_1)^r} + \frac{c_{r+1} z}{z - p_{r+1}} + \cdots + \frac{c_n z}{z - p_n} \tag{3.24}$$

由于

$$Z^{-1} \left[\frac{z}{(z - p_1)^{j+1}} \right] = \sum_{t=0}^{\infty} \frac{k(k-1) \cdots (k-j+1)}{j!} p_1^{k-j} \delta(t - kT) \tag{3.25}$$

故利用式(3.24)和式(3.25)可求出 $Y(z)$ 的反变换。

【例 3.3】 试求 $Y(z) = \dfrac{0.5 z}{z^2 - 1.5 z + 0.5}$ 的反变换。

解 将 $Y(z)$ 按部分分式展开,有

$$\frac{Y(z)}{z} = \frac{0.5}{(z-1)(z-0.5)} = \frac{A}{z-1} + \frac{B}{z-0.5}$$

$$A=(z-1)\frac{Y(z)}{z}\bigg|_{z=1}=1, \qquad B=(z-0.5)\frac{Y(z)}{z}\bigg|_{z=0.5}=-1$$

于是
$$Y(z)=\frac{z}{z-1}-\frac{z}{z-0.5}=\frac{z}{z-1}-\frac{z}{z-e^{-\frac{0.693}{T}\cdot T}}$$

查表得
$$y(kT)=1-e^{-0.693k}=1-0.5^k$$

$$y^*(t)=\sum_{k=0}^{\infty}(1-0.5^k)\delta(t-kT)$$

2) 长除法

长除法的基本思想是将 $Y(z)$ 展开成 z^{-1} 的幂级数,然后根据式(3.6)即可求出相应时间域的离散函数序列 $y(kT)$ 或 $y^*(t)$。

【例 3.4】 试求 $Y(z)=\dfrac{z}{z-0.5}$ 的反变换。

解 使用长除法,有 $Y(z)=\dfrac{1}{1-0.5z^{-1}}$,

$$\begin{array}{r}
1+0.5z^{-1}+0.25z^{-2}+0.125z^{-3}+\cdots \\
1-0.5z^{-1}\,\overline{\big)\,1\phantom{-0.5z^{-1}}} \\
\underline{1-0.5z^{-1}} \\
0.5z^{-1} \\
\underline{0.5z^{-1}-0.25z^{-2}} \\
0.25z^{-2} \\
\underline{0.25z^{-2}-0.125z^{-3}} \\
0.125z^{-3}
\end{array}$$

于是
$$Y(z)=1+0.5z^{-1}+0.25z^{-2}+0.125z^{-3}+\cdots$$
$$y^*(t)=\delta(t)+0.5\delta(t-T)+0.25\delta(t-2T)+0.125\delta(t-3T)+\cdots$$

从上面可以看出,长除法一般只能得到原函数的近似结果,很难得到闭式结果。

3.1.4 脉冲传递函数

1) 脉冲传递函数的定义

在连续控制系统中,描述系统输入/输出关系的主要数学模型是传递函数。在计算机控制系统中,离散系统的数学模型可以用脉冲传递函数表示。计算机控制系统输入/输出关系如图 3.1 所示。

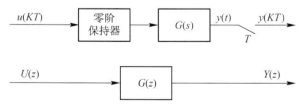

图 3.1 计算机控制系统输入/输出关系示意图

对于线性定常离散控制系统,如果初始条件为零,则系统输出信号的 Z 变换与输入信号的 Z 变换之比被称为脉冲传递函数。即

$$G(z)=\frac{Z[y^*(t)]}{Z[u^*(t)]}=\frac{Z[y(kT)]}{Z[u(kT)]}=\frac{Y(z)}{U(z)} \tag{3.26}$$

脉冲传递函数 $G(z)$ 描述了离散控制系统输出信号和输入信号之间的关系，它反映了系统的物理特性。

2) 脉冲传递函数与差分方程的转换

已知差分方程

$$y_k + a_1 y_{k-1} + \cdots + a_n y_{k-n} = b_0 u_{k-d} + b_1 u_{k-d-1} + \cdots + b_m u_{k-d-m} \tag{3.27}$$

设初始条件为 0，对式(3.27)两边进行 Z 变换，可以得到

$$Y(z) + a_1 z^{-1} Y(z) + \cdots + a_n z^{-n} Y(z) = b_0 z^{-d} U(z) + b_1 z^{-d-1} U(z) + \cdots + b_m z^{-d-m} U(z)$$

所以脉冲传递函数为式(3.28)：

$$G(z) = \frac{Z[y_k]}{Z[u_k]} = \frac{Y(z)}{U(z)} = \frac{(b_0 + b_1 z^{-1} + \cdots + b_m z^{-m}) z^{-d}}{1 + \alpha_1 z^{-1} + \cdots + \alpha_n z^{-n}} \tag{3.28}$$

3) 计算机控制系统开环对象的脉冲传递函数

计算机输出的控制指令 $u^*(t)$ 一般是经过 D/A 转换器中的零阶保持器通过执行器加到系统的被控对象上的，输出信号是被控量经 A/D 转换后送入计算机的。因此，计算机控制系统的被控对象等效于零阶保持器 + 连续被控对象。

设被控对象的传递函数为 $G(s)$，即

$$\frac{Y(s)}{U(s)} = G(s)$$

则被控对象的脉冲传递函数求取公式为：

$$\frac{Y(z)}{U(z)} = G(z) = Z\left[\frac{1-e^{-Ts}}{s} G(s)\right] = (1-z^{-1}) Z\left(\frac{G(s)}{s}\right) \tag{3.29}$$

【例 3.5】 已知连续控制系统的传递函数为 $G(s) = \frac{0.1}{s(s+0.1)}$，采样周期 $T=1$ s，试求其离散化后的脉冲传递函数。

解 所求脉冲传递函数为：

$$G(z) = (1-z^{-1}) Z\left(\frac{G(s)}{s}\right) = (1-z^{-1}) Z\left(\frac{0.1}{s^2(s+0.1)}\right)$$

查附录 A 拉氏变换与 Z 变换对照表可得：

$$G(z) = (1-z^{-1}) \left[\frac{z}{(z-1)^2} - \frac{(1-e^{-0.1})z}{0.1(z-1)(z-e^{-0.1})}\right] = \frac{0.04837(z+0.9672)}{(z-1)(z-0.9048)}$$

3.2 计算机控制系统的稳定性分析

3.2.1 Z 平面和 S 平面的映射关系

我们知道，在连续控制系统的设计中，S 平面上零、极点位置将帮助设计者了解系统的动态特性，且 S 平面极点的位置决定了连续系统是否稳定，那么 Z 平面是否有与 S 平面类似的结论呢？首先我们来看看 Z 平面和 S 平面的映射关系。

由 Z 变换定义知道

$$z = e^{sT}$$

其中 s 和 z 都是复数变量，T 为采样周期。设

$$s = \sigma + jw$$

则

$$z = e^{(\sigma+jw)T} = e^{\sigma T}e^{jwT} = e^{\sigma T}e^{j(wT+2\pi k)} \quad k \text{ 为整数} \tag{3.30}$$

于是 z 的模和相角可表示为式(3.31)：

$$|z| = e^{\sigma T} \quad \angle z = wT \tag{3.31}$$

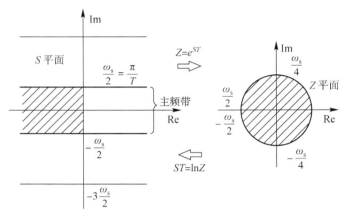

图 3.2 Z 平面和 S 平面的主频带映射关系

式(3.30)表明 Z 平面和 S 平面不是一一对应关系，S 平面频率相差 $\dfrac{2\pi k}{T}$（k 为整数）的各个极点(或零点)变换到 Z 平面位置完全无差异。如图 3.2 所示，基频极点($k=0$)映射在 S 平面上的主频带中；S 平面主频带中虚轴左边区域映射到 Z 平面为单位圆内区域，右边区域映射到 Z 平面为单位圆外区域，虚轴则为单位圆。S 平面极点的稳定区域位于左半平面，映射到 Z 平面在单位圆内，因此 Z 平面极点的稳定区域位于单位圆内。

S 平面的主导极点一般位于左半平面且靠近虚轴，大多数可用一对共轭极点表示（$S = -\zeta w_n \pm j\sqrt{1-\zeta^2} \cdot w_n$），有关主导极点附近的映射关系如图 3.3 所示。

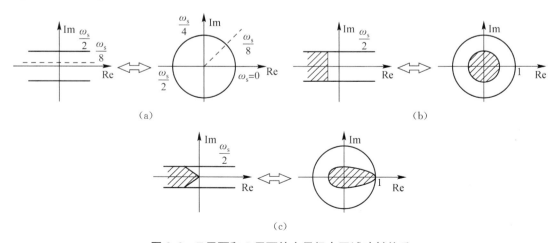

图 3.3 Z 平面和 S 平面的主导极点区域映射关系

3.2.2 稳定性判据

在连续控制系统中,因劳斯稳定判据简单易用,被人们广泛应用于判断系统的极点是否位于 S 平面的左半平面。对于离散控制系统来说,是否可以应用劳斯稳定判据呢?答案是要用 W 变换。

W 变换公式为:

$$z=\frac{w+1}{w-1} \quad 或 \quad w=\frac{z+1}{z-1} \tag{3.32}$$

令 $z=x+jy$,则

$$w=\frac{x+jy+1}{x+jy-1}=\frac{x^2+y^2-1}{(x-1)^2+y^2}-j\frac{2y}{(x-1)^2+y^2}$$

所以,当 $|z|^2=x^2+y^2>1$ 时,w 的实部为正,即 Z 平面上单位圆外区域映射到 W 平面的右半平面;当 $|z|^2=x^2+y^2<1$ 时,w 的实部为负,即 Z 平面上单位圆内区域映射到 W 平面的左半平面;当 $|z|^2=x^2+y^2=1$ 时,w 的实部为零,即 Z 平面上单位圆映射到 W 平面的虚轴,其映射关系如图 3.4 所示。

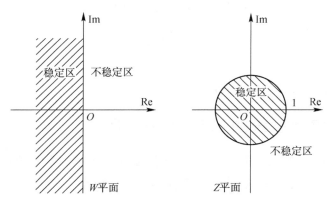

图 3.4 Z 平面和 W 平面的稳定区域映射关系

因此,如果我们把离散控制系统的特征方程通过式(3.32)变换为 W 平面的特征方程,那么可以直接应用劳斯稳定判据。如果变换后 W 平面的特征方程的根位于左半平面,那么此离散系统就是稳定的,否则不稳定。

【例 3.6】 已知采样控制系统的结构如图 3.5 所示,采样周期 $T=1$ s,试求其比例控制 K 的稳定范围。

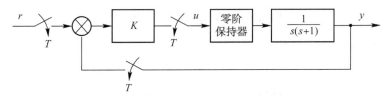

图 3.5 采样控制系统结构图

解 被控制对象的脉冲传递函数为:

$$G(z)=Z\left(\frac{1-e^{-s}}{s}\cdot\frac{1}{s(s+1)}\right)=(1-z^{-1})Z\left(\frac{1}{s^2(s+1)}\right)$$

查附录 A 拉氏变换与 Z 变换对照表可得：

$$G(z)=(1-z^{-1})\left[\frac{z}{(z-1)^2}-\frac{(1-e^{-1})z}{(z-1)(z-e^{-1})}\right]=\frac{e^{-1}z+1-2e^{-1}}{(z-1)(z-e^{-1})}$$

系统的闭环特征方程为：

$$(z-1)(z-e^{-1})+K(e^{-1}z+1-2e^{-1})=0$$

即

$$z^2+(0.368K-1.368)Z+0.264K+0.368=0$$

令 $z=\frac{w+1}{w-1}$，则可得到方程

$$0.632K\cdot w^2+(1.264-0.528K)w+(2.736-0.104K)=0$$

劳斯表为

w^2	$0.632K$	$2.736-0.104K$
w^1	$1.264-0.528K$	0
w^0	$(2.736-0.104K)(1.264-0.528K)$	

如果系统稳定，劳斯表第一列各元素必须为正，所以

$$\begin{cases}0.632K>0\\1.264-0.528K>0\\2.736-0.104K>0\end{cases}$$

解之得到系统稳定时的 K 值范围为 $0<K<2.4$。

3.3 离散控制系统的稳态特性分析

稳态误差是衡量控制系统精度的一个重要指标，在线性连续控制系统中，稳态精度与输入信号的形式和系统的参数有关，同样离散控制系统的稳态误差也与输入信号的形式和系统的参数有关。

对于如图 3.6 所示的离散控制系统，其偏差的 Z 变换如式(3.33)所示。

$$E(z)=R(z)-Y(z)=R(z)-\frac{D(z)G(z)}{1+D(z)G(z)}R(z)=\frac{R(z)}{1+D(z)G(z)} \tag{3.33}$$

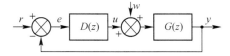

图 3.6 离散控制系统结构示意图

可见，系统的偏差与输入 $r(t)$ 和被控对象脉冲传递函数 $G(z)$、控制器 $D(z)$ 都有关。稳态误差计算公式为式(3.34)：

$$e(\infty)=\lim_{z\to 1}(1-z^{-1})\cdot E(z)=\lim_{z\to 1}\frac{(1-z^{-1})R(z)}{1+D(z)G(z)} \tag{3.34}$$

1) 单位阶跃输入稳态误差分析

$$e(\infty)=\lim_{z\to 1}\frac{(1-z^{-1})R(z)}{1+D(z)G(z)}=\lim_{z\to 1}\frac{(1-z^{-1})}{1+D(z)G(z)}\cdot\frac{z}{z-1}=\frac{1}{1+\lim_{z\to 1}D(z)G(z)}=\frac{1}{1+K_p}$$

其中,K_p 为静态位置误差系数,定义式为式(3.35)。

$$K_p=\lim_{z\to 1}D(z)G(z) \tag{3.35}$$

当开环脉冲传递函数有 1 个以上 $z=1$ 的极点时,K_p 为无穷大,此时系统的稳态误差为 0。

2) 单位速度输入稳态误差分析

$$e(\infty)=\lim_{z\to 1}\frac{(1-z^{-1})R(z)}{1+D(z)G(z)}=\lim_{z\to 1}\frac{(1-z^{-1})}{1+D(z)G(z)}\cdot\frac{Tz}{(z-1)^2}=\frac{T}{\lim_{z\to 1}(z-1)D(z)G(z)}=\frac{1}{K_v}$$

其中,K_v 为静态速度误差系数,定义式为式(3.36)。

$$K_v=\lim_{z\to 1}\frac{(z-1)D(z)G(z)}{T} \tag{3.36}$$

当开环脉冲传递函数有两个以上 $z=1$ 的极点时,K_v 为无穷大,此时系统的稳态误差为 0。

3) 单位加速度输入稳态误差分析

$$e(\infty)=\lim_{z\to 1}\frac{(1-z^{-1})R(z)}{1+D(z)G(z)}=\lim_{z\to 1}\frac{(1-z^{-1})}{1+D(z)G(z)}\cdot\frac{T^2z(z+1)}{2(z-1)^3}=\frac{T^2}{\lim_{z\to 1}(z-1)^2 D(z)G(z)}=\frac{1}{K_a}$$

其中,K_a 为静态加速度误差系数,定义式为式(3.37)。

$$K_a=\lim_{z\to 1}\frac{(z-1)^2 D(z)G(z)}{T^2} \tag{3.37}$$

当开环脉冲传递函数有 3 个以上 $z=1$ 的极点时,K_a 为无穷大,此时系统的稳态误差为 0。

由上述分析可以看出,系统的稳态误差不仅与输入信号的类型有关,而且与系统的开环脉冲传递函数 $z=1$ 的极点个数有关。根据 Z 平面与 S 平面的映射关系,$z=1$ 的极点对应于 $S=0$ 的极点,因此,在离散控制系统中,根据开环脉冲传递函数 $z=1$ 的极点的个数($m=0,1,2,3,\cdots$),可将离散控制系统分成 0 型、Ⅰ型、Ⅱ型、Ⅲ型等。

3.4 离散控制系统的动态特性分析

对控制系统,人们不仅仅关心其稳态特性,大多数时候还关心其对信号响应的过渡过程(即动态过程)。动态特性分析通常用系统跟踪阶跃信号的超调、过渡过程时间、上升时间和峰值时间几个指标来衡量其好坏。

3.4.1 闭环极、零点对系统动态响应的影响

与连续系统类似,离散系统闭环极点和零点在 Z 平面的分布对系统的动态响应起决定性作用,因此要分析采样系统的动态特性必须研究它们对系统响应的影响。

离散系统的闭环脉冲传递函数可表示为式(3.38)：

$$H(z) = \frac{Y(z)}{R(z)} = K \frac{\prod_{i=1}^{m}(z-z_i)}{\prod_{i=1}^{n}(z-p_i)} \tag{3.38}$$

式中，$z_i(i=1,2,\cdots,m)$为闭环脉冲传递函数的零点，$p_i(i=1,2,\cdots,n)$为闭环脉冲传递函数的极点。假定系统无重极点，则当输入信号为单位阶跃时，输出信号的 Z 变换为式(3.39)：

$$Y(z) = H(z)R(z) = K \frac{\prod_{i=1}^{m}(z-z_i)}{\prod_{i=1}^{n}(z-p_i)} \cdot \frac{z}{z-1} = K \frac{\prod_{i=1}^{m}(1-z_i)}{\prod_{i=1}^{n}(1-p_i)} \cdot \frac{z}{z-1} + \sum_{i=1}^{n} \frac{c_i z}{z-p_i}$$

$$\tag{3.39}$$

对式(3.39)进行 Z 反变换就可得到输出 $y(kT)$。$y(kT)$ 由两部分组成：

第一部分：单位阶跃产生的稳态分量，幅值为 $K \dfrac{\prod_{i=1}^{m}(1-z_i)}{\prod_{i=1}^{n}(1-p_i)}$；

第二部分①：$\sum_{i=1}^{n} \dfrac{c_i z}{z-p_i}$ 中实数极点产生的脉冲响应输出分量，如图 3.7 所示。

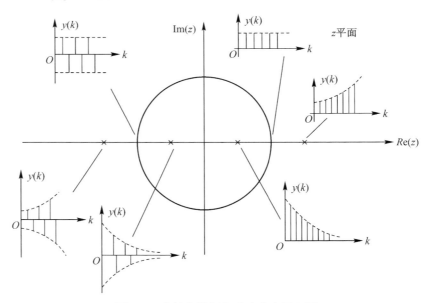

图 3.7 实轴上单极点脉冲响应示意图

从图 3.7 可以看出，当极点在实轴上时，若极点位于左半平面则系统的脉冲响应呈现正负交替现象，若极点位于右半平面则系统的脉冲响应呈现单调特性。当极点位于单位圆内则系统的脉冲响应逐渐衰减，位于单位圆外则系统的脉冲响应发散，在圆上则系统的脉冲响应等幅振荡。

第二部分②：$\sum_{i=1}^{n} \dfrac{c_i z}{z - p_i}$ 中共轭复数极点产生的脉冲响应输出分量如图 3.8 所示。

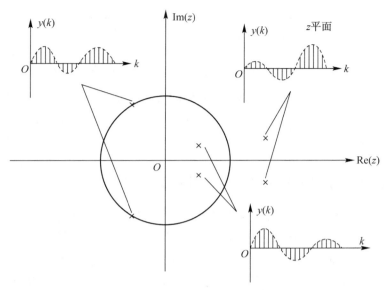

图 3.8　共轭复数极点脉冲响应示意图

从图 3.8 可以看出，若共轭复数极点在单位圆内则系统的脉冲响应振荡衰减，在单位圆外则系统的脉冲响应振荡发散，在圆上则系统的脉冲响应等幅振荡。

3.4.2　离散控制系统的动态响应

由式(3.38)知道，系统输出的 Z 变换可表示为式(3.40)：

$$Y(z) = H(z)R(z) \tag{3.40}$$

若已知系统的输入信号和闭环脉冲传递函数，则可以根据式(3.40)求出 $Y(z)$。根据长除法可以求出：

$$Y(z) = y(0) + y(T)z^{-1} + y(2T)z^{-2} + \cdots + y(kT)z^{-k} + \cdots \tag{3.41}$$

若系统输入为单位阶跃，则根据式(3.40)求出的 $Y(z)$ 包含了系统输出响应的脉冲序列 $y(kT)$，进而可根据响应求出系统的动态性能指标。

【例 3.7】　已知某采样控制系统的闭环脉冲传递函数为 $H(z) = \dfrac{0.368z + 0.264}{z^2 - z + 0.632}$，试求出其阶跃输出响应，并计算其主要性能指标。

解　根据式(3.40)，系统的输出为

$$\begin{aligned} Y(z) = H(z)R(z) &= \dfrac{0.368z + 0.264}{z^2 - z + 0.632} \cdot \dfrac{z}{z - 1} \\ &= 0.368z^{-1} + z^{-2} + 1.4z^{-3} + 1.4z^{-4} + 1.147z^{-5} + 0.895z^{-6} + 0.802z^{-7} + \\ &\quad 0.868z^{-8} + 0.993z^{-9} + 1.077z^{-10} + 1.081z^{-11} + 1.032z^{-12} \end{aligned}$$

根据输出信号在 kT 时刻的幅值，可以绘制出该系统的单位阶跃响应，如图 3.9 所示。

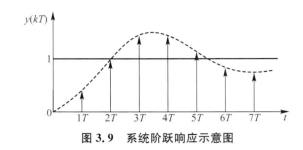

图 3.9　系统阶跃响应示意图

从图3.9可以看出,离散系统的调节时间约为12T,超调量约为40%,峰值时间约为3T,稳态误差为0。

3.5　计算机控制系统的频率特性分析

在连续控制系统中,频率特性分析具有非常重要的地位。频率特性分析的基本思想是把控制系统中的各个变量看成一些信号,而这些信号又是由许多不同频率的正弦信号合成的。由于一个控制系统的运动就是信号在一个一个环节之间依次传递的过程,其实质就是系统中输出变量对各个不同频率信号的响应的总和。如果将系统的频率特性分析清楚,则自然就能掌握系统的运动规律。

3.5.1　频率特性定义

在离散系统中,一个系统或环节的频率特性是指,在正弦信号作用下,系统或环节的稳态输出与输入的复数比随输入正弦信号频率变化的特性。

如图3.10所示,连续系统的频率特性定义为式(3.42),离散系统的频率特性定义为式(3.43)。

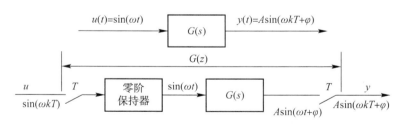

图 3.10　频率特性分析示意图

$$G(j\omega) = G(s)|_{s=j\omega} = |G(j\omega)| \angle G(j\omega) \tag{3.42}$$

$$G(e^{j\omega T}) = G(z)|_{z=e^{j\omega T}} = |G(e^{j\omega T})| \angle G(e^{j\omega T}) \tag{3.43}$$

3.5.2　频率特性分析

由式(3.43)可知,离散系统的频率特性由幅频特性$|G(e^{j\omega T})|$和相频特性$\angle G(e^{j\omega T})$两部分构成,以频率为横坐标,系统稳态响应的幅度和超前角度为纵坐标,可分别画出系统的幅频特性图和相频特性图,进而可直观地掌握系统对不同输入频率信号的运动特性。

【例 3.8】 设连续系统的传递函数为 $G(s)=\dfrac{1}{s+1}$,若采样周期 $T=0.5\text{ s}$,试对比分析连续系统和离散系统的频率特性。

解 根据式(3.42),连续系统的频率特性为:

$$G(\mathrm{j}w)=\frac{1}{\mathrm{j}w+1}=\frac{1}{\sqrt{1+w^2}}\angle-\arctan(w)$$

$$G(z)=Z\left[\frac{1-e^{-sT}}{s}G(s)\right]=(1-z^{-1})Z\left[\frac{1}{s(s+1)}\right]=\frac{z-1}{z}\cdot\frac{z(1-e^{-T})}{(z-1)(z-e^{-T})}=\frac{1-e^{-T}}{z-e^{-T}}$$

$$G(e^{\mathrm{j}wT})=\frac{1-e^{-T}}{e^{\mathrm{j}wT}-e^{-T}}=\frac{0.393}{e^{\mathrm{j}0.5w}-0.607}=\frac{0.393}{[\cos(0.5w)-0.607]+\mathrm{j}\sin(0.5w)}$$

$$|G(e^{\mathrm{j}wT})|=\frac{0.393}{\sqrt{[\cos(0.5w)-0.607]^2+\sin^2(0.5w)}}$$

$$\angle G(e^{\mathrm{j}wT})=-\arctan\frac{\sin(0.5w)}{\cos(0.5w)-0.607}$$

图 3.11 画出了连续系统和离散系统的幅频特性和相频特性图。从图可以看出:

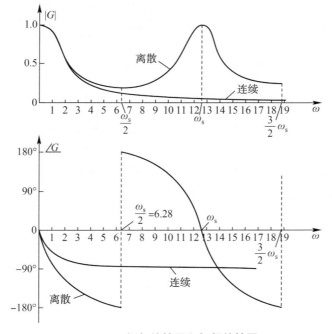

图 3.11 幅频特性图和相频特性图

(1) 离散系统频率特性具有周期性,即 $G(e^{\mathrm{j}wT})=G(e^{\mathrm{j}(w+w_s)T})$,周期为 $w_s=\dfrac{2\pi}{T}$。

(2) 离散系统频率特性的形状与连续系统频率特性的形状有较大差别,主要表现有:① 高频时会出现多个峰值;② 可能出现正相位;③ 仅在低频段两者频率特性相接近。

因此当采样周期较大或采样频率较低时,采样离散系统会出现频率混叠。为了保证连续系统和离散系统频率特性比较接近,采样周期的选取必须满足香农定理(即采样频率高于模拟信号中所要分析的最高分量频率的两倍)。

思考题与习题 3

1. 设控制器的差分方程为 $u_k + a_1 u_{k-1} + a_2 u_{k-2} = b_0 e_k + b_1 e_{k-1} + b_2 e_{k-3}$，$e$ 为输入，u 为输出，试求控制器的脉冲传递函数。

2. 设控制器的脉冲传递函数为 $\dfrac{U(z)}{E(z)} = \dfrac{2z+0.8}{z^2+0.5z+0.3}$，$e$ 为输入，u 为输出，试求控制器输出差分表达式。

3. 求下列被控对象的脉冲传递函数。

    (1) $G(s) = \dfrac{1}{(s+1)(s+2)}$； (2) $G(s) = \dfrac{1}{s(s+1)(s+2)}$。

4. 试根据下列离散系统的闭环特征方程式，用劳斯稳定判据判别系统的稳定性。

    (1) $z^3 + 2z^2 + 2z + 1 = 0$； (2) $z^4 + 2z^3 + z^2 + z + 1 = 0$。

5. 已知某采样控制系统的结构图如图 3.12 所示，采样周期 $T = 0.5$ s，试用劳斯稳定判据判别比例控制 K 的稳定范围。

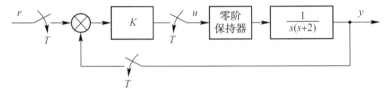

图 3.12 采样控制系统结构图

6. 已知某采样控制系统的结构图如图 3.12 所示，采样周期 $T = 0.5$ s，$K = 1$。试借助 MATLAB 软件求其单位阶跃输入响应曲线，并分析其动态性能和求出稳态误差。

7. 与连续系统相比，采样后的离散系统的频率特性主要有哪些不同？为了保证连续系统和离散系统频率特性比较接近，应特别注意什么？

第 4 章　数字 PID 控制器设计

在连续时间控制系统中,PID 控制器应用得非常广泛,这是因为 PID 控制器设计技术成熟,长期以来形成了典型的结构,参数整定方便,能满足一般的控制要求。

模拟 PID 控制器是用模拟仪表硬件实现的。随着计算机技术的飞速发展,由计算机实现的数字 PID 控制器正在逐渐取代由模拟仪表构成的 PID 控制器,其灵活性和算法可改进性等方面比模拟 PID 控制器更为优越。

在数字控制系统中,数字 PID 控制器的调节过程是首先通过过程输入通道将模拟量(被控量和给定量)变成数字量,再由计算机计算偏差,按 PID 控制算法进行运算处理,运算结果由过程输出通道变成模拟量控制输出,通过执行机构去控制生产,以达到调节的目的。

4.1　标准数字 PID 控制算法

4.1.1　PID 控制基本原理

按偏差的 Proportional(比例)、Integral(积分)和 Differential(微分)进行控制(PID 控制),是连续系统中技术最成熟、应用最广泛的一种控制算法。该控制算法出现于 20 世纪 30~40 年代,适用于对被控对象模型了解不清楚的场合。实际运行的经验和理论分析都表明,运用这种控制规律对许多工业过程进行控制时,都能得到比较满意的效果。

在工业过程中,一般采用如图 4.1 所示的 PID 控制系统,连续控制系统的 PID 控制规律为式(4.1)。

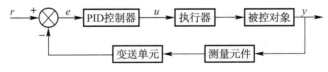

图 4.1　PID 控制系统结构图

$$u(t) = K_p \left[e(t) + \frac{1}{T_i} \int_0^t e(t)\mathrm{d}t + T_d \frac{\mathrm{d}e(t)}{\mathrm{d}t} \right] \quad (4.1)$$

式中:$u(t)$ 为 PID 控制器的输出信号;$e(t)$ 为给定值 $r(t)$ 与测量值 $y(t)$ 之差,即 $e(t)=r(t)-y(t)$;K_p 为比例增益,K_p 与比例度 δ 成倒数关系;T_i 为积分时间常数;T_d 为微分时间常数。

对式(4.1)进行拉氏变换,可以得到 PID 控制算法的传递函数,如式(4.2)。

$$D(s) = \frac{U(s)}{E(s)} = K_p \left(1 + \frac{1}{T_i s} + T_d s \right) \quad (4.2)$$

从式(4.1)可以看出,PID控制器的输出由三项构成:比例控制、积分控制和微分控制。比例控制能迅速反映偏差,调节作用及时,从而减小偏差;但是比例控制不能完全消除无积分器的被控对象(即 0 型对象)的稳态误差。虽然 K_p 越大稳态误差会越小,但 K_p 调的太大,可能引起系统不稳定。只要系统存在误差,积分控制作用就不断积累,积分项对应的控制量会不断增大,以消除偏差。因而,只要有足够的时间,积分控制将能完全消除偏差。积分控制是靠对偏差的积累进行控制的,其控制作用缓慢,如果积分作用太强会使系统超调加大,甚至使系统出现震荡。微分控制具有预测误差变化趋势的作用,可以减小超调量,克服振荡,使系统的稳定性得到提高,同时可以加快系统的动态响应速度,减小调整时间,从而改善系统的动态性能。但微分作用太强会在控制器输出端产生较多的干扰噪声,从而导致系统输出出现较多的干扰噪声。

在实际使用中要根据对象的特性、系统性能要求对 PID 的三项控制进行组合,以构成适用的控制规律,常用的有比例(P)控制、比例积分(PI)控制、比例微分(PD)控制和比例积分微分(PID)控制。

4.1.2 标准 PID 控制数字算式

由于计算机控制是一种采样控制,它只能根据采样时刻的偏差来计算控制量。因此,在计算机控制系统中,必须对式(4.1)进行离散化处理,用数字形式的差分方程代替连续系统的微分方程,此时,积分项和微分项可以用式(4.3)所示的求和及增量式表示。

$$\int_0^t e(t)\mathrm{d}t \approx T\sum_{j=0}^{k} e(j)$$
$$\frac{\mathrm{d}e(t)}{\mathrm{d}t} \approx \frac{e(k)-e(k-1)}{T} \tag{4.3}$$

式中,T 为采样周期。

根据式(4.1)和式(4.3),可以求出对应的差分方程,如式(4.4)。

$$u(k) = K_p\left[e(k) + \frac{1}{T_i}\sum_{j=1}^{k} e(j)T + T_d\frac{e(k)-e(k-1)}{T}\right] \tag{4.4}$$

式(4.4)就是基本的数字 PID 控制算法。控制器仍然是由三项构成,第一项 $K_p e(k)$ 是比例控制;第二项 $\frac{K_p T}{T_i}\sum_{j=1}^{k} e(j)$ 是数字积分控制;第三项 $\frac{K_p T_d}{T}[e(k)-e(k-1)]$ 是微分控制。

为了编写程序方便,我们常把式(4.4)第 k 次采样时 PID 的输出写为式(4.5)。

$$u(k) = K_p e(k) + K_i\sum_{j=1}^{k} e(j) + K_d[e(k)-e(k-1)] \tag{4.5}$$

式中,$K_i = \frac{K_p T}{T_i}$ 称为积分系数,$K_d = K_p \frac{T_d}{T}$ 称为微分系数。

因为式(4.5)中控制器的输出 $u(k)$ 直接对应执行机构的位置,如阀门的开度等,因此式(4.5)被称为位置型 PID 控制算式。

由式(4.5)可以看出,要想计算 $u(k)$,不仅需要本次与上次的偏差信号 $e(k)$ 和 $e(k-1)$,而且还要在积分项中把历次的偏差信号进行相加,即 $\sum_{j=1}^{k} e(j)$。这样,不仅计算麻烦,而且

为了保存 $e(j)(j=1,2,\cdots,k)$ 还要占用很多内存。因此,用式(4.5)直接计算控制输出值很不方便,为此,我们做如下改动:

式(4.5)第 $k-1$ 次采样的控制算式可写为式(4.6):

$$u(k-1) = K_p e(k-1) + K_i \sum_{j=1}^{k-1} e(j) + K_d [e(k-1) - e(k-2)] \qquad (4.6)$$

利用式(4.5)和式(4.6)可得到计算两次采样控制器输出增量的公式为式(4.7)。

$$\Delta u(k) = u(k) - u(k-1) = K_p[e(k) - e(k-1)] + K_i e(k) + K_d[e(k) - 2e(k-1) + e(k-2)] \qquad (4.7)$$

因为式(4.7)中输出的是控制值的增量,因此式(4.7)被称为增量型 PID 控制算式。

由式(4.7)可以看出,计算第 k 次输出增量值 $\Delta u(k)$,只需知道 $e(k), e(k-1), e(k-2)$,显然,比用式(4.5)简单得多。

实际上,增量型与位置型 PID 控制对整个闭环系统并无本质区别,只是增量型 PID 控制将原来全部由计算机承担的算式,分出一部分由其他部件(通常是执行器)去完成。例如在很多控制系统中,由于执行机构是采用步进电机或者多圈电位器等进行控制的,这类执行器具有保持动作位置的功能,所以对这类执行器只要送一个增量信号即可。

相比位置型 PID 算法,增量型 PID 算法有如下的优点:

(1) 增量型 PID 算法不需要做累加,增量的确定仅与最近几次偏差采样值有关,计算误差或计算精度对控制量的计算影响较小。而位置型 PID 算法要用到过去的偏差的累加值,容易产生大累加误差。

(2) 增量型 PID 算法得出的是控制量的增量,例如阀门控制中,只输出阀门的开度变化部分,误动作影响小,必要时通过逻辑判断限制或者禁止本次输出,不会严重影响到系统的工作。而位置型 PID 算法的输出是控制量的全量输出,误动作影响大。

(3) 增量型 PID 算法易于实现手动/自动的无扰动切换。当手动改为自动时,一般应保证计算机输出的控制值与切换前的手动控制值一致。增量式 PID 算法计算的是控制增量值,该增量值一般很小,而执行器会自动保持切换前的手动控制值作为上次控制输出值,因此输出的控制值与手动控制值相差很小,可实现无扰动切换。对于位置型 PID 算法,由手动到自动切换时,必须使计算机的输出值等于切换前的手动控制值,才能保证手动/自动的无扰切换,这将给系统设计和编程实现带来一定的困难。

(4) 增量式算法的控制增量只与最近几次的采样有关,不会产生积分失控,容易获得较好的调节品质。

增量型 PID 控制算法因其特有的优点已经得到广泛应用。但是,这种控制方法也有不足之处,例如执行器必须有记忆保持功能。因此,在实际应用中,应该根据被控对象的实际情况加以选择。一般认为,在以晶闸管、伺服电机或位置型阀门等这类不具有位置保持功能的器件做执行器的系统中,应当采用位置型 PID 算法;而在以步进电机、多圈电位器或增量型阀门这类具有位置保持功能的元件做执行器的系统中,则应该采用增量式 PID 算法。

为了改进式(4.5)所示的位置型 PID 控制算法编程,人们常采用以式(4.7)所示的增量型 PID 算法为基础的位置型 PID 算式的递推算式编程,具体可参见第 4.1.3 节说明。

【例 4.1】 已知某连续控制器的传递函数 $\dfrac{U(s)}{E(s)} = D(s) = \dfrac{2+s+0.1s^2}{0.5s}$,采样周期 $T = 0.5$ s,现用数字 PID 实现它,请分别写出其 PID 位置式和增量式控制算法。

解
$$\frac{U(s)}{E(s)} = 2\left(1 + \frac{1}{0.5s} + 0.1s\right)$$

所求位置式算式为
$$u_k = 2\left\{e_k + \frac{1}{0.5}\sum_{j=0}^{k} e_j \cdot 0.5 + 0.1 \cdot \frac{e_k - e_{k-1}}{0.5}\right\} = 4.4e_k + 1.6e_{k-1} + 2\sum_{j=0}^{k-2} e_j$$

所求增量式 PID 算式为
$$\Delta u_k = 2\left\{(e_k - e_{k-1}) + \frac{0.5}{0.5}e_k + \frac{0.1}{0.5}(e_k - 2e_{k-1} + e_{k-2})\right\} = 4.4e_k - 2.8e_{k-1} + 0.4e_{k-2}$$

4.1.3 数字 PID 程序流程图

要想用式(4.5)进行位置型 PID 编程,需要把历次的偏差信号进行相加,即 $\sum_{j=1}^{k} e(j)$。这样,不仅计算麻烦,而且为了保存 $e(j)(j=1,2,\cdots,k)$ 还要占用很多内存。因此,可采用位置型 PID 算式的递推算式编程。

由式(4.7)可得位置型 PID 算式的递推算式为式(4.8):
$$\Delta u(k) = K_p[e(k) - e(k-1)] + K_i e(k) + K_d[e(k) - 2e(k-1) + e(k-2)]$$
$$u(k) = u(k-1) + \Delta u(k) \tag{4.8}$$

根据式(4.8),可得到位置型 PID 控制算法流程图如图 4.2 所示,增量型 PID 控制算法则可直接利用式(4.7)计算,其流程图如图 4.3 所示。

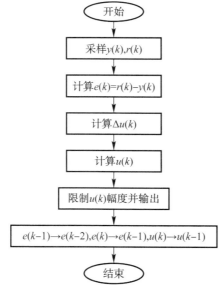

图 4.2 位置型 PID 控制算法流程图

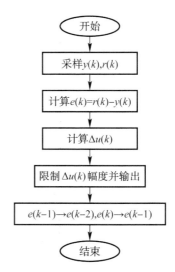

图 4.3 增量型 PID 控制算法流程图

4.2 改进的 PID 算法

前面介绍的数字 PID 控制器,实际上是用软件算法去模仿模拟控制器,其控制效果一般不会比模拟控制器更好。因此,只有发挥计算机运算速度快、逻辑判断功能强、编程灵活等优势,才能在控制性能上超越模拟控制器。对数字 PID 控制器做改进一直是控制界研究的热点问题,下面介绍几种改进的 PID 算法。

4.2.1 带有死区的 PID 算式

在微型计算机控制系统中,某些系统为了避免控制动作过于频繁,引起执行器的过度磨损和过度疲劳,在允许的一定误差范围内,有时候也采用带死区的 PID 控制算式,如图 4.4 所示。

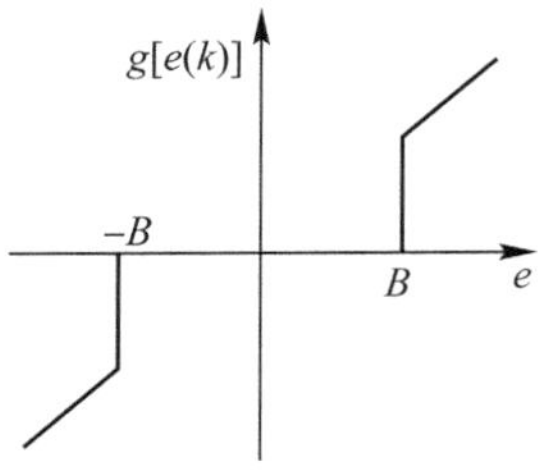

死区是一个非线性环节,用于控制 PID 计算公式的输入 $e(k)$,死区的输出为式(4.9):

$$g[e(k)] = \begin{cases} e(k), & \text{当 } |e(k)| \geq B \text{ 时;} \\ 0, & \text{当 } |e(k)| \leq B \text{ 时。} \end{cases} \quad (4.9)$$

图 4.4 死区示意图

死区阈值 B 是一个可调参数,其具体数值可以根据实际控制对象由实验确定。B 值太小,会使调节过于频繁,达不到延长执行器寿命的目的;B 值太大,则系统将产生很大的调节滞后,导致误差较大;当 $B=0$ 时,即为常规 PID 控制。这种系统实际上是一个非线性控制系统,若采用增量型算法,其 PID 的计算公式为式(4.10)。

$$\Delta u(k) = \begin{cases} 0, & \text{当 } |e(k)| \leq B \text{ 时;} \\ K_p[e(k)-e(k-1)] + K_i e(k) + K_d[e(k)-2e(k-1)+e(k-2)], & \text{当 } |e(k)| > B \text{ 时。} \end{cases} \quad (4.10)$$

4.2.2 抑制积分饱和的 PID 算法

在数字 PID 控制系统中,当系统启动、停止或者大幅度改变给定值时,系统输出会出现较大的偏差,经过积分项累积后,可能使控制量 $u(k) > u_{max}$ 或者 $u(k) < u_{min}$,即超出了执行机构的极限。此时,若系统偏差方向还没有及时改变,有可能因为积分项的作用使计算的控制输出值 $u(k)$ 更大或更小。一旦系统偏差改变方向,由于以前积分项的累积作用,PID 计算的结果可能在多个采样周期内仍然维持 $u(k) > u_{max}$ 或者 $u(k) < u_{min}$,执行器并不及时动作,从而影响控制效果。这种情况主要是由于积分项的存在,引起了 PID 运算的"饱和",因此,将它称为积分饱和。积分饱和作用使得系统的超调量增大,从而使系统的调整时间加长。所以,在实际应用中应该抑制积分饱和。下面的几种方法就是为抑制积分饱和提出的 PID 算法。

1) 限幅削弱积分

这种修正方法的基本思想是:一旦控制量进入饱和区,则控制值不再往饱和区增加或减少。具体地说就是预先设置执行器不动作的临界上限值 u_{max} 和临界下限值 u_{min},一旦 PID 计算结果 $u(k) > u_{max}$,则强制 $u(k) = u_{max}$;一旦 PID 计算结果 $u(k) < u_{min}$,则强制 $u(k) = u_{min}$。

这样,当系统的偏差方向改变时,控制输出值 u_k 一定会及时朝着使该偏差变小的方向调整,执行器会及时动作,从而避免了执行器不及时这一"积分饱和"现象的出现。其算法流程如图 4.5 所示。

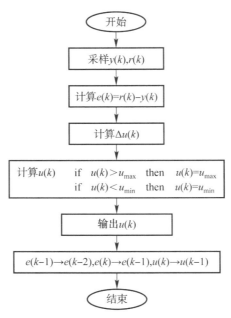

图 4.5　限幅削弱积分 PID 算法流程图

在某些自动调节系统中,为了安全生产,往往不希望调节阀"全开"或者"全关",而是有一个上限限位 u_{max} 和一个下限限位 u_{min},也就是说,要求控制器的输出限制在一定的幅度范围内,即 $u_{min} \leqslant u(k) \leqslant u_{max}$。在具体系统中,不一定上、下限位都需要,可能只有下限限位或者上限限位。例如,在加热炉控制系统中,为防止加热炉熄灭,可以在 PID 输出程序中进行上、下限的比较,其控制算法流程与图 4.5 一样。

2) 积分分离 PID 算式

积分分离的 PID 算法的思想是:当系统的输出值与给定值相差比较大时,取消积分作用,直至被调量接近给定值时,才产生积分作用。这样避免了因较大的偏差而产生积分饱和,同时又可以利用积分的作用消除偏差。假定最大允许偏差值为 β,则积分分离控制的算式为式(4.11)。

$$\Delta u(k) = \begin{cases} K_p[e(k)-e(k-1)]+K_d[e(k)-2e(k-1)+e(k-2)], & 当|e(k)|>\beta 时; \\ K_p[e(k)-e(k-1)]+K_i e(k)+K_d[e(k)-2e(k-1)+e(k-2)], & 当|e(k)|\leqslant\beta 时。 \end{cases}$$
(4.11)

图 4.6 是 PID 控制积分分离算法示意图。在给定值突变时,无积分分离算法的输出曲线 2 出现了比较大的超调量,而具有积分分离算法的输出曲线 1 的超调量很小,因为在 $t<\tau$ 时,工作在积分分离区,积分不累计。积分分离阈值 β 应该根据具体对象及控制要求确定,若 β 值过大,达不到积分分离的目的;若 β 值过小,则一旦被控量无法跳出积分分离区,只进行 PD 控制,将会出现残差。从图 4.6 可以看出,使用积分分离方法后,显著降低了被控变量

的超调量和过渡过程的时间,使得调节性能得到改善。

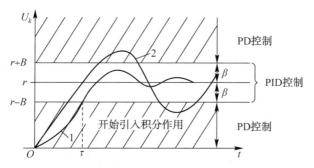

图 4.6　PID 控制积分分离算法示意图

为了实现积分分离,编写程序时必须从数字 PID 差分方程式中分离出积分项,将积分项乘以一个逻辑系数 K_L。K_L 按式(4.12)取值:

$$K_L = \begin{cases} 1, & \text{当 } e(k) \leqslant \beta \text{ 时;} \\ 0, & \text{当 } e(k) > \beta \text{ 时。} \end{cases} \quad (4.12)$$

3) 变速积分的 PID 算式

在一般的 PID 调节算法中,由于积分系数 K_i 是常数,所以在整个调节过程中,积分增益不变。系统对积分项的要求是,系统偏差大时,积分作用减弱以致全无,而在偏差较小时则应该加强积分作用。这是因为积分系数取大了会产生超调,甚至出现积分饱和;取小了又迟迟不能消除静差。因此,如何根据系统的偏差大小调整积分的速度,对于提高调节品质是至关重要的问题。

变速积分 PID 较好地解决了这一问题。变速积分 PID 的基本做法是设法改变积分项的累加速度,使其与偏差大小相对应。偏差大时,积分累积速度慢,积分作用弱;反之,偏差小时,积分累积速度加快,积分作用增强。为此,设置一个系数 $f[e(k)]$,它是 $e(k)$ 的函数,当 $e(k)$ 的绝对值增大时,$f[e(k)]$ 减小,反之则增大。每次采样后,用 $f[e(k)]$ 乘以 $e(k)$ 再进行累加,即式(4.13):

$$\Delta u(k) = K_p[e(k) - e(k-1)] + f[e(k)]e(k) + K_d[e(k) - 2e(k-1) + e(k-2)]$$

$$f[e(k)] = \begin{cases} K_i, & \text{当 } |e(k)| \leqslant B \text{ 时;} \\ K_i \cdot \dfrac{A + B - |e(k)|}{A}, & \text{当 } B < |e(k)| \leqslant A + B \text{ 时;} \\ 0, & |e(k)| > A + B \text{ 时。} \end{cases} \quad (4.13)$$

$f[e(k)]$ 的值在 $[0, K_i]$ 区间内变化,当偏差大于所给分离区间 $A+B$ 时,$f[e(k)]=0$,不再进行积分项累加;$|e(k)| \leqslant A+B$ 时,$f[e(k)]$ 随着偏差的减小而增大,积分项累加速度加快,直至偏差小于 B 时,累加速度达到最大值 K_i。

变速积分 PID 与普通 PID 相比,具有如下优点:

(1) 实现了用比例作用消除大偏差,用积分作用消除小偏差的理想调节特性,从而完全消除了积分饱和现象。

(2) 大大减小了超调量,可以很容易地使系统稳定,改善调节品质。

(3) 适应能力强，一些常规 PID 控制不理想的过程可以采用此算法。

(4) 参数整定容易，各个参数间的相互影响小，而且对 A、B 两个参数的要求不精确，可做一次性确定。

变速积分与积分分离控制方法很类似，但是调节方式不同。积分分离对积分项采用"开关"控制；而变速积分则根据误差的大小改变积分项的速度，属于线性控制，因而，后者调节品质大为提高，是一种新型的 PID 控制。

4.2.3 不完全微分的 PID 算式

对于增量型的 PID 算法，由于执行机构本身是存储元件，在算法中没有积分累积，所以不容易产生积分饱和现象，但是可能出现比例和微分饱和现象，其表现形式不是超调，而是减慢动态过程。

在标准的 PID 算法中，当有阶跃信号输入时，微分项输出急剧增加，容易引起控制过程的振荡，导致调节品质下降。为了解决这一问题，同时保证微分作用有效，可以仿照模拟控制器的方法，采用不完全微分的 PID 算式。不完全微分的 PID 传递函数为：

$$\frac{U(s)}{E(s)} = K_\mathrm{p}\left(1 + \frac{1}{T_\mathrm{i}s} + \frac{T_\mathrm{d}s}{1 + \frac{T_\mathrm{d}}{K_\mathrm{d}}s}\right) \tag{4.14}$$

式中，K_d 称为微分增益。把式(4.14)分成比例积分和微分两部分，则有：

$$U(s) = U_\mathrm{PI}(s) + U_\mathrm{D}(s) \tag{4.15}$$

其中

$$U_\mathrm{PI}(s) = K_\mathrm{P}\left[1 + \frac{1}{T_\mathrm{i}s}\right]E(s)$$

$$U_\mathrm{D}(s) = K_\mathrm{P}\frac{T_\mathrm{d}s}{1 + \frac{T_\mathrm{d}}{K_\mathrm{d}}s}E(s) \tag{4.16}$$

$U_\mathrm{PI}(s)$ 的数字算式为

$$U_\mathrm{PI}(k) = K_\mathrm{P}\left[e(k) + \frac{T}{T_\mathrm{i}}\sum_{j=0}^{k}e(j)\right] \tag{4.17}$$

将微分部分化为微分方程 $\left[\frac{T_\mathrm{d}}{K_\mathrm{d}}s + 1\right]U_\mathrm{D}(s) = K_\mathrm{p}T_\mathrm{d}sE(s)$，可得到式(4.18)：

$$\frac{T_\mathrm{d}}{K_\mathrm{d}}\frac{\mathrm{d}u_\mathrm{D}(t)}{\mathrm{d}t} + u_\mathrm{D}(t) = K_\mathrm{p}T_\mathrm{d}\frac{\mathrm{d}e(t)}{\mathrm{d}t} \tag{4.18}$$

将微分项化为差分项：

$$\frac{T_\mathrm{d}}{K_\mathrm{d}}\frac{u_\mathrm{D}(k) - u_\mathrm{D}(k-1)}{T} + u_\mathrm{D}(k) = K_\mathrm{p}T_\mathrm{d}\frac{e(k) - e(k-1)}{T} \tag{4.19}$$

整理得：

$$u_\mathrm{D}(k) = \frac{\frac{T_\mathrm{d}}{K_\mathrm{d}}}{\frac{T_\mathrm{d}}{K_\mathrm{d}} + T}u_\mathrm{D}(k-1) + \frac{K_\mathrm{p}T_\mathrm{d}}{\frac{T_\mathrm{d}}{K_\mathrm{d}} + T}[e(k) - e(k-1)] \tag{4.20}$$

令 $T_f = \dfrac{T_d}{K_d}$，则由式(4.20)可得

$$u_D(k) = \dfrac{T_f}{T+T_f} u_D(k-1) + \dfrac{K_p T_d}{T} \cdot \dfrac{T}{T+T_f}[e(k) - e(k-1)] \tag{4.21}$$

令 $\alpha = \dfrac{T_f}{T_f + T}$，则由式(4.21)和式(4.15)、式(4.17)可得不完全微分的 PID 位置算式为式(4.22)：

$$u_D(k) = \alpha u_D(k-1) + \dfrac{K_p T_d}{T}(1-\alpha)[e(k) - e(k-1)]$$

$$u(k) = K_p\left[e(k) + \dfrac{T}{T_i}\sum_{j=0}^{k} e(j)\right] + u_D(k) \tag{4.22}$$

完全微分的微分项控制输出为

$$u_D(k) = \dfrac{K_p T_d}{T}[e(k) - e(k-1)] \tag{4.23}$$

不完全微分的微分项控制输出为

$$u_D(k) = \alpha u_D(k-1) + \dfrac{K_p T_d}{T}(1-\alpha)[e(k) - e(k-1)] \tag{4.24}$$

当输入信号为阶跃信号时，即当 $e(k) = \begin{cases} 1 & k \geq 0 \\ 0 & k < 0 \end{cases}$ 时，根据式(4.23)可得完全微分的微分项控制输出为

$$u_D^*(t) = \dfrac{K_p T_d}{T}\delta(t) \tag{4.25}$$

由式(4.24)可得不完全微分的微分项控制输出为

$$u_D^*(t) = (1-\alpha)\dfrac{K_p T_d}{T}\delta(t) + \alpha(1-\alpha)\dfrac{K_p T_d}{T}\delta(t-T) + \cdots + \alpha^k(1-\alpha)\dfrac{K_p T_d}{T}\delta(t-kT) + \cdots \tag{4.26}$$

如图 4.7 所示，由式(4.25)和式(4.26)可画出完全微分和不完全微分的微分项控制输出对比图。由图 4.7 可以看出，在 $e(k)$ 发生阶跃突变时，完全微分作用仅在控制作用发生的一个周期内起作用，并且幅度很大；不完全微分作用则是按指数规律逐渐衰减到零，且第一个周期的微分作用相对完全微分减弱。从式(4.14)可以看出，不完全微分的 PID 算式中含有一阶惯性环节，具有数字低通滤波的能力，因此抗高频干扰能力强，不易引起振荡。从改善系统动态特性的角度看，当信号突变时，不完全微分的 PID 算式控制将比较平滑，控制效果更好。

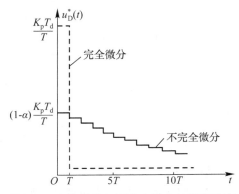

图 4.7 完全微分与不完全微分的输出响应

4.2.4 微分先行 PID 控制

当系统输入给定值作阶跃升降时,会引起偏差突变。微分控制对偏差突变的反应是使控制量大幅度变化,这会给控制系统带来冲击,如超调量过大,调节阀动作剧烈,严重影响系统运行的平稳性。采用微分先行 PID 控制可以避免给定值升降时系统受到的冲击。微分先行 PID 控制和通用 PID 控制的不同之处在于,它只对被控制量 $y(t)$ 微分,不对偏差 $e(t)$ 微分,也就是说对给定值 $r(t)$ 无微分作用。该算式对给定值频繁升降的系统无疑是有效的。如图 4.8 所示为微分先行 PID 控制器结构图。

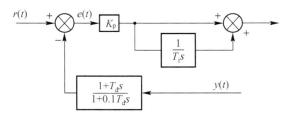

图 4.8 微分先行的 PID 控制

4.3 数字 PID 控制工程实现的一些问题

从理论上讲,有了数字 PID 算式,就可以编制 PID 控制程序了。但从工程应用角度,数字 PID 控制算法在工程上实现,并不仅仅是用一种计算机语言编制程序实现各种 PID 算式,还必须考虑 PID 控制程序的通用性,考虑各种复杂系统的连接,考虑工程中的一些实际问题,才能使之成为真正的数字 PID 控制器。

4.3.1 工程上数字 PID 控制器程序的组成

通用数字 PID 控制器一般由如图 4.9 所示的六个模块组成。

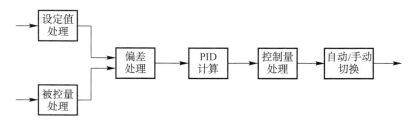

图 4.9 数字 PID 控制器模块框图

1) 设定值处理

设定值处理的主要功能是选择不同来源的设定值作为 PID 运算的设定值,必要时还要对设定值进行变化率限制,以防止设定值变化太大造成 PID 计算饱和,实现平稳控制。

主要有来自操作员设置的设定值(可能要 A/D 转换或键盘处理等)、来自上位机的设定值、来自串级控制中主调节模块的输出控制值,它们被放在不同的内存中,程序模块根据管理指令到不同地址的内存中去读取。

2) 被控量处理

被控量处理的主要功能是通过 A/D 转换程序采集被控量的数据，对数据进行数字滤波、线性化或公式转换、标度变换的处理，判断被控量是否越限而需要进行报警处理，必要时还要进行变化率限制，以防止被控量变化太大造成 PID 计算饱和，实现平稳控制。

关于数字滤波、线性化或公式转换、标度变换的处理，第 2 章已经做了详细的讨论。

3) 偏差处理

偏差处理的主要功能是计算偏差，判断偏差是否越限而需要进行报警处理。对于某些改进的 PID 算法，其算法切换是根据偏差大小决定的，即根据偏差的大小选择相应的 PID 算法。偏差处理还涉及正反作用的处理，详见第 4.3.2 节介绍。

4) PID 计算

PID 计算的主要功能是根据偏差和 PID 控制算式计算出控制量。计算程序编写时要特别注意的一些问题详见第 4.3.2 节介绍。

5) 控制量处理

控制量处理的主要功能是实现输出补偿、变化率限制、输出保持和安全输出。

输出补偿一般是指控制量加上或减去来自前馈控制之类的补偿数据，必要时控制量可能会全部被替换。

由于控制量可能会进行输出补偿，造成控制输出不平稳，所以程序有可能对控制量的变化率进行限制，以实现平稳控制。

输出保持和安全输出是在系统工作出现异常情况下所采取的一种保护措施，有的需要保持上次控制输出值作为本次控制量，有的需要重新设置一个安全输出值作为本次控制量。

6) 自动/手动切换

自动/手动切换的主要功能是根据操作者发出的信号实现自动到手动的切换和手动到自动的切换。

手动到自动的切换需要实现无扰切换，其详细内容见第 4.3.4 节介绍。

4.3.2 编程时需要注意的几个问题

1) 算法编程

使用定点还是浮点运算编程来实现数字 PID 控制器是编程者首先会碰到的一个问题。一般来说，在计算机运算速度满足要求的条件下，采用浮点运算可以达到较高的运算精度。在采用 PC 工控机时，大多数采用浮点运算。应用单片机作为数字控制器时，通常采用定点运算。定点运算的特点是运算速度快，但是要注意运算精度的问题。在用定点运算时，采用补码计算可以很方便地解决运算量的符号问题。此外，定点运算要注意运算结果的溢出问题，解决的办法是先用比例因子将参与运算的量缩小，运算后再把输出值放大相应的倍数。

PID 计算的基本程序流程图如图 4.2 和图 4.3 所示，至于改进的 PID 算法程序只要在图 4.2 或图 4.3 的基础上略加变动即可得到其算法流程。

2) 输出限幅

控制系统的执行机构都有其极限位置，与控制器对应的有两个极限量：最大控制量 $u_{\max}$

和最小控制量 u_{min}。输出超过 u_{max} 或者低于 u_{min} 的控制量可能会损害设备或者使控制性能下降。在实际编程时要有检查输出量是否限幅的环节，位置型控制输出应限幅在 $u_{min} \leqslant u(k) \leqslant u_{max}$ 范围内，即当 $u(k) > u_{max}$ 时，取 $u(k) = u_{max}$ 或 $u(k) < u_{min}$ 时，取 $u(k) = u_{min}$；对增量型的输出，要保证输出 $\Delta u(k)$ 不超过执行机构可调节的余量 Δu，即 $-\Delta u \leqslant \Delta u(k) \leqslant \Delta u$。

3）积累整量化误差处理

在增量型 PID 算式中，积分项是用 $\Delta u_I = K_i e(k) = K_p \dfrac{T}{T_i} e(k)$ 计算的。在用定点运算时，如果采样周期 T 较小，而积分时间 T_i 又较大时，$K_p \dfrac{T}{T_i} e(k)$ 的值可能小于计算机字长所能表示的数的精度 ε，计算机会将其忽略作零对待，从而产生积分整量化误差，实际上等于无积分作用。解决办法是当积分项 $K_i e(k) < \varepsilon$ 时，不把它舍弃，而是将其累加起来，即 $S_I = \sum_{j=1}^{n} \Delta u_I(j)$，直到累加值 $S_I > \varepsilon$ 时，将 S_I 加入到 $u(k)$ 中。

4）正反作用处理

在模拟控制器中，一般都是通过偏差进行调节的。偏差的极性与控制器输出的极性有一定的关系，且不同的系统有着不同的要求。例如，在煤气加热炉温度调节系统中，被测温度高于给定值，煤气的进阀门应该关小，以降低炉膛的温度。又如在炉膛压力调节系统中，当被测压力高于给定值时，则需要将烟道阀门开大，以减小炉膛压力。在调节过程中，前者称为反作用，后者称为正作用。而由计算机所组成的数字 PID 控制器中，可用两种方法来实现。一种方法是改变偏差 $e(k)$ 的计算公式。其做法是：正作用时，$e(k) = y(k) - r(k)$；反作用时，$e(k) = r(k) - y(k)$，程序的其他部分不变。另一种做法是：计算公式不变，只在需要反作用时，在完成 PID 运算之后，先将其结果求补，而后再送到 D/A 转换器进行转换，进而输出。

4.3.3 数字 PID 控制工程的报警处理

报警是指计算机通过驱动电路驱动声光以提醒人们注意，可定性反映计算机控制系统运行的好坏。人们根据报警可进一步检查系统，进行必要的处理。

计算机控制系统报警从功能上可分为被控量越限报警、被控量变化率越限报警和偏差越限报警等。越限报警有越上限报警和越下限报警。报警可定性反映计算机控制系统运行的好坏，大多数系统都会有此功能。由于系统测量误差的存在，如果越限报警只是单纯地比较数据大小，则当系统处于临界报警状态时可能面临频繁报警和不报警的切换。解决这一问题的方法是设置一个报警死区。以被控量越限报警为例，其处理方式如图 4.10 所示。从图中可以看出当被控量处于正常范围时，一旦越过上限或下限，系统就立即进行相应的报警。但是，当被控量从越上限报警状态恢复到正常状态（不报警状态）时，需被控量小于"报警上限－报警死区"才停止报警。同样，当被控量从越下限报警状态恢复到正常状态（不报警状态）时，需被控量大于"报警下限＋报警死区"才停止报警。

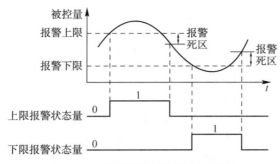

图 4.10　带死区的报警状态示意图

4.3.4　自动/手动切换

自动/手动切换的主要功能是根据操作者发出的信号实现自动到手动的切换或手动到自动的切换。

如图 4.11 所示,手动一般分为硬手动和软手动,硬手动是指操作员直接通过手动操作器(不需要计算机程序处理)给出信号去控制执行机构动作;软手动是指操作员通过手动操作器或操作台等装置给出信号或计算机接收来自上位机给出的手动信号,经计算机采集并处理后送 D/A 转换去控制执行机构动作。

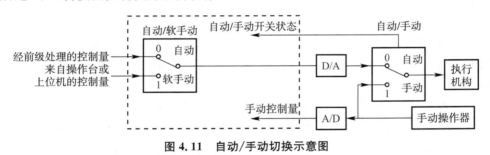

图 4.11　自动/手动切换示意图

计算机定时采集"自动/手动"开关信号并结合操作员发出的相应命令进行相应信号切换。自动到手动切换比较简单,但手动到自动切换则需要实现无扰切换。

所谓手动到自动的无扰切换是指切换完成后的几个采样周期内,计算机自动控制所发出的控制信号与切换前的手动信号应大致相同,差别不大,否则本来被手动平稳控制的系统将出现振荡现象。

由于增量式 PID 算法计算的是控制增量值,该增量值一般很小,而执行器会自动保持切换前的手动控制值作为上次控制输出值,因此输出的控制值与手动控制值相差很小,所以增量式算法本身就可实现手动到自动的无扰动切换。而对于位置型 PID 算法,手动到自动的无扰切换实现原理是:手动时,计算机定时采集手动控制器给出的模拟信号并保存,当系统状态由手动切换到自动时,计算机将 PID 上次的输出值设置为切换前保存的手动控制器采样值,同时将上上次偏差、上次偏差、本次偏差设置为 0,然后按照位置型 PID 算式的递推算式进行控制计算。由于递推算式中控制增量计算值一般较小,因此接下来几个采样周期的控制计算值与切换前的手动控制信号相差会很小,从而可实现手动到自动的无扰切换。

4.4 PID 参数整定方法

在计算机控制系统中,参数的整定是十分重要的,调节系统中参数整定的好坏直接影响到调节的品质。就生产过程的计算机采样控制而言,由于采样周期一般相对被控对象的时间常数很小,离散的 PID 算式与连续系统的 PID 算式特性非常接近,因此模拟控制器的各种参数整定方法在数字控制器中也可基本套用。不过,数字控制器与模拟控制器相比,除了比例系数、积分时间和微分时间三个参数要整定外,还有一个重要的参数——采样周期也需要很好的考虑。合理地选择采样周期,是数字控制系统关键的问题之一。

4.4.1 采样周期 T 的选择

由香农(Shannon)采样定理可知,当采样频率 $f_s \geqslant 2f_{max}$(f_{max} 为系统信号的最高截止频率)时,系统可以真实地恢复到原来的连续信号。从理论上讲,采样频率越高,失真越小。但是对控制器本身而言,大都依靠偏差信号 $e(k)$ 进行调节计算。当采样周期 T 太小时,偏差信号 $e(k)$ 或偏差信号的变化 $e(k)-e(k-1)$ 可能也会很小,甚至因计算机字长限制为 0。由于计算机测量误差的存在,此时可能会失去调节作用,因此计算机采样周期不能太短,特别是一台计算机往往要控制几个回路,很小的采样周期要求计算机的速度也要快,其硬件成本也将急剧增加,因此采样周期 T 必须综合考虑。

影响采样周期的因素有以下几点:

(1) 加至被控对象的信号频率的高低。信号频率越高,采样频率也应该相应的提高,即采样周期缩短。采样频率一般按照 $f_s=(5\sim10)f_{max}$ 选取,若计算机成本允许,采样周期 T 还可适当小一些。

(2) 被控对象的动态特性。若被控对象是慢速的热工或者化工对象时,采样周期一般取得较大;若被控对象是较快速的系统时,如电机系统,采样周期应该取得较小。通常要求 $\omega_s \geqslant 10\omega_b$($\omega_b$ 是系统闭环带宽)。对于有纯滞后环节 $e^{-\tau s}$ 的系统,采样周期 T 选取应满足 τ 是 T 的整数倍;对于大的纯滞后系统,可以取 $T=\tau$,以躲开不灵敏区。

(3) 执行机构的类型。若执行机构动作惯性大,采样周期也应该大一些,否则执行机构来不及反映数字控制器输出值的变化。如用步进电机时,采样周期应较小;用气动、液压机构时,采样周期应较大。

(4) 控制的回路数。控制的回路越多,则 T 越大;反之 T 越小。

(5) 从计算机能精确执行控制算法来看,采样周期 T 应该选得大些。因为计算机字长有限,T 过小,偏差信号 $e(k)$ 或偏差信号的变化 $e(k)-e(k-1)$ 可能也会很小,甚至为 0,导致 PID 计算式没有相应的比例项、积分项或微分项,从而使 PID 调节作用减弱。

采样周期的选择方法有两种:一种是计算法,另一种是经验法。计算法由于比较复杂,特别是被控系统各个环节时间常数难以确定,所以工程上采用的比较少。工程上应用最多的还是经验法。

所谓经验法实际上是一种试凑法。即根据人们在工作实践中积累的经验及被控对象的特点、参数,先粗选一个采样周期 T,送入计算机控制系统进行试验,根据对被控对象的实际控制效果，反复修改 T，直到满意为止。经验法所采用的采样周期如表 4.1 所示。表 4.1 中所列的采样周期 T 仅供参考，由于生产过程千变万化，因此实际的采样周期需要经过现场调试后确定。

表 4.1 采样周期的经验数据表

被控量类型	采样周期 $T(s)$	备注
流量	1～5	优先选用 1
压力	3～10	优先选用 5
液位	6～8	
温度	15～20	
成分	15～20	
手动输入	1	

4.4.2 扩充临界比例度法

用实验法进行参数整定时，最常用的是扩充临界比例度法。它是一种基于模拟控制器中的临界比例度法的 PID 数字控制参数整定方法。用这种方法整定数字 PID 控制器参数的步骤如下：

(1) 选择一个足够小的采样周期 T_{min}。例如带有纯滞后的系统，其采样周期取 $T=0.1\tau$，其中 τ 为纯滞后时间。

(2) 求出临界比例增益 K_u 和临界振荡周期 T_u。具体方法是将采样周期 T_{min} 输入到计算机控制系统中，并用纯比例控制，逐渐缩小比例度（即增大比例增益 K_p），直到系统产生等幅振荡为止。所得到的比例增益 K_p 即为临界比例增益 K_u，相应的振荡周期称为临界振荡周期 T_u。

(3) 选择控制度。所谓控制度，就是以模拟控制器为基准，将 DDC 的控制效果与模拟控制器的控制效果相比较，其评价函数通常采用 $\int_0^\infty e^2(t)dt$（误差平方积分）表示：

$$控制度 = \frac{\left[\int_0^\infty e^2(t)dt\right]_{DDC}}{\left[\int_0^\infty e^2(t)dt\right]_{模拟}} \tag{4.27}$$

对于模拟系统，其误差平方积分可以按照记录在纸上的图形面积计算；而 DDC 系统可以用计算机直接计算。通常当控制度为 1.05 时，表示 DDC 系统与模拟系统的控制效果相当。

(4) 根据控制度，查表 4.2 可以求出 T、K_p、T_i、T_d 的值。

(5) 将求得的控制器参数加到系统中运行，观察控制效果，再适当调整参数，直到得到满意的控制效果。

该方法特别适用于整定含纯滞后的一阶被控对象的 PID 控制器参数。

表 4.2 扩充临界比例度法计算表

控制度 Q	控制算式	T/T_u	K_p/K_u	T_i/T_u	T_d/T_u
1.05	PI	0.03	0.55	0.88	
	PID	0.014	0.63	0.49	0.14
1.20	PI	0.05	0.49	0.91	
	PID	0.043	0.47	0.47	0.16
1.50	PI	0.14	0.42	0.99	
	PID	0.09	0.34	0.43	0.20
2.0	PI	0.22	0.36	1.05	
	PID	0.16	0.27	0.40	0.22
模拟调节器	PI		0.57	0.85	
	PID		0.70	0.50	0.13
简化扩充临界比例度法	PI		0.45	0.83	
	PID	0.1	0.6	0.5	0.125

4.4.3 简化扩充临界比例度法

除了第 4.4.2 节描述的一般的扩充临界比例度整定法以外,罗伯茨(Roberts. P. D)在 1974 年提出了一种简化的扩充临界比例度整定法。由于该方法只需要人工整定一个参数,故又称为归一参数整定法。

已知增量型 PID 控制的计算公式为:

$$\Delta u(k) = K_p \left\{ [e(k)-e(k-1)] + \frac{T}{T_i}e(k) + \frac{T_d}{T}[e(k)-2e(k-1)+e(k-2)] \right\} \quad (4.28)$$

根据齐格勒·尼柯尔斯(Ziegler-Nichle)条件,令 $T=0.1T_u$,$T_i=0.5T_u$,$T_d=0.125T_u$(式中 T_u 为纯比例作用下的临界振荡周期),则

$$\Delta u(k) = K_p[2.45e(k) - 3.5e(k-1) + 1.25e(k-2)] \quad (4.29)$$

这样,整个问题便简化为只要整定一个参数 K_p,改变 K_p,观察控制效果,直到满意为止。

4.4.4 扩充响应曲线法

在扩充临界比例度整定法中,不需要事先知道对象的动态特性,可直接在闭环系统中进行整定。如果已知系统的动态特性曲线,那么就可以与模拟调节法一样,采用扩充响应曲线法进行整定。其步骤如下:

(1) 断开数字控制器,使系统在手动状态下工作。将被调量调节到给定值附近,并使之稳定,然后突然改变给定值,给对象一个阶跃输入信号。

(2) 用仪表记录下被调参数在阶跃输入下的变化过程曲线,如图 4.12 所示。

(3) 在曲线最大斜率处求得滞后时间 τ,被控对象时间常数 T_g,以及它们的比值 τ/T_g。

(4) 根据所求得的 τ、T_g、τ/T_g 的值,查表 4.3,即可求出控制器的采样周期 T、K_p、T_i 和

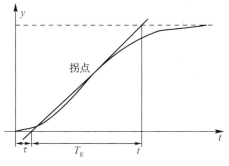

图 4.12 阶跃响应曲线

T_d 的值。

表 4.3 扩充响应曲线法计算表

控制度 Q	控制算式	T/τ	$K_p\tau/T_g$	T_i/τ	T_d/τ
1.05	PI	0.1	0.84	0.34	
	PID	0.5	0.15	2.0	0.45
1.20	PI	0.2	0.78	3.6	
	PID	0.16	1.0	1.9	0.55
1.50	PI	0.5	0.68	3.9	
	PID	0.34	0.85	1.62	0.65
2.0	PI	0.8	0.57	4.2	
	PID	0.6	0.6	1.5	0.82

该方法特别适用于整定含纯滞后的一阶被控对象的 PID 控制器参数。如果对象为其他环节，可以选择其他方法来整定参数。

4.4.5 试凑法整定 PID 控制器参数

试凑法是通过仿真或实际运行，观察系统对阶跃输入的响应，根据 PID 调节参数对系统相应的大致影响，反复凑试控制器参数，直到满足要求，最终得到较好的一组 PID 参数。

1) 各个参数对系统性能的影响

增大比例系数 K_p 一般将加快系统的响应，有利于减小静差，但是过大的 K_p 会使系统有较大的超调，并产生振荡，使稳定性变坏。增大积分时间 T_i 有利于减小超调，减小振荡，使系统更加稳定，但是系统静差的消除将随之减慢。增大微分时间 T_d 有利于加快系统响应，使超调量减小，稳定性增加，但是系统对扰动的抑制能力减弱，对扰动有比较敏感的响应。

在凑试时，可参考以上参数对控制过程的影响趋势，对参数进行先比例，后积分，再微分的整定步骤。

2) 整定步骤

（1）先整定比例部分。令 $T_i=\infty$，$T_d=0$，将 K_p 由小变大，观察相应的系统响应，直到得到反应快、超调小的响应曲线。如果系统没有静差或者静差已经小到允许范围内，并且响应曲线已经满意，比例系数可以由此确定。

（2）加入比例控制后对静差不满意时，可以加入积分控制。先置 T_i 为一个较大值，并将得到的 K_p 略为缩小一些（如缩小为原值的 0.8），然后逐步减小 T_i，使系统在有良好动态性能的情况下，静差得到消除。在此过程中，可能要反复改变 K_p 与 T_i，以期得到满意的效果。

（3）若用 PI 控制器消除了静差，但是动态过程经反复调整仍不能满意，则加入微分控制，构成 PID 控制器。在整定时，先置 T_d 为零。逐步增大 T_d，同时相应的改变 K_p 与 T_i，逐步凑试，以获得满意的调节效果和控制参数。

思考题与习题 4

1. 什么是数字位置型 PID 和增量型 PID 算法？它们各有什么优缺点？

2. 在数字 PID 控制器中，系数 K_p、K_i 和 K_d 各有什么作用？它们对调节品质有什么影响？
3. 已知某连续控制器的传递函数 $\dfrac{U(s)}{E(s)} = D(s) = \dfrac{1+0.17s}{0.085s}$，试分别写出相应的位置型和增量型 PID 算法输出表达式，用数字 PID 算法实现。设采样周期 $T=1$ s。
4. 什么叫积分饱和？它是怎样引起的？有哪些措施可以抑制积分饱和？
5. 在 PID 控制器中，积分项有什么作用？标准 PID、积分分离 PID 与变速积分 PID 三种算法有什么区别和联系？
6. 带有死区的 PID 算式、不完全微分的 PID 算式和微分先行 PID 算式各适应什么场合？
7. 通用数字 PID 程序一般由哪几个模块组成？各模块的主要作用是什么？
8. 在自动调节系统中，正、反作用如何判定？在计算机控制系统中如何实现？
9. 如何判断被控量越限报警？越限报警后什么情况可认为系统已恢复到正常？
10. 在 PID 控制工程实现中，如何保证手动到自动的无扰切换？
11. 在数字 PID 中，采样周期是如何确定的？它与哪些因素有关系？采样周期的大小对调节品质有什么影响？
12. 试叙述扩充临界比例度法、扩充响应曲线法和试凑法整定 PID 参数的步骤。

第 5 章　数字控制器的连续系统方法设计

计算机控制系统一般是采样控制系统,其控制器可以按照时间连续系统方法设计,也可以直接数字化设计。本章介绍数字控制器的连续系统方法设计技术。

5.1　连续系统方法设计数字控制器的原理

如图 5.1 所示是计算机控制系统的基本结构图。从图 5.1 可以看出,整个控制系统以 A/D 和 D/A 为分界线,右面一般是模拟设备或装置,左面一般是数字设备或装置,也就是说右边的信号一般是模拟信号,左面的信号一般是离散信号。因此,数字控制器的设计方法有两种:一种是将整个系统看成时间连续系统,按照时间连续控制系统设计方法设计模拟控制器,再将模拟控制器离散化得到数字控制器;另外一种是将右边的被控对象等装置离散化得到广义的离散被控对象,将整个系统看成时间离散系统,然后按照数字控制器设计方法(如根轨迹法、解析法等)直接设计数字控制器。

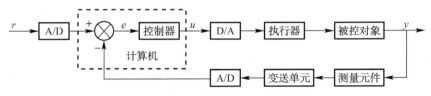

图 5.1　计算机控制系统基本框图

按照连续系统方法设计数字控制器的优势是,大多数工程师对 S 域设计方法比对 Z 域要了解,有经验可用,可以比较容易地设计出高质量的模拟控制器。如果系统采样频率足够高,模拟控制器离散化方法得当,则所得数字控制器性能将和模拟控制器性能非常接近。该方法的劣势是当采样频率不是很高时,数字控制器和模拟控制器的误差会较大,因此离散化得到的数字控制器的性能将不一定能得到保证。因此,连续系统设计方法也叫"近似设计方法"。

直接数字控制器设计方法的优势是系统设计精确,不存在离散化问题。该方法的劣势是对许多不了解 Z 域设计方法的工程师而言,其设计方法不直观(即零、极点参数与性能指标对照不直观)。

按照连续系统方法设计数字控制器的基本思想是:当采样频率足够高时,采样系统的特性接近于连续变化的模拟系统,忽略采样开关和保持器,整个系统可看成一个时间连续系统,用 S 域的方法(即连续系统的理论和方法)设计控制器(即校正装置)$D(s)$,再用离散化方法将 $D(s)$ 离散化得到 $D(z)$,进而得到数字控制器。其主要步骤是:

(1) 将如图 5.1 所示系统看成图 5.2 的结构，根据系统的动态性能指标和稳态性能要求用时间连续系统的根轨迹、频率特性等方法设计模拟控制器 $D(s)$；

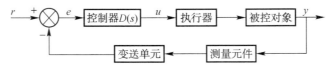

图 5.2　连续控制系统结构示意图

(2) 插入等效的保持器，将图 5.2 等价成图 5.3。选择合适的采样周期 T（采样频率一般为开环截止频率的 10 倍左右）和保持器（一般为零阶保持器），检查连续系统特性是否发生较大变化，若变化较大则重新选择采样周期 T 或转(1)，否则转(3)；

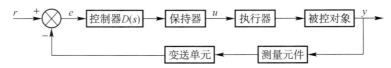

图 5.3　等效连续控制系统结构示意图

零阶保持器(ZOH)的传递函数通常用式(5.1)所示的环节近似代替：

$$K\frac{1-e^{-Ts}}{s} \approx K\frac{T}{1+\frac{sT}{2}} \quad \text{或} \quad K\frac{T}{1+\frac{sT}{2}+\frac{(sT)^2}{12}} \tag{5.1}$$

其中，K 的取值应保证保持器对整个系统的稳态增益为 1。

(3) 选择适当的方法将模拟控制器 $D(s)$ 离散化为数字控制器 $D(z)$（常用的方法有数值积分法、零极点匹配法和等效保持算法）。

(4) 将被控对象的传递函数 $G(s)$ 加保持器离散化得到广义被控对象的脉冲传递函数 $G(z)$，用求得的数字控制器 $D(z)$ 和 $G(z)$ 构成数字闭环系统，分析该系统是否满足要求，不满足则或转(1)去调整 $D(s)$ 或转(2)调整采样周期 T 或转(3)改变离散化方法。

(5) 将 $D(z)$ 等效成计算机上可实现的算法，并在计算机上实现。

5.2　数值积分法

5.2.1　三种变换公式

数值积分法的基本做法是：把为等效的时间连续系统设计的控制器传递函数 $D(s)$ 转换成描述控制器输出和输入关系的微分方程，并用积分形式表示。将积分分别用前向矩形、后向矩形、梯形的面积近似代替得到差分方程，进而得到数字控制器 $D(z)$。

例如，给出控制器的传递函数为式(5.2)

$$\frac{U(s)}{E(s)} = D(s) = \frac{a}{s+a} \tag{5.2}$$

则相应的微分方程为

$$\dot{u} + au = ae$$

即

$$\dot{u} = -au + ae \tag{5.3}$$

对式(5.3)等式两边取积分,得

$$\int_0^{kT} \dot{u} \mathrm{d}t = \int_0^{kT} (-au + ae) \mathrm{d}t \tag{5.4}$$

由式(5.4)可得

$$u(kT) = u(0) + \int_0^{kT} (-au + ae) \mathrm{d}t \tag{5.5}$$

于是

$$u(kT) = u(0) + \int_0^{(k-1)T} (-au + ae) \mathrm{d}t + \int_{(k-1)T}^{kT} (-au + ae) \mathrm{d}t \tag{5.6}$$

由式(5.6)和式(5.5)可得

$$u(kT) = u[(k-1)T] + \int_{(k-1)T}^{kT} (-au + ae) \mathrm{d}t \tag{5.7}$$
$$= u[(k-1)T] + (-au + ae) 在[(k-1)T, kT] 区间的面积$$

1) 前向矩形法

如图5.4所示,把式(5.7)积分近似看成长度为$-au[(k-1)T] + ae[(k-1)T]$,宽度为$kT-(k-1)T=T$的长方形面积,得到式(5.8)。

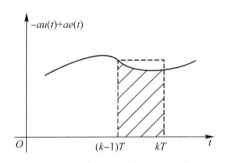

图5.4 前向矩形等效积分示意图

$$\int_{(k-1)T}^{kT} (-au + ae) \mathrm{d}t \approx \{-au[(k-1)T] + ae[(k-1)T]\}T \tag{5.8}$$

将式(5.8)代入式(5.7),有

$$u(kT) = u[(k-1)T] - aTu[(k-1)T] + aTe[(k-1)T] \tag{5.9}$$

即

$$u(kT) - (1-aT)u[(k-1)T] = aTe[(k-1)T] \tag{5.10}$$

对式(5.10)两边取Z变换,得到

$$U(z) - (1-aT)z^{-1}U(z) = aTz^{-1}E(z) \tag{5.11}$$

于是得到离散化后的控制器为

$$D(z) = \frac{U(z)}{E(z)} = \frac{aTz^{-1}}{1-(1-aT)z^{-1}} = \frac{a}{\dfrac{z-1}{T}+a} \tag{5.12}$$

比较式(5.2)和式(5.12)得到

$$s \cong \frac{z-1}{T} \quad z \cong 1+Ts \tag{5.13}$$

故前向矩形法由 S 域控制器得到数字控制器的离散化公式为

$$D(z)=D(s)\Big|_{s=\frac{z-1}{T}} \tag{5.14}$$

前向矩形变换公式也可按照泰勒级数展开推导得到,即

$$z=e^{sT}=1+sT+(sT)^2+\cdots \approx 1+Ts$$

2) 后向矩形法

如图 5.5 所示,把式(5.7)积分近似看成长度为 $-au(kT)+ae(kT)$,宽度为 $kT-(k-1)T=T$ 的长方形面积,得到式(5.15)。

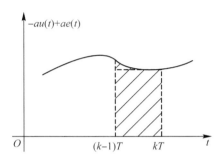

图 5.5 后向矩形等效积分示意图

$$\int_{(k-1)T}^{kT}(-au+ae)\mathrm{d}t \approx \{-au(kT)+ae(kT)\}T \tag{5.15}$$

将式(5.15)代入式(5.7),有

$$u(kT)=u[(k-1)T]-aTu(kT)+aTe(kT) \tag{5.16}$$

即

$$(1+aT)u(kT)-u[(k-1)T]=aTe(kT) \tag{5.17}$$

对式(5.17)两边取 Z 变换,得到

$$(1+aT)U(z)-z^{-1}U(z)=aTE(z) \tag{5.18}$$

于是得到离散化后的控制器为

$$D(z)=\frac{U(z)}{E(z)}=\frac{aT}{(1+aT)-z^{-1}}=\frac{aTz}{z(1+aT)-1}=\frac{a}{\frac{z-1}{Tz}+a} \tag{5.19}$$

比较式(5.2)和式(5.19)得到

$$s \cong \frac{z-1}{Tz} \quad z \cong \frac{1}{1-Ts} \tag{5.20}$$

故后向矩形法由 S 域控制器得到数字控制器的离散化公式为

$$D(z)=D(s)\Big|_{s=\frac{z-1}{Tz}} \tag{5.21}$$

后向矩形变换公式也可按照泰勒级数展开推导得到,即

$$z=e^{sT}=\frac{1}{e^{-sT}}=\frac{1}{1-sT+(-sT)^2+\cdots} \approx \frac{1}{1-Ts}$$

3) 梯形法

如图 5.6 所示，把式(5.7)积分近似看成上底为 $-au(kT)+ae(kT)$，下底为 $-au[(k-1)T]+ae[(k-1)T]$，高度为 $kT-(k-1)T=T$ 的梯形面积，得到式(5.22)。

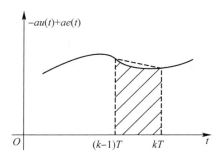

图 5.6 梯形等效积分示意图

$$\int_{(k-1)T}^{kT}(-au+ae)\mathrm{d}t \approx \{-au[(k-1)T]+ae[(k-1)T]-au(kT)+ae(kT)\}T \div 2 \tag{5.22}$$

将式(5.22)代入式(5.7)，有

$$u(kT)=u[(k-1)T]+\frac{T}{2}\{-au[(k-1)T]+ae[(k-1)T]-au(kT)+ae(kT)\} \tag{5.23}$$

即

$$\left(1+\frac{aT}{2}\right)u(kT)-\left(1-\frac{aT}{2}\right)u[(k-1)T]=\frac{aT}{2}\{e(kT)+e[(k-1)T]\} \tag{5.24}$$

对式(5.24)两边取 Z 变换，得到

$$\left(1+\frac{aT}{2}\right)U(z)-\left(1-\frac{aT}{2}\right)z^{-1}U(z)=\frac{aT}{2}[E(z)+z^{-1}E(z)] \tag{5.25}$$

于是得到离散化后的控制器为

$$D(z)=\frac{U(z)}{E(z)}=\frac{\frac{aT}{2}(1+z^{-1})}{\left(1+\frac{aT}{2}\right)-\left(1-\frac{aT}{2}\right)z^{-1}}=\frac{a}{\frac{2}{T}\frac{z-1}{z+1}+a} \tag{5.26}$$

比较式(5.2)和式(5.26)得到

$$s \cong \frac{2}{T}\frac{z-1}{z+1} \quad \text{或} \quad \frac{2}{T}\frac{1-z^{-1}}{1+z^{-1}} \quad z \cong \frac{1+\frac{Ts}{2}}{1-\frac{Ts}{2}} \tag{5.27}$$

故梯形法由 S 域控制器得到数字控制器的离散化公式为

$$D(z)=D(s)\Big|_{s=\frac{2}{T}\frac{z-1}{z+1}\text{或}\frac{2}{T}\frac{1-z^{-1}}{1+z^{-1}}} \tag{5.28}$$

梯形法中的变换公式(5.27)又称双线性变换或 Tustin 变换。在各种变换法中，因这种变换法相对其他变换有较好的性能，因而得到广泛的应用。

双线性变换公式也可按照泰勒级数展开推导得到,即

$$z = e^{sT} = \frac{e^{\frac{sT}{2}}}{e^{-\frac{sT}{2}}} = \frac{1 + \frac{sT}{2} + \left(\frac{sT}{2}\right)^2 + \cdots}{1 - \frac{sT}{2} + \left(-\frac{sT}{2}\right)^2 + \cdots} \approx \frac{1 + \frac{Ts}{2}}{1 - \frac{Ts}{2}}$$

【例 5.1】 设连续控制器的传递函数为 $D(s) = \dfrac{U(s)}{E(s)} = \dfrac{1}{s^2 + s + 1}$,采样周期 $T = 1$ s,请分别用前向矩形法、后向矩形法和双线性变换求出其控制算法。

解 (1) 前向矩形法

$$D(z) = D(s)\Big|_{s=\frac{z-1}{T}} = \frac{1}{(z-1)^2 + (z-1) + 1} = \frac{1}{z^2 - z + 1} = \frac{z^{-2}}{1 - z^{-1} + z^{-2}} = \frac{U(z)}{E(z)}$$

所求控制算法为

$$u_k = u_{k-1} - u_{k-2} + e_{k-2}$$

(2) 后向矩形法

$$D(z) = D(s)\Big|_{s=\frac{z-1}{Tz}} = \frac{1}{\left(\frac{z-1}{z}\right)^2 + \left(\frac{z-1}{z}\right) + 1} = \frac{z^2}{3z^2 - 3z + 1} = \frac{\frac{1}{3}}{1 - z^{-1} + \frac{1}{3}z^{-2}} = \frac{U(z)}{E(z)}$$

所求控制算法为

$$u_k = u_{k-1} - \frac{1}{3}u_{k-2} + \frac{1}{3}e_k$$

(3) 双线性变换

$$D(z) = D(s)\Big|_{s=\frac{2}{T}\frac{z-1}{z+1}} = \frac{1}{\left(2 \cdot \frac{z-1}{z+1}\right)^2 + \left(2 \cdot \frac{z-1}{z+1}\right) + 1}$$

$$= \frac{z^2 + 2z + 1}{7z^2 - 6z + 3} = \frac{\frac{1}{7} + \frac{2}{7}z^{-1} + \frac{1}{7}z^{-2}}{1 - \frac{6}{7}z^{-1} + \frac{3}{7}z^{-2}} = \frac{U(z)}{E(z)}$$

所求控制算法为

$$u_k = \frac{6}{7}u_{k-1} - \frac{3}{7}u_{k-2} + \frac{1}{7}e_k + \frac{2}{7}e_{k-1} + \frac{1}{7}e_{k-2}$$

5.2.2 三种变换法的稳定性分析

式(5.13)、式(5.20)、式(5.27)分别代表了 S 平面和 Z 平面之间的映射关系,因而要分析上述三种变换关系对系统稳定性的影响。如图 5.7(a)所示,因 $j\omega$ 轴是 S 平面上稳定系统极点和不稳定系统极点的分界线,所以研究该轴在三种变换后在 Z 平面的映象,可得到 S 平面极点映射到 Z 平面的位置,进而可分析系统的稳定性。

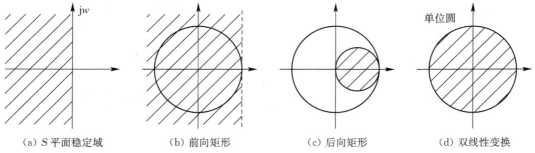

(a) S平面稳定域　　(b) 前向矩形　　(c) 后向矩形　　(d) 双线性变换

图 5.7　S 平面稳定域在三种变换下 Z 平面对应区域

(1) 前向矩形

由式(5.13)可得 $z=1+Ts$，将 $s=\mathrm{j}w$ 代入，得到

$$z=1+\mathrm{j}Tw \tag{5.29}$$

根据式(5.29)可得出 S 平面稳定区域变换到 Z 平面为图 5.7(b)所示阴影区域。所以，在 S 域内稳定的控制器 $D(s)$ 变换到 Z 域可能变成不稳定(即极点可能在单位圆外)。

(2) 后向矩形

由式(5.20)可得

$$z=\frac{1}{1-Ts}=\frac{1}{2}+\frac{1}{2}\frac{1+Ts}{1-Ts} \tag{5.30}$$

将 $s=\mathrm{j}w$ 代入式(5.30)，得到

$$\left|z-\frac{1}{2}\right|=\frac{1}{2}\cdot\left|\frac{1+\mathrm{j}Tw}{1-\mathrm{j}Tw}\right|=\frac{1}{2}\cdot\frac{\sqrt{1+(Tw)^2}}{\sqrt{1+(-Tw)^2}}=\frac{1}{2} \tag{5.31}$$

根据式(5.31)可得出 S 平面稳定区域变换到 Z 平面为图 5.7(c)所示阴影区域。所以，在 S 域内稳定的控制器 $D(s)$ 变换到 Z 域也是稳定的(即极点在单位圆内)。但后向矩形有可能使不稳定的 $D(s)$ 变换到 Z 域变为稳定。

(3) 双线性变换

由式(5.27)可得

$$z=\frac{1+\dfrac{sT}{2}}{1-\dfrac{sT}{2}} \tag{5.32}$$

将 $s=\mathrm{j}w$ 代入式(5.32)，得到

$$|z|=\left|\frac{1+\dfrac{\mathrm{j}Tw}{2}}{1-\dfrac{\mathrm{j}Tw}{2}}\right|=\frac{\sqrt{1+\left(\dfrac{Tw}{2}\right)^2}}{\sqrt{1+\left(-\dfrac{Tw}{2}\right)^2}}=1 \tag{5.33}$$

根据式(5.33)可得出 S 平面稳定区域变换到 Z 平面为图 5.7(d)所示阴影区域。所以，在 S 域内稳定的控制器 $D(s)$ 变换到 Z 域也是稳定的(即极点在单位圆内)。

5.2.3　双线性变换的预扭曲

双线性变换是一对一映射，保证了离散频率特性不产生频率混叠现象，但产生了频率畸

变。下面研究双线性变换下 $D(z)$ 的频率特性和 $D(s)$ 的频率特性的关系。

为了区分起见,连续系统的频率用 Ω 表示,即 $s=\mathrm{j}\Omega$;离散系统的频率用 w 表示,即 $z=e^{\mathrm{j}wT}$。由双线性变换公式(5.27)可得

$$\mathrm{j}\Omega=\frac{2}{T}\cdot\frac{e^{\mathrm{j}wT}-1}{e^{\mathrm{j}wT}+1}=\frac{2}{T}\cdot\frac{\mathrm{j}\frac{1}{2\mathrm{j}}(e^{\frac{\mathrm{j}wT}{2}}-e^{-\frac{\mathrm{j}wT}{2}})}{\frac{1}{2}(e^{\frac{\mathrm{j}wT}{2}}+e^{-\frac{\mathrm{j}wT}{2}})}=\mathrm{j}\cdot\frac{2}{T}\cdot\frac{\sin\left(\frac{wT}{2}\right)}{\cos\left(\frac{wT}{2}\right)}=\mathrm{j}\cdot\frac{2}{T}\cdot\tan\left(\frac{wT}{2}\right)$$

于是

$$\Omega=\frac{2}{T}\cdot\tan\left(\frac{wT}{2}\right) \tag{5.34}$$

如图 5.8 所示,给出了控制器在双线性变换下 S 平面幅频特性 $|D(\mathrm{j}\Omega)|$ 和 Z 平面幅频特性 $|D(e^{\mathrm{j}wT})|$ 的对照关系图。

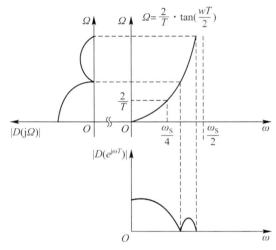

图 5.8 双线性变换频率畸变示意图

由图可见,双线性变换将 S 平面的频率 $0<\Omega<\infty$ 压缩为 Z 平面的 $0<wT<\pi$,高频压缩到 $w=\pi/T$。由于设计控制器往往很关心转折频率,$D(s)$ 和 $D(z)$ 的频率特性在该处应能够等效,为此在双线性变换时需要把原始的 $D(s)$ 预先扭曲。其算法如下:

(1) 预扭曲:将期望匹配的零、极点 $s+a$ 用 $a'=\frac{2}{T}\tan\left(\frac{aT}{2}\right)$ 代替 a,即

$$s+a\Rightarrow s+a'\Big|_{a'=\frac{2}{T}\tan\left(\frac{aT}{2}\right)}$$

(2) 将 $D(s,a')$ 转换成 $D(z,a)$,即

$$D(z,a)=K\cdot D(s,a')\Big|_{s=\frac{2}{T}\cdot\frac{z-1}{z+1}}$$

(3) 调整增益 K。一般使直流增益不变,即令 $z=1$(对应 $s=0$)时,控制器幅值增益保持不变。

【**例 5.2**】 设连续控制器的传递函数为 $D(s)=\dfrac{a}{s+a}$,请用预扭曲双线性变换求出其数

字控制器。

解 （1）预扭曲
$$D(s,a') = \frac{a}{s + \frac{2}{T}\tan\frac{aT}{2}}$$

（2）离散化
$$D(z) = K \cdot D(s,a')\bigg|_{s=\frac{2}{T}\frac{z-1}{z+1}} = K \cdot \frac{a}{\frac{2}{T}\frac{z-1}{z+1} + \frac{2}{T}\tan\frac{aT}{2}}$$

（3）调整增益 K
$$\lim_{s\to 0}D(s) = \lim_{z\to 1}D(z)$$

即
$$1 = K \cdot \frac{a}{\frac{2}{T}\tan\frac{aT}{2}}$$

从而有
$$K = \frac{\frac{2}{T}\tan\frac{aT}{2}}{a}$$

最终得到
$$D(z) = \frac{\tan\frac{aT}{2}}{\frac{z-1}{z+1}+\tan\frac{aT}{2}} = \frac{1+z^{-1}}{1+\cot\frac{aT}{2} + \left(1-\cot\frac{aT}{2}\right)z^{-1}}$$

下面给出频率预扭曲双线性变换特性（不做推导）：

(1) S 平面的左半平面映射到 Z 平面的单位圆内，$D(s)$ 稳定则 $D(z)$ 也稳定。

(2) 连续控制器 $D(s)$ 和离散控制器 $D(z)$ 在转折频率和零频率处的频率响应能互相匹配，但 $\Omega = \infty$ 处的响应被压缩至 π/T 处。

(3) 脉冲响应不能保持匹配，相位特性也不能保持匹配。

5.3 零极点匹配法

零极点匹配法的基本思想就是根据 S 平面到 Z 平面的映射关系 $z = e^{sT}$，将 $D(s)$ 的零、极点映射到 z 平面上，再通过某个主频率处数字控制器的增益与模拟控制器的增益相匹配确定增益 k。

由于 $D(s)$ 的极点数有时会大于零点数，如果极点数比零点数多 d 个，则可认为 $D(s)$ 有 d 个零点位于无穷远处。根据映射关系，S 平面上无穷远处的点映射到 Z 平面上为 $z = -1$ 处。因此，零极点匹配的转换规则为：

(1) 通过因式分解，将连续控制器的传递函数 $D(s)$ 写成式(5.35)的形式

$$D(s) = \frac{K\prod_{i=1}^{m}(s+a_i)\prod_{i=1}^{n}[(s+b_i)^2+c_i^2]}{\prod_{i=1}^{r}(s+d_i)\prod_{i=1}^{q}[(s+f_i)^2+g_i^2]} \tag{5.35}$$

（2）根据式(5.35)将 $D(s)$ 的零、极点映射到 Z 平面，转换关系为式(5.36)

$$(s+a_i) \to (z-e^{-a_iT}) \quad \text{或} \quad (1-z^{-1}e^{-a_iT})$$
$$(s+b_i)^2+c_i^2 \to [z^2-2e^{-b_iT}\cos(c_iT)z+e^{-2b_iT}] \quad \text{或} \quad [1-2e^{-b_iT}\cos(c_iT)z^{-1}+e^{-2b_iT}z^{-2}]$$
$$\tag{5.36}$$
$$(s+d_i) \to (z-e^{-d_iT}) \quad \text{或} \quad (1-z^{-1}e^{-d_iT})$$
$$(s+f_i)^2+g_i^2 \to [z^2-2e^{-f_iT}\cos(g_iT)z+e^{-2f_iT}] \quad \text{或} \quad [1-2e^{-f_iT}\cos(g_iT)z^{-1}+e^{-2f_iT}z^{-2}]$$

（3）在 $z=-1$ 处补上足够的零点 $(z+1)$ 或 $(1+z^{-1})$，使零点个数与极点个数相等；

（4）在某个转折频率处使两者增益匹配（大多数是假定低频增益相等），进而得到数字控制器 $D(z)$。

【例 5.3】 设连续控制器的传递函数为 $D(s)=\dfrac{1}{s^2+0.2s+1}$，请用零极点匹配法求出其数字控制器（假定采样周期 $T=1$ s）。

解 （1）因式分解

$$D(s) = \frac{1}{(s+0.1)^2+0.995^2}$$

（2）离散化

$$D(z) = \frac{K(z+1)^2}{z^2-2e^{-0.1\times 1}\cos(0.995\times 1)z+e^{-2\times 0.1\times 1}} = \frac{K(z+1)^2}{z^2-0.985z+0.819}$$

（3）调整增益 K

假定设计低频控制器，则

$$\lim_{s\to 0}D(s) = \lim_{z\to 1}D(z)$$

即

$$1 = \frac{K(1+1)^2}{1^2-0.985\times 1+0.819}$$

从而有 $K=0.209$。最终得到

$$D(z) = \frac{0.209(z+1)^2}{z^2-0.985z+0.819} = \frac{0.209(1+z^{-1})^2}{1-0.985z^{-1}+0.819z^{-2}}$$

5.4 等效保持算法

等效保持算法的基本思想就是当控制器输入典型信号时，离散化后其控制器的响应与原连续控制器在采样时刻的响应相同。

5.4.1 冲击响应不变转换

冲击响应不变转换就是使控制器变换前后的脉冲响应在采样时刻相等。因为单位脉冲

信号的拉普拉斯(Laplace)变换和 Z 变换都是1,所以离散化后控制器单位脉冲响应的 Z 变换为:

$$D(z) \cdot 1 = Z[D(s) \cdot 1]$$

于是,冲击响应不变转换的计算公式为式(5.37)。

$$D(z) = Z \text{变换}(D(s) \text{的拉普拉斯反变换}) \tag{5.37}$$

即

$$D(z) = Z[D(s)]$$

【例 5.4】 设连续控制器的传递函数为 $D(s) = \dfrac{a}{s+a}$,请用冲击响应不变保持算法,求出其数字控制器。

解 由公式(5.37)可得所求控制器为

$$D(z) = Z\left[\dfrac{a}{s+a}\right] = \dfrac{az}{z - e^{-aT}} = \dfrac{a}{1 - e^{-aT}z^{-1}}$$

5.4.2 阶跃响应不变转换

阶跃响应不变转换就是使控制器变换前后的阶跃响应在采样时刻相等。对于单位阶跃信号输入,离散化后控制器响应的 Z 变换为:

$$D(z) \cdot \dfrac{z}{z-1} = Z\left[D(s) \cdot \dfrac{1}{s}\right]$$

$$D(z) = \dfrac{z-1}{z} Z\left[D(s) \dfrac{1}{s}\right] = (1 - z^{-1}) Z\left[D(s) \dfrac{1}{s}\right] = Z\left[D(s) \dfrac{1 - e^{-Ts}}{s}\right]$$

于是,阶跃响应不变转换的计算公式为式(5.38)。

$$D(z) = Z\left[\dfrac{1 - e^{-Ts}}{s} D(s)\right] = (1 - z^{-1}) Z\left[\dfrac{D(s)}{s}\right] \tag{5.38}$$

比较式(5.37)和式(5.38),有人喜欢将阶跃响应不变转换法称为具有零阶保持器的冲击响应不变法。

【例 5.5】 设连续控制器的传递函数为 $D(s) = \dfrac{U(s)}{E(s)} = \dfrac{a}{s+a}$,请用阶跃响应不变转换算法求出其控制算法。

解 由公式(5.38)可得

$$D(z) = (1 - z^{-1}) Z\left[\dfrac{a}{s(s+a)}\right] = \dfrac{1 - e^{-aT}}{z - e^{-aT}} = \dfrac{(1 - e^{-aT}) z^{-1}}{1 - e^{-aT} z^{-1}}$$

所求控制算法为

$$u_k = e^{-aT} u_{k-1} + (1 - e^{-aT}) e_{k-1}$$

5.5 设计举例

如图5.9为一个伺服系统,其中电机可表示为双积分环节,请将其模拟控制器转换成等效的数字算法。

按照连续系统方法设计数字控制器的基本步骤,当连续控制器设计出来后的后续步骤如下:

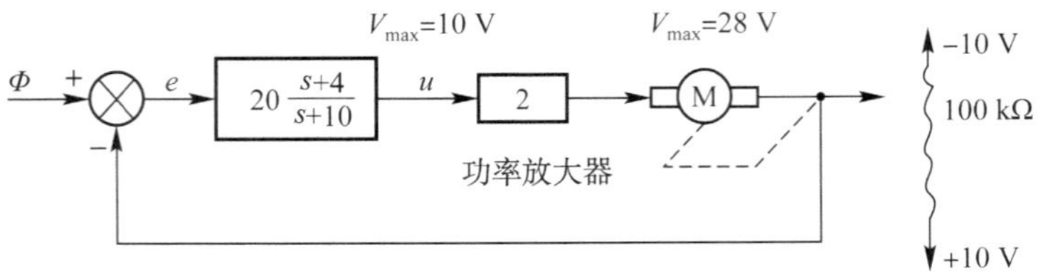

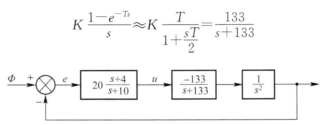

图 5.9 位置伺服系统

(1) 插入等效零阶保持器,取采样周期 $T=0.015$ s,将图 5.9 等价成图 5.10,进行系统分析,以判断采样周期选择是否合理。

零阶保持器为

$$K\frac{1-e^{-Ts}}{s} \approx K\frac{T}{1+\frac{sT}{2}} = \frac{133}{s+133}$$

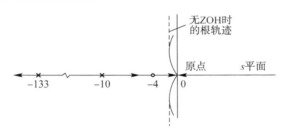

图 5.10 位置伺服系统等效分系统

该系统的根轨迹示于图 5.11。由图可见,由于采样周期 T 比较小,引入等效零阶保持器后,系统根轨迹没有发生明显变化。

图 5.11 位置伺服系统的根轨迹图

(2) 选择适当的方法将模拟控制器 $D(s)$ 离散化为数字控制器 $D(z)$

$$D(s) = \frac{20(s+4)}{s+10}$$

① 零极点匹配法

$$D(z) = K\frac{20(z-e^{-4\times0.015})}{z-e^{-10\times0.015}} = 20K\frac{z-0.94}{z-0.86}$$

考虑直流增益相等,即 $\lim_{z\to1}D(z) = \lim_{s\to0}D(s)$,则

$$20K\frac{1-0.94}{1-0.86} = \frac{20\times4}{10}$$

得到

$$20K = 18.7$$

进而有

$$D(z) = 18.7 \frac{z-0.94}{z-0.86} = \frac{18.7-17.6z^{-1}}{1-0.86z^{-1}}$$

所求控制算法为

$$u_k = 0.86u_{k-1} + 18.7e_k - 17.6e_{k-1}$$

② 双线性变换

$$D(z) = \frac{20(s+4)}{s+10}\bigg|_{s=\frac{2}{T}\frac{1-z^{-1}}{1+z^{-1}}} = \frac{18.7-18z^{-1}}{1-0.86z^{-1}}$$

所求控制算法为

$$u_k = 0.86u_{k-1} + 18.7e_k - 18e_{k-1}$$

(3) 将被控对象传递函数 $G(s)$ 加保持器离散化得到广义被控对象的脉冲传递函数 $G(z)$，用求得的数字控制器 $D(z)$ 和 $G(z)$ 构成数字闭环系统，分析该系统是否满足要求，不满足则或转(1)去调整采样周期或转(2)重新选择离散化算法。限于篇幅，此处略。

应当说明，按连续系统方法设计数字控制器，所得算法在有些情况下可能使整个系统的动态品质不满意。所以在完成数字控制器设计后，最后还应该用离散系统的分析方法检查系统的动态品质。如果不满足要求，就要重新设计。可以通过下面的三个途径改进设计：

(1) 适当提高连续系统设计的稳定裕度。因为将设计好的模拟控制器离散化，并引入零阶保持器后，系统的稳定裕度一般总是减小的。适当提高连续系统设计的稳定裕度，就有可能使离散化后的设计能够满足要求。

(2) 适当减小采样周期 T。这样做的代价可能是硬件费用提高。

(3) 选用性能好的离散化方法。例如双线性变换。

在设计结果不能满足要求时，使用试凑法是常事，这是按连续系统方法设计数字控制器的固有缺点，因为它是"近似方法"。

5.6 各种方法的比较

下面分别从稳定性、稳态增益和频率特性等方面对前向矩形法、后向矩形法、双线性变换、带频率预扭曲双线性变换、零极点匹配法、冲击响应不变法、阶跃响应不变法进行比较。

(1) 从上述方法的原理来看，除了前向矩形法外，只要原有的连续控制器 $D(s)$ 是稳定的，则离散化以后得到的数字控制器也是稳定的。因此，选择离散化方法很少采用前向矩形法。

(2) 前向矩形法、后向矩形法、双线性变换和零极点匹配法能保证离散化后得到的控制器与原连续控制器的稳态增益完全匹配，而冲击响应不变法和阶跃响应不变法得到的数字控制器与原连续控制器的稳态增益一般不同。

(3) 从系统动态响应的频率特性看，当采样频率超过系统带宽 100 倍时，各种方法无本质差别；但在采样频率较低时，从好到差排序是：双线性变换、零极点匹配法、后向矩形算法和等效保持算法。

从上述比较可以得出如下结论：

(1) 连续系统方法设计数字控制器的离散化方法一般首选双线性变换。双线性变换可保证离散化后控制器的稳定性,同时其对信号响应的频率特性一般比较好。当系统采样频率较低时,一般用双线性变换方法比用其他方法能取得较好的结果。

(2) 如果要保证离散化后,控制器的某个频段增益不变,可以选择零极点匹配法。

(3) 如果要保证离散化后特征频率的位置不变,预扭曲的双线性变换方法最合适,但控制器的增益和相位仍将与连续控制器不同。

(4) 如果要保证控制器对典型输入信号的响应保持不变,可以选择等效保持算法。

思考题与习题 5

1. 连续系统方法和直接方法设计数字控制器各有什么优缺点?
2. 连续系统方法设计数字控制器的基本思路是怎样的?
3. 假定按照模拟系统设计方法设计的控制器为 $\dfrac{U(s)}{E(s)}=D(s)=\dfrac{0.1}{s(s+0.1)}$,采样周期 $T=0.1$ s,试用双线性变换法求出其数字算法。
4. 传递函数 $D(s)=\dfrac{s+1}{0.1s+1}$ 是设计用来在 $\omega_1=3$ rad 处增加 $60°$ 超前角的超前网络。设采样周期 $T=0.25$ s,分别用(1) 前向矩形;(2) 后向矩形;(3) 梯形规则的设计方法,设计出其数字控制器,求出 Z 平面内零点和极点的位置,并计算出 $z_1=e^{j\omega_1 T}$ 处网络给出的相位超前角。
5. 假定按照模拟系统设计方法设计的控制器为 $\dfrac{U(s)}{E(s)}=D(s)=\dfrac{0.1}{s(s+0.1)}$,采样周期 $T=0.1$ s,试用零极点匹配法求出其数字控制器。
6. 假定按照模拟系统设计方法设计的控制器为 $\dfrac{U(s)}{E(s)}=D(s)=\dfrac{0.1}{s(s+0.1)}$,采样周期 $T=0.1$ s,试用阶跃保持等效法求出其数字控制器。
7. 试比较前向矩形法、后向矩形法、双线性变换、零极点匹配法、冲击不变保持算法、阶跃响应保持不变算法。

第 6 章 数字控制器的直接设计

与数字控制器的连续系统方法设计相对应,在计算机控制系统中,可以先把控制系统中的连续部分数字化,再把整个系统看做离散系统,用离散化的方法(数字化方法)设计控制器,这种方法称为数字控制器的直接设计法。本章将介绍几种数字控制器的直接设计方法。

6.1 系统性能指标与 Z 域极、零点的关系

6.1.1 主导极点在 Z 域样板图中的位置

在时间连续系统设计中,人们往往喜欢将系统近似设计成一个二阶系统。其闭环主导极点在 S 域一般为一对共轭的复数极点,极点位置可表示为式(6.1)。

$$s = -\zeta w_n \pm j\sqrt{1-\zeta^2} \cdot w_n \tag{6.1}$$

式中,ζ 为阻尼系数,w_n 为无阻尼自振角频率。主导极点映射到 Z 域的位置为式(6.2)。

$$z = e^{sT} = e^{(-\zeta w_n \pm j\sqrt{1-\zeta^2} \cdot w_n)T} \tag{6.2}$$

由于二阶系统的动态性能指标与阻尼系数 ζ 和无阻尼自振角频率 w_n 密切相关,按照 ζ 和 w_n 的大小可在 Z 域画出对应的 Z 域分布图,如图 6.1 所示。该图人们一般称为 Z 域设计样板图。

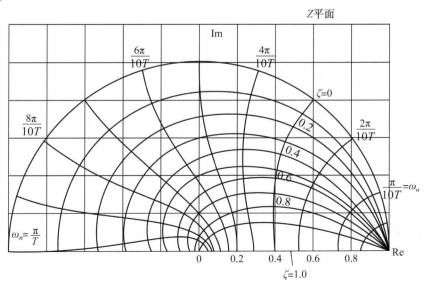

图 6.1　Z 域设计样板图

需要注意的是，Z域平面上的主导极点位置与采样周期T有关，这是S平面极点位置与Z平面极点位置之间的差别。如果采样周期T很小，则式(6.2)可近似表示成式(6.3)。

$$z \approx 1+(-\zeta w_n \pm j\sqrt{1-\zeta^2} \cdot w_n)T \tag{6.3}$$

从式(6.3)可以看出，当T很小时，主导极点在Z域的几何图形与S域的分布图形极其相似，只是位置移到了z=1附近的单位圆内。

6.1.2 稳态性能指标对控制器在Z域极、零点的要求

1) 对开环极点的要求

如图6.2所示是数字控制器D(z)直接设计时离散控制系统的基本结构图，在第3.3节我们已有如下结论：

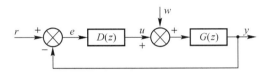

图6.2 离散控制系统结构示意图

(1) 静态误差系数为 $K_p = \lim\limits_{z \to 1} D(z)G(z)$，当开环脉冲传递函数有1个以上z=1的极点时，$K_p$为无穷大，此时系统对阶跃类型的输入信号可使稳态误差为0。

(2) 静态速度误差系数为 $K_v = \lim\limits_{z \to 1} \dfrac{(z-1)D(z)G(z)}{T}$，当开环脉冲传递函数有两个以上z=1的极点时，$K_v$为无穷大，此时系统对斜坡类型的输入信号可使稳态误差为0。

(3) 静态加速度误差系数为 $K_a = \lim\limits_{z \to 1} \dfrac{(z-1)^2 D(z)G(z)}{T^2}$，当开环脉冲传递函数有3个以上z=1的极点时，$K_a$为无穷大，此时系统对抛物线变化类型的输入信号可使稳态误差为0。

因此，在离散控制系统中，根据稳态误差要求可得到开环脉冲传递函数z=1极点的个数的需求，进而可求出控制器D(z)分母应含的(z-1)因子的个数。

2) 对闭环极、零点的要求

设如图6.2所示系统的闭环传递函数为

$$\frac{Y(z)}{R(z)} = H(z) = K\frac{(z-z_1)(z-z_2)\cdots(z-z_m)}{(z-p_1)(z-p_2)\cdots(z-p_n)} \tag{6.4}$$

如果系统为Ⅰ型系统，则系统对阶跃输入的稳态误差为0，故有

$$\lim_{z \to 1} H(z) = 1 \tag{6.5}$$

根据定义，系统对单位斜坡函数的误差可表示为

$$E(z) = R(z) - Y(z) = R(z) - R(z) \cdot H(z) = [1-H(z)]R(z) = [1-H(z)]\frac{Tz}{(z-1)^2}$$

进而可得稳态误差为

$$e(\infty) = \lim_{z \to 1}(1-z^{-1}) \cdot [1-H(Z)] \cdot \frac{Tz}{(z-1)^2} = \frac{1}{K_v}$$

于是

$$\frac{1}{TK_v} = \lim_{z \to 1} \frac{1-H(z)}{z-1} = \lim_{z \to 1} \frac{\dfrac{d(1-H(z))}{dz}}{\dfrac{d(z-1)}{dz}} = -\lim_{z \to 1} \frac{dH(z)}{dz} \tag{6.6}$$

根据式(6.5)可得到

$$\lim_{z \to 1} \frac{d}{dz} \ln H(z) = \lim_{z \to 1} \frac{1}{H(z)} \cdot \frac{dH(z)}{dz} = \lim_{z \to 1} \frac{dH(z)}{dz} \tag{6.7}$$

利用式(6.7)的结果,根据式(6.6)和式(6.4)可得

$$\frac{1}{TK_v} = -\lim_{z \to 1} \frac{d}{dz} \ln H(z) = -\lim_{z \to 1} \frac{d}{dz} \ln \left\{ K \frac{\prod_{i=1}^{m}(z-z_i)}{\prod_{i=1}^{n}(z-p_i)} \right\}$$

$$= -\lim_{z \to 1} \frac{d}{dz} \left\{ \ln K + \sum_{i=1}^{m} \ln(z-z_i) - \sum_{i=1}^{n} \ln(z-p_i) \right\}$$

$$= \sum_{i=1}^{m} \frac{1}{1-z_i} - \sum_{i=1}^{n} \frac{1}{1-p_i} \tag{6.8}$$

由式(6.8)可见,系统的闭环极点离 $z=1$ 越远,则静态速度误差系数 K_v 越大,系统的斜坡稳态误差将越小。K_v 也可通过将零点靠近 $z=1$ 而得到增大,但从动态响应来看,零点靠近1将使系统超调变得很大,从而使系统的动态特性变坏。因此设计时必须兼顾稳态性能和动态性能要求。

6.1.3 动态性能指标对系统主导极点的要求

分析和设计连续系统时,常将系统用主导极点法看成一个近似的二阶系统,主导极点的位置可以用式(6.1)表示。图6.3画出了典型的二阶系统在单位阶跃作用下的响应曲线。由图可以看出,影响超调量的主要因素是阻尼比 ζ,超调的计算公式为 $\sigma = e^{-(\zeta/\sqrt{1-\zeta^2})\pi} \times 100$,图6.4画出了超调量百分数与阻尼比的关系曲线。图6.4没有考虑零点,实际上如果系统在 S 域存在有限零点则对超调的影响可能会很大,也就是说零点在 Z 域不能靠近 $z=1$。为了使闭环系统暂态响应中的超调量百分比不超过规定值,要求既要考虑阻尼比 ζ 的影响,也要考虑零点和非主导极点对系统的影响。对于图6.4的曲线,当 ζ 在0.5附近时可以近似地表示为 $\sigma \approx \left(1 - \dfrac{\zeta}{0.6}\right) \times 100$。

因而,给出超调百分比的规定值 σ,就可以求出阻尼比为

$$\zeta \geqslant 0.6(1-\sigma) \tag{6.9}$$

由于零点和主导极点对系统的影响,根据式(6.9)计算的阻尼比 ζ 应适当取大一些进行试验性设计,直到结果能满足要求为止。

暂态响应的另一个特性是上升时间 t_r。由图6.3可见时间标尺为 $\omega_n t$,其中 ω_n 是 S 平面原点到主导极点间的距离。当 ω_n 增加时,上升时间显然要缩短,但上升时间又和阻尼比有关,其计算公式为

$$t_r = \frac{\arctan\left(\frac{\sqrt{1-\zeta^2}}{\zeta}\right)}{w_n\sqrt{1-\zeta^2}}$$

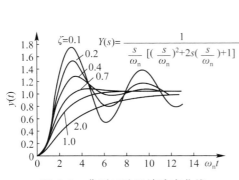

图 6.3　典型二阶系统响应曲线　　　　图 6.4　超调量与阻尼比关系曲线

由于大多数系统的阻尼比一般设计在 0.4~0.7，故设计时通常选取阻尼比 $\zeta \approx 0.5$，此时上升时间可用如下近似公式表示

$$t_r \approx \frac{2.5}{w_n}$$

于是，对上升时间 t_r 的要求就变成对 ω_n 的要求，其计算公式为式(6.10)。

$$w_n \geq \frac{2.5}{t_r} \tag{6.10}$$

暂态响应还有一个很重要的指标是调整时间 t_s，它被定义为响应 $y(t)$ 进入与其稳态值的偏差不超过 2% 或 5% 范围的最短时间。对于计算机控制系统来说，人们一般期望控制精度比纯模拟控制精度更高，调整时间 t_s 被定义为响应 $y(t)$ 进入与其稳态值的偏差不超过 1% 范围的最短时间。

对于二阶系统，其单位阶跃信号的暂态响应为

$$y(t) = 1 - e^{-\zeta w_n t}\cos(w_n\sqrt{1-\zeta^2}\,t + \phi)$$

该式说明输出响应的暂态分量被 $-e^{-\zeta w_n t}$ 到 $e^{-\zeta w_n t}$ 所包围，于是，数字系统调整时间 t_s 对参数的要求为

$$e^{-\zeta w_n t_s} \leq 0.01$$

即

$$\zeta w_n \geq \frac{4.6}{t_s} \tag{6.11}$$

考虑到 $s = -\zeta w_n \pm j\sqrt{1-\zeta^2} \cdot w_n$ 和 $z = e^{sT}$，式(6.11)实际上是要求主导极点在 Z 域位于如式(6.12)所示的半径为 r_0 的圆内。

$$r_0 = e^{-\frac{4.6T}{t_s}} \tag{6.12}$$

因此，根据动态性能指标超调、上升时间和调节时间，主导极点在 Z 平面的位置要求如图 6.5 所示。

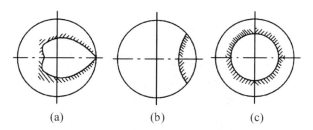

图 6.5 主导极点在 Z 平面中位置限制示意图

【例 6.1】 设采样周期 $T=1$ s,$\sigma \leqslant 15\%$,$t_r \leqslant 8$ s,$t_s \leqslant 20$ s,请给出闭环主导极点应位于 Z 域设计样板图中什么区域?

解 根据式(6.9),有

$$\zeta \geqslant 0.6 \times \left(1 - \frac{\sigma}{100}\right) = 0.6 \times (1 - 0.15) \approx 0.5$$

根据式(6.10),有

$$w_n \geqslant \frac{2.5}{t_r} = 0.3125 \approx \frac{1 \cdot \pi}{10T}$$

根据式(6.12),有

$$r \leqslant e^{-\frac{4.6T}{t_s}} \approx 0.8$$

于是,系统主导极点在 Z 域设计样板图中应位于如图 6.6 所示阴影线区域内。

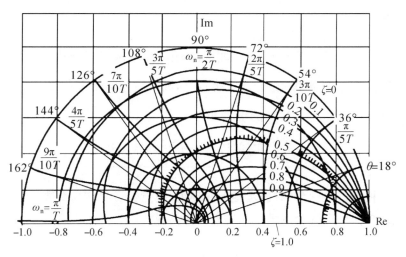

图 6.6 主导极点在 Z 域样板图中位置限制示意图

应当指出,本节介绍的公式是十分粗糙的,应用上述方法规定的主导极点分布区对系统综合具有指导意义,但最终还必须通过仿真或实验方法来检查结果的准确性。当发现某些指标不符合要求时,需要将有关该指标的数值规定得更严格一些,从而保证最后的设计结果能满足预定的要求。

6.2　Z 平面上的根轨迹法

第 6.1 节的分析结果表明：系统的稳态性能、动态性能与系统的极、零点在 Z 平面的位置分布密切相关。由于根轨迹图可研究开环零极点对闭环极点的影响，因此数字控制器 $D(z)$ 的设计可通过添加零点和极点来改变开环零极点的分布，进而改变系统闭环极点位置，以提升系统的稳态性能和动态性能。所以控制器设计可按照 Z 平面上的根轨迹思路来进行。

对于如图 6.2 所示系统，其闭环脉冲传递函数的极点就是特征方程式

$$1+D(z)G(z)=0 \tag{6.13}$$

的根。由此可见，我们用于绘制根轨迹的特征方程式的形式和连续系统中所用的形式是相同的，这样，在连续系统中用于绘制根轨迹的一切规则，在离散系统中都同样适用。

根据式(6.13)可得到绘制根轨迹的幅值条件和相角条件分别为

$$|D(z)G(z)|=1 \tag{6.14}$$

$$\angle D(z)G(z)=(2q+1)\pi \quad (q=0,1,2\cdots) \tag{6.15}$$

设

$$D(z)G(z)=\frac{K\prod_{i=1}^{m}(z-z_i)}{\prod_{i=1}^{n}(z-p_i)}$$

则绘制根轨迹的主要规则如下：

(1) 根轨迹连续并且对称于实轴；

(2) 根轨迹从 n 个开环极点 $p_i(i=1,2,\cdots n)$ 出发，有 m 条根轨迹止于开环零点 $z_i(i=1,2,\cdots,m)$，还有 $(n-m)$ 条根轨迹止于无穷远处，渐近线与实轴夹角为 $\frac{2q+1}{n-m}\pi$，渐近线的起点实坐标是各个开环零极点的实部的重心，即

$$\sigma=\frac{\sum_{i=1}^{n}\text{实部(极点)}-\sum_{i=1}^{m}\text{实部(零点)}}{n-m}$$

(3) 实轴上根轨迹条件为：右边实轴上开环零、极点数目之和为奇数；

(4) 根轨迹与实轴上的交点满足下述方程式的根。

$$\frac{\mathrm{d}\{D(z)G(z)\}}{\mathrm{d}z}=0$$

绘制根轨迹还有一些其他规则，如复零点(复极点)的入射角(出射角)，与虚轴的交点等。考虑到绘制根轨迹的原则已经在连续控制系统中被大家所熟悉，在此就不再作过多进一步说明。

下面以天线伺服跟踪系统为例子，说明使用根轨迹法设计数字控制器的基本过程。

【例 6.2】　如图 6.7 所示是天线伺服跟踪系统结构框图，设采样周期 $T=1$ s，系统设计性能指标如下：

(1) 超调量约为 15%。

(2) 调整时间在 1% 误差时约为 10 s;
(3) 速度误差系数 $K_v=1$。

试用根轨迹方法设计控制器 $D(z)$。

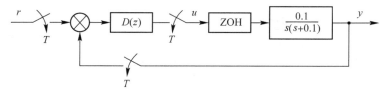

图 6.7 天线伺服跟踪系统结构框图

解 （1）根据性能指标确定闭环主导极点大致允许位置。
由超调和式(6.9)，有

$$\zeta \geqslant 0.6 \times \left(1-\frac{\sigma}{100}\right)=0.6 \times (1-0.15) \approx 0.5$$

由调整时间和式(6.12)，有

$$r \leqslant e^{-\frac{4.6T}{t_s}}=e^{-\frac{4.6 \times 1}{10}} \approx 0.63$$

主导极点位置大致允许区域如图 6.8 中的阴影线区域内所示。

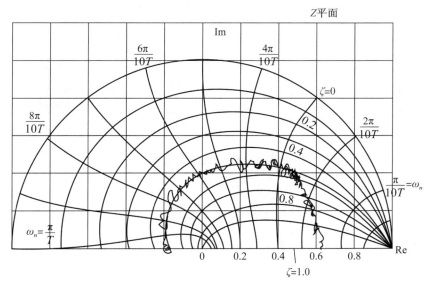

图 6.8 主导极点位置大致允许区域示意图

（2）求取被控对象广义脉冲传递函数

$$G(z)=Z\left\{\frac{1-e^{-Ts}}{s} \cdot \frac{0.1}{s(s+0.1)}\right\}=(1-z^{-1})Z\left\{\frac{0.1}{s^2(s+0.1)}\right\}$$

$$=(1-z^{-1})\left\{\frac{1 \times z}{(z-1)^2}-\frac{(1-e^{-0.1 \times 1})z}{0.1(z-1)(z-e^{-0.1 \times 1})}\right\}$$

$$\approx 0.04837\frac{z+0.97}{(z-1)(z-0.91)}$$

（3）用根轨迹法设计数字控制器 $D(z)$。

如果数字控制器只改变增益,不增加零、极点,即 $D(z)=K$,则系统的特征方程为

$$1+0.04837K\frac{(z+0.97)}{(z-1)(z-0.91)}=0$$

即

$$z^2-(1.91-0.04837K)z+(0.91+0.047K)=0 \tag{6.16}$$

当根轨迹与单位圆相交时,设其在 Z 域的坐标为 $p_1=e^{j\theta}$,$p_2=e^{-j\theta}$,则根据式(6.16),有

$$\begin{cases} p_1 \cdot p_2 = e^{j\theta} \cdot e^{-j\theta} = 0.91+0.047K \\ p_1+p_2 = e^{j\theta}+e^{-j\theta} = 1.91-0.04837K \end{cases}$$

解之得 $K\approx 1.918$,$\theta\approx 24.69°$,故 $p_{1,2}=0.909\pm j0.418$。

其根轨迹如图 6.9 中的 a 所示。根轨迹根本不会进入图 6.8 所示区域,而且根轨迹与原点的距离远远大于 0.63,这样系统的调整时间将很长。

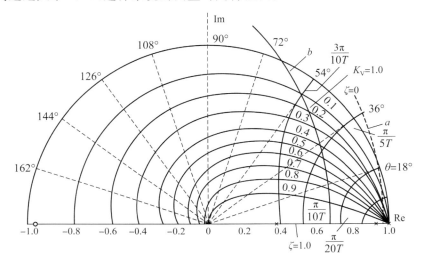

图 6.9 系统根轨迹示意图 1

试算一 采用开环零极点抵消方法,取

$$D(z)=K\frac{z-0.91}{z-0.37}$$

则其根轨迹如图 6.9 中的 b 所示,明显比原来的根轨迹要好(更靠近原点),并通过如图 6.8 所示区域。根据速度误差系数要求,有

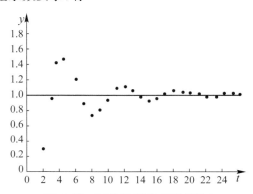

图 6.10 系统阶跃响应示意图 1

$$K_v = \lim_{z \to 1} \frac{(z-1)D(z)G(z)}{T} = \lim_{z \to 1} \frac{z-1}{T} 0.04837K \frac{z+0.97}{(z-1)(z-0.37)} = 1$$

解之得 $K \approx 6.64$,再求出根轨迹的根,此时系统的阻尼比大约为 0.2,其单位阶跃输入的响应见图 6.10,显然超调太大,不符合要求。

试算二 采用增加零点吸引根轨迹的办法,取 $D(z) = K\dfrac{z-0.5}{z+0.6}$,此时

$$D(z)G(z) = 0.04837K \frac{(z-0.5)(z+0.97)}{(z-1)(z-0.91)(z+0.6)}$$

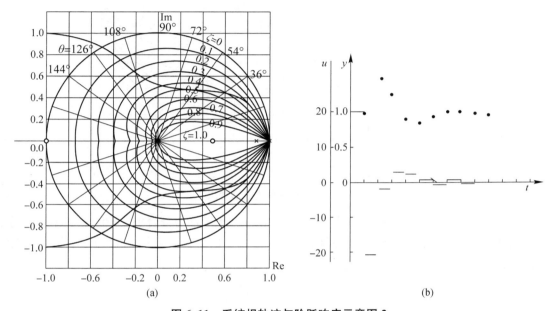

图 6.11 系统根轨迹与阶跃响应示意图 2

其根轨迹如图 6.11(a)所示。由图 6.11(a)可见,由于新增加的零点 $z=0.5$ 吸引了原来的根轨迹,使它弯曲,根轨迹通过如图 6.8 所示区域。当阻尼比为 0.5 时,其根轨迹的交点在半径为 0.6 处,此时 $D(z) = 20.674 \times \dfrac{z-0.5}{z+0.6}$,速度误差系数为

$$K_v = \lim_{z \to 1} \frac{(z-1)D(z)G(z)}{T} = \lim_{z \to 1} \frac{z-1}{1} \times 0.04837 \times 20.674 \times \frac{(z-0.5)(z+0.97)}{(z-1)(z-0.91)(z+0.6)} = 6.84$$

K_v 明显比 1 大很多,将造成控制对参数变化太灵敏,超调可能性较大。其单位阶跃响应如图 6.11(b)所示,超调明显不符合要求。

试算三 采用增加零点吸引根轨迹的办法,取 $D(z) = K\dfrac{z-0.8}{z+0.8}$,此时

$$D(z)G(z) = 0.04837K \frac{(z-0.8)(z+0.97)}{(z-1)(z-0.91)(z+0.8)}$$

其根轨迹如图 6.12 所示。由图可见,由于新增加的零点 $z=0.8$ 更靠近原来的极点 0.91,因而这部分的根轨迹变为一个小圆。根据速度误差系数要求可算出 $K=8.5$。若取

$$D(z) = 9 \times \frac{z-0.8}{z+0.8}$$

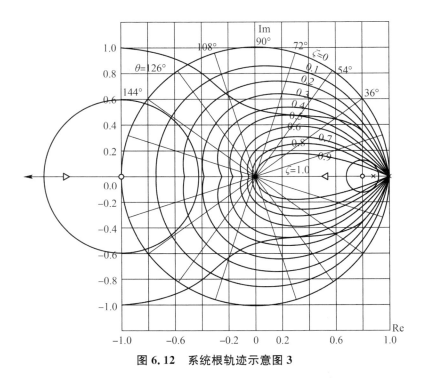

图 6.12　系统根轨迹示意图 3

此时仿真分析：系统的阶跃响应曲线如图 6.13 所示，超调完全符合要求，但是，系统的调整时间较长，且控制输出值正负切换幅度较大，有损执行器寿命，为此可将极点由 -0.8 移到 -0.6，系统的特性将得到改善。此时控制器设计为

$$D(z)=9\times\frac{z-0.8}{z+0.6}$$

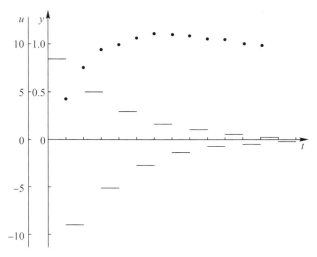

图 6.13　系统阶跃响应示意图 2

由上述试算步骤可知，在用根轨迹法设计数字控制器的过程中，设计者凭自己的经验以及对 Z 平面上零、极点分布对系统动态特性影响的了解，通过零、极点配置，借助控制系统

CAD 软件,逐步寻找理想的结果。由于控制系统 CAD 软件会帮助设计者绘制根轨迹图和计算阶跃响应,整个设计工作并不太困难。如果使用计算器辅助计算,进行根轨迹的粗略估计,寻找合适的校正方案,也是可以做到的。

6.3 用解析法进行数字控制器设计

解析法的设计思想就是将期望的闭环系统预先用公式(一般是脉冲传递函数)表示出来,再根据系统的结构通过代数求解求出数字控制器的脉冲传递函数。

设系统的结构如图 6.14 所示,被控对象与零阶保持器构成广义数字被控对象,其脉冲传递函数为 $G(z)$。

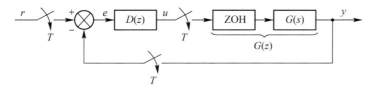

图 6.14 控制系统示意图

设期望的闭环传递函数为 $H(z)$,则

$$H(z)=\frac{Y(z)}{R(z)}=\frac{D(z)G(z)}{1+D(z)G(z)}$$

于是可求出控制器的脉冲传递函数为

$$D(z)=\frac{1}{G(z)} \cdot \frac{H(z)}{1-H(z)} \tag{6.17}$$

根据式(6.17)设计控制器 $D(z)$ 看起来似乎十分简单,但事实上也有难点。解析法设计的主要难点是期望的闭环脉冲传递函数 $H(z)$ 如何选取。$H(z)$ 选取会受到一些限制,主要有:

1) $D(z)$ 的物理可实现性限制

数字控制器 $D(z)$ 在物理上能够实现的条件是:数字控制器的输出信号只能用现在时刻和过去时刻的输入信号和输出信号计算产生,不能用未来时刻的信号去计算产生。控制输出信号的计算公式一般可用式(6.18)表示:

$$u(k)=a_0e(k)+a_1e(k-1)+a_2e(k-2)+\cdots+b_1u(k-1)+b_2u(k-2)+\cdots \tag{6.18}$$

于是,可得到控制器的脉冲传递函数为

$$D(z)=\frac{U(z)}{E(z)}=\frac{a_0+a_1z^{-1}+a_2z^{-1}+\cdots}{1-b_1z^{-1}-b_2z^{-2}+\cdots} \tag{6.19}$$

由式(6.19)可以看出,只要数字控制器的脉冲传递函数的分子阶次不高于分母阶次,该控制器就是物理上可实现的。否则,在式(6.18)的右边将出现未来信号 $e(k+1),e(k+2)$,…,从而造成计算当前控制值需要使用未来的误差信号,这在物理上是不可实现的。由于被控对象 $G(z)$ 一般都有滞后特性,其分母阶次至少比分子阶次高 1,如果 $H(z)$ 选取的分母阶次与分子阶次一样高,由式(6.17)可以看出,这将造成 $D(z)$ 的物理不可实现。因此,在选取 $H(z)$ 时,$H(z)$ 必须分母比分子阶次高,以抵消 $G(z)$ 的阶次作用。也就是说 $H(z)$ 应按照式

(6.20)的形式选取：

$$H(z)=\frac{z^{-\lambda}(\beta_0+\beta_1 z^{-1}+\beta_2 z^{-1}+\cdots)}{1+\alpha_1 z^{-1}+\alpha_2 z^{-2}+\cdots} \quad (6.20)$$

若 $\beta_0\neq 0$，则 λ 必须大于等于 $G(z)$ 分母与分子的阶次差。

2) 系统稳定性对 $D(z)$ 的限制

如果闭环脉冲传递函数 $H(z)$ 稳定，则系统跟踪阶跃输出值在采样时刻的稳定性可以得到保证。但是系统在采样时刻的输出稳定并不能保证连续物理过程的稳定。如果控制器 $D(z)$ 不稳定，则控制量 u 就可能是发散的，系统在采样时刻之间的输出值就会以振荡形式发散，实际连续过程将是不稳定的。

【例 6.3】 系统的结构如图 6.14 所示，已知 $G(z)=\dfrac{0.265z^{-1}(1+2.78z^{-1})(1+0.2z^{-1})}{(1-z^{-1})^2(1-0.286z^{-1})}$，如果选取 $H(z)=z^{-1}$，求其控制器，并请分析系统对单位阶跃输入的输出响应和控制器的输出响应。

解 所求控制器为

$$D(z)=\frac{1}{G(z)}\cdot\frac{H(z)}{1-H(z)}=\frac{3.774(1-z^{-1})(1-0.286z^{-1})}{(1+2.78z^{-1})(1+0.2z^{-1})}$$

由此导出其输出量和控制量的 z 变换

$$Y(z)=H(z)R(z)=\frac{z^{-1}}{1-z^{-1}}=z^{-1}+z^{-2}+z^{-3}+\cdots$$

$$U(z)=\frac{H(z)}{G(z)}R(z)=\frac{3.774(1-z^{-1})(1-0.286z^{-1})}{(1+2.78z^{-1})(1+0.2z^{-1})}$$

$$=3.774-16.1z^{-1}+46.96z^{-2}-130.985z^{-3}+\cdots$$

从零时刻起，输出系列为 0,1,1,…，表面上看来可进一步达到稳态，但是控制序列为 3.774,−16.1,46.96,−130.985,…，故是发散的。事实上，在采样点之间的输出值也是振荡发散的，所以实际过程是不稳定的。

这个例子表明，用解析法设计系统，不但要保证输出量在采样点上的稳定，而且要保证控制变量收敛，才能使闭环系统在物理上真实稳定。从控制器 $D(z)$ 的表达式中我们发现，控制器有不稳定的极点 $z=-2.78$，它是由被控对象的不稳定零点带来的。根据式(6.17)可知，被控对象不稳定的零点和极点可能造成控制器有不稳定的极点和零点。

如果 $G(z)$ 包含单位圆上或单位圆外的零点和极点，则系统不应通过 $D(z)$ 中的极点和零点来抵消上述单位圆上或单位圆外的零点和极点，否则系统将是不稳定的。

由图 6.14 可知，系统的闭环特征方程为

$$1+D(z)G(z)=0 \quad (6.21)$$

如果分别将 $D(z)$ 和 $G(z)$ 表示为

$$D(z)=\frac{P(z)}{Q(z)} \qquad G(z)=\frac{B(z)}{A(z)}$$

其中 $P(z)$、$Q(z)$、$A(z)$ 和 $B(z)$ 都是 z 的多项式，则式(6.21)的特征方程可改写为

$$Q(z)A(z)+P(z)B(z)=0 \quad (6.22)$$

现假定 $G(z)$ 中有一个不稳定的极点 $z=a$，即

$$A(z)=(z-a)\overline{A}(z) \tag{6.23}$$

为了消除它,使用

$$P(z)=(z-a)\overline{P}(z) \tag{6.24}$$

将式(6.23)和式(6.24)代入式(6.22)可得

$$Q(z)(z-a)\overline{A}(z)+(z-a)\overline{P}(z)B(z)=0$$

即

$$(z-a)[Q(z)\overline{A}(z)+\overline{P}(z)B(z)]=0 \tag{6.25}$$

由式(6.25)可知,尽管我们用 $D(z)$ 的零点 $z=a$ 去抵消 $G(z)$ 中不稳定的极点,但 $(z-a)$ 仍是特征方程的因子,即 $z=a$ 仍是闭环特征根,所以闭环系统是不稳定的。

现在来讨论解决办法。因为

$$D(z)=\frac{1}{G(z)} \cdot \frac{H(z)}{1-H(z)}$$

所以如果 $1-H(z)$ 以零点的形式去抵消 $G(z)$ 的不稳定极点,$H(z)$ 以零点的形式去抵消 $G(z)$ 的不稳定零点,则 $D(z)$ 就不会含有不稳定的零点和极点。具体地说,如果 $G(z)$ 含有不稳定的极点 $a_i(i=1,2,\cdots,\lambda)$ 和不稳定的零点 $b_i(i=1,2,\cdots,\eta)$,则 $H(z)$ 的选择应该满足

$$1-H(z)=\prod_{i=1}^{\lambda}(z-a_i)F_1(z) \tag{6.26}$$

$$H(z)=\prod_{i=1}^{\eta}(z-b_i)F_2(z) \tag{6.27}$$

其中,$F_1(z),F_2(z)$ 是 z 的多项式之比,且都不包含不稳定的零点和极点。

【例 6.4】 设已知 $G(z)=\dfrac{(z-1.1)(z-0.9)}{(z-1.2)(z-0.8)}$,则由式(6.26)有

$$1-H(z)=(z-1.2)F_1(z)$$

由式(6.27)有

$$H(z)=(z-1.1)F_2(z)$$

于是 $F_1(z),F_2(z)$ 的选择应满足

$$(z-1.2)F_1(z)=1-(z-1.1)F_2(z)$$

求出数字控制器为

$$D(z)=\frac{1}{G(z)} \cdot \frac{H(z)}{1-H(z)}=\frac{(z-0.8)F_2(z)}{(z-0.9)F_1(z)}$$

6.4 最少拍控制系统的设计

6.4.1 最少拍控制系统的基本概念

在自动控制系统中,当偏差存在时,总是希望系统能尽快地消除偏差,使输出跟随输入变化或者在有限的几个采样周期内达到平衡。最少拍实际上是时间最优控制。

在采样控制系统中,一个采样周期称为一拍。在典型输入信号的作用下,经过最少拍,使被控系统输出量采样时刻的数值能完全跟踪参考信号的数值,跟踪误差为零的系统称为

最少拍系统。

符合什么条件才能使闭环系统具有最少拍系统的特性呢？对于如图6.14所示的系统,首先要使系统的过渡过程在有限拍内结束,亦即希望系统的闭环脉冲传递函数具有式(6.28)的形式

$$H(z)=a_0+a_1z^{-1}+\cdots+a_qz^{-q}=\frac{a_0z^q+a_1z^{q-1}+\cdots+a_q}{z^q}=\frac{F(z)}{z^q} \tag{6.28}$$

式中：q是可能情况下的最小正整数。这一脉冲传递函数形式表明闭环系统的脉冲响应在q个采样周期后变为零,从而意味着系统在q拍之内达到稳态。

对最少拍控制系统设计的具体要求是：

(1) 对特定的参考输入信号,在到达稳态后,系统在采样点的输出值准确跟踪输入信号,不存在静差。

(2) 各种使系统在有限拍内达到稳态的设计,其系统准确跟踪输入信号所需的采样周期数应为最少。

(3) 数字控制器$D(z)$必须在物理上可以实现。

(4) 闭环系统必须是稳定的。

现将式(6.28)代入式(6.17),有

$$D(z)=\frac{1}{G(z)}\cdot\frac{H(z)}{1-H(z)}=\frac{1}{G(z)}\cdot\frac{F(z)}{z^q-F(z)}$$

如果$G(z)$的分母多项式和分子多项式阶次分别为n、m,$F(z)$的阶次为r,则要想$D(z)$能物理实现,必须有

$$q\geqslant n-m+r$$

当$r=0$时,q最小,故"最少拍"的极限数为$(n-m)$。

6.4.2 最少拍控制器设计

典型的输入信号一般有三种,其信号形式和Z变换如表6.1所示。

表6.1 输入信号的Z变换

输入信号类型	表达式	Z变换
单位阶跃	$r(t)=I(t)$	$R(z)=\dfrac{1}{1-z^{-1}}$
单位速度	$r(t)=t(t\geqslant 0)$	$R(z)=\dfrac{Tz^{-1}}{(1-z^{-1})^2}$
单位加速度	$r(t)=\dfrac{t^2}{2}(t\geqslant 0)$	$R(z)=\dfrac{T^2z^{-1}(1+z^{-1})}{2(1-z^{-1})^3}$

从表6.1可以发现,这三种输入信号的Z变换具有如下共同的形式：

$$R(z)=\frac{A(z)}{(1-z^{-1})^m}$$

式中,m为正整数,$A(z)$是不包括$(1-z^{-1})$因式的z^{-1}的多项式。因此,对于不同的输入,只是m不同而已。一般只讨论$m=1,2,3$的情况。在上述三种输入中,m分别为1,2,3时,要

使系统达到无静差,则
$$e(\infty) = \lim_{z \to 1}(1-z^{-1})E(z) = \lim_{z \to 1}(1-z^{-1})R(z)[1-H(z)]$$
$$= \lim_{z \to 1}(1-z^{-1})\frac{A(z)[1-H(z)]}{(1-z^{-1})^m} = 0$$

由于 $A(z)$ 没有 $z=1$ 这个零点,所以必须有
$$1-H(z) = (1-z^{-1})^m \cdot F_1(z) \tag{6.29}$$

即
$$H(z) = 1-(1-z^{-1})^m \cdot F_1(z)$$

于是
$$H(z) = \frac{z^m - (z-1)^m F_1(z)}{z^m} \tag{6.30}$$

将式(6.30)与式(6.28)比较,显然,当取 $F_1(z)=1$ 时,系统的最少拍数为 m。表 6.2 列出了对应不同输入的最少拍控制系统的 $H(z)$。

表 6.2 典型输入下的最少拍拍数

输入信号类型	$1-H(z)$	$H(z)$	最快调整时间(拍)
单位阶跃	$1-z^{-1}$	z^{-1}	1
单位速度	$(1-z^{-1})^2$	$2z^{-1}-z^{-2}$	2
单位加速度	$(1-z^{-1})^3$	$3z^{-1}-3z^{-2}+z^{-3}$	3

应当指出,表 6.2 是在被控对象的广义脉冲传递函数 $G(z)$ 的分母与分子多项式阶次不大于 1 的情况下得到的理想最低拍数,如果 $G(z)$ 的分母与分子多项式阶次大于 1,则由式(6.29)求出的控制器 $D(z)$ 有可能是物理上不可实现的。

【例 6.5】 系统的结构如图 6.14 所示,已知 $G(s)=\dfrac{10}{s(s+1)}$,采样周期 $T=1$ s,试设计数字控制器 $D(z)$,使系统在斜坡输入时实现采样时刻无稳态误差最少拍。

解 首先,求被控对象的广义脉冲传递函数
$$G(z) = Z\left\{\frac{1-e^{-Ts}}{s} \cdot \frac{10}{s(s+1)}\right\} = \frac{3.68z^{-1}(1+0.718z^{-1})}{(1-z^{-1})(1-0.368z^{-1})}$$

其次设计数字控制器如下:

(1) 若要系统跟踪斜坡输入无误差,必须满足式(6.29),即
$$1-H(z) = (1-z^{-1})^2 \cdot F_1(z)$$

(2) 控制器要能物理可实现,必须满足式(6.28)且 $q \geqslant 1$,即
$$H(z) = z^{-1} \cdot F_2(z)$$

于是
$$1-H(z) = (1-z^{-1})^2 \cdot F_1(z) = 1-z^{-1} \cdot F_2(z)$$

取 $F_1(z)=1, F_2(z)=2-z^{-1}$ 可满足,于是根据式(6.17)可求出控制器为
$$D(z) = \frac{1}{G(z)} \cdot \frac{H(z)}{1-H(z)} = \frac{1}{G(z)} \cdot \frac{z^{-1}(2-z^{-1})}{(1-z^{-1})^2} = \frac{0.543(1-0.5z^{-1})(1-0.368z^{-1})}{(1-z^{-1})(1+0.718z^{-1})}$$

6.4.3 最少拍控制系统的局限性

最少拍系统的设计基于采样系统的脉冲传递函数,运用的数学方法和得到的控制结构均十分简单,整个设计过程可以解析地进行,这是它的优点。但是也存在下述一些局限性:

1) 对不同类型的输入信号的适应性差

最少拍控制器 $D(z)$ 是使系统对某一类型输入信号的响应为最少拍,但是对于其他类型的输入信号不一定为最少拍,甚至会引起大的超调和静差。

【例 6.6】 对例 6.5 设计的最小拍控制器,试简单分析系统在单位阶跃、单位斜坡和单位加速度输入信号下的输出响应。

解 由例 6.5 的设计结果可知,系统的闭环脉冲传递函数为

$$H(z) = z^{-1} \cdot F_2(z) = z^{-1}(2-z^{-1}) = 2z^{-1} - z^{-2}$$

系统对上述不同输入信号的响应为

(1) 单位阶跃输入

$$Y(z) = H(z)R(z) = (2z^{-1} - z^{-2})\frac{1}{1-z^{-1}} = 2z^{-1} + z^{-2} + z^{-3} + z^{-4} + \cdots$$

(2) 单位斜坡输入

$$Y(z) = H(z)R(z) = (2z^{-1} - z^{-2})\frac{z^{-1}}{(1-z^{-1})^2} = 2z^{-2} + 3z^{-3} + 4z^{-4} + \cdots$$

(3) 单位加速度输入

$$Y(z) = H(z)R(z) = (2z^{-1} - z^{-2})\frac{z^{-1}(1+z^{-1})}{2(1-z^{-1})^3} = z^{-2} + 3.5z^{-3} + 7.0z^{-4} + 11.5z^{-5} + \cdots$$

上述各种情况的输出脉冲序列如图 6.15 所示。

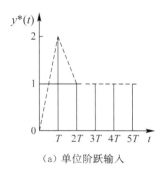
(a) 单位阶跃输入

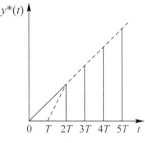
(b) 单位斜坡输入

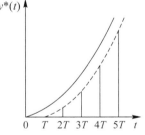
(c) 单位加速度函数输入

图 6.15 输出脉冲序列

由图 6.15 可见,数字控制器是按单位斜坡输入设计的,因而闭环系统在第二拍就跟上了斜坡输入信号,而且在采样时刻无稳态误差。对阶跃输入作用,尽管无稳态误差,但要二拍才能跟上阶跃信号,已经不是最小拍系统,且有 100% 的超调。对于单位加速度输入,产生了稳态误差。可见,用这种方法设计的数字控制器对输入信号的适应性是很差的,只能为专门的输入而设计,不可能适合任何类型的输入信号。

2) 对于被控对象参数变化过于敏感

按照最少拍控制设计的闭环系统只有多重极点 $z=0$。从理论上可以证明,这一多重极

点对系统参数变化的灵敏度可达无穷。因此,如果系统参数发生变化,将使实际控制严重偏离期望状态。

【例 6.7】 系统的结构如图 6.14 所示,已知 $G(z)=\dfrac{0.5z^{-1}}{1-0.5z^{-1}}$,采样周期 $T=1$ s,试设计数字控制器 $D(z)$,使系统在斜坡输入时实现采样时刻无稳态误差最小拍,同时请分析被控对象参数发生变化时系统斜坡响应特性。

解 (1) 系统跟踪斜坡输入无误差必须满足式(6.29),得到
$$1-H(z)=(1-z^{-1})^2 \cdot F_1(z)$$

(2) 控制器要能物理可实现,必须满足式(6.27)且 $q \geqslant 1$,即
$$H(z)=z^{-1} \cdot F_2(z)$$

于是
$$1-H(z)=(1-z^{-1})^2 \cdot F_1(z)=1-z^{-1} \cdot F_2(z)$$

取 $F_1(z)=1, F_2(z)=2-z^{-1}$ 可满足,于是
$$H(z)=z^{-1} \cdot F_2(z)=z^{-1}(2-z^{-1})=2z^{-1}-z^{-2}$$

根据式(6.17)可求出控制器为
$$D(z)=\frac{1}{G(z)} \cdot \frac{H(z)}{1-H(z)}=\frac{1}{G(z)} \cdot \frac{2z^{-1}-z^{-2}}{(1-z^{-1})^2}=\frac{4(1-0.5z^{-1})^2}{(1-z^{-1})^2}$$

该系统可在两拍内跟上斜坡输入信号,如果被控对象的参数发生了变化,传递函数变为
$$\overline{G}(z)=\frac{0.6z^{-1}}{1-0.4z^{-1}}$$

那么闭环脉冲传递函数将变为
$$\overline{H}(z)=\frac{\overline{G}(z)D(z)}{1+\overline{G}(z)D(z)}=\frac{2.4z^{-1}(1-0.5z^{-1})^2}{1-0.6z^{-2}+0.2z^{-3}}$$

在输入单位斜坡时,系统输出为
$$Y(z)=\overline{H}(z)R(z)=\frac{2.4z^{-2}(1-0.5z^{-1})^2}{(1-z^{-1})^2(1-0.6z^{-2}+0.2z^{-3})}$$
$$=2.4z^{-2}+2.4z^{-3}+4.44z^{-4}+4.56z^{-5}+6.384z^{-6}+6.648z^{-7}+\cdots$$

输出值序列为 0,0,2.4,2.4,4.44,4.56,6.384,6.648,…,显然与期望输出值 0,1,2,3,4,5,6,7,…相差甚远,如图 6.16 所示。即由于对象参数的变化,实际闭环系统的极点已经变为 $z_1=-0.906, z_{2,3}=0.453 \pm j0.12$,偏离原点甚远。系统响应要经历长久的振荡才能逐渐接近期望值,已经不再具备最少拍响应的性质。

3) 控制作用易超出限制范围

在以上的最少拍控制系统设计中,我们对控制量未作出限制,因此,所得到的结果是在控制量不受限制时系统输出稳定地跟踪输入所需要的最少拍过程。从理论上讲,由于通过设计已经给出了达到稳态所需的最少拍,如果将采样周期取得充分小,便可

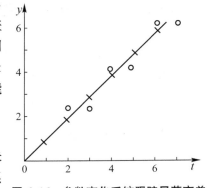

图 6.16 参数变化系统跟踪显著变差

以使系统调整时间为任意短。这一结论当然是不实际的。这是因为当采样频率加大时，被控对象脉冲传递函数中的常数系数将会减小，例如一阶惯性环节的脉冲传递函数为

$$G(z) = z\left[\frac{1-e^{-Ts}}{s} \cdot \frac{1}{T_1 s+1}\right] = \frac{(1-e^{-\frac{T}{T_1}})z^{-1}}{1-e^{-\frac{T}{T_1}}z^{-1}} (T_1 为连续系统的时间常数)$$

采样周期 T 的减小将引起 $e^{-\frac{T}{T_1}}$ 增大，从而 $G(z)$ 的常数系数 $(1-e^{-\frac{T}{T_1}})$ 减小。与此同时，控制输出的 Z 变换 $U(z) = \frac{H(z)}{G(z)}R(z)$ 将随着因子 $(1-e^{-\frac{T}{T_1}})$ 的减小而增大。由于执行机构的饱和特性，控制量将被限定在最大值以内。这样，按照最少拍设计的控制量系统将不能实现，控制效果因而会变坏。此外，在控制量过大时，由于对象实际上存在非线性特性，其传递函数也会有所变化。这些都将使最少拍设计的目标不能实现。

4）在采样点之间存在波纹

最少拍控制只能保证采样点上的稳态误差为零。在许多情况下，系统在采样点之间的输出呈现波纹，如图 6.17 所示，这不但使实际控制不能达到预期目的，而且增加了执行机构的功率损耗和机械磨损。

由于以上这些原因，最少拍控制在工程上的应用受到很大限制，但是人们可以针对最少拍控制的局限性，在其设计基础上加以改进，选择更为合理的期望闭环响应 $H(z)$，以获得较为满意的控制效果。

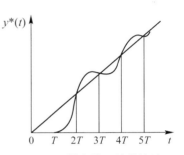

图 6.17 最少拍系统的纹波

6.5 最少拍无波纹控制系统的设计

最少拍无波纹系统的设计是在典型输入作用下，经过尽可能少的采样周期后，输出信号不仅在采样点上准确跟踪输入信号，而且在采样点之间也能准确跟踪。

系统输出在采样点之间的波纹是由控制量系列的波动引起的，其根源在于控制量的 Z 变换含有非零极点。根据采样系统理论，如果采样传递环节含有在单位圆内的极点，那么这个系统是稳定的，但是极点的位置将影响系统的离散脉冲响应，特别当极点在负实轴上时，系统的离散脉冲响应将有剧烈振荡。一旦控制量出现这样的波动，系统在采样点之间的输出就会引起波纹。

最少拍无波纹系统的设计就是使控制量 $u(k)$ 在有限拍内进入稳态，也就是说控制输出和系统参考输入之间的脉冲传递函数为 z^{-1} 的有限多项式。由图 6.14 有

$$H_D(z) = \frac{U(z)}{R(z)} = \frac{D(z)}{1+D(z)G(z)} = \frac{H(z)}{G(z)} \tag{6.31}$$

对于最小拍系统，应有

$$H(z) = \frac{F(z)}{z^q}$$

代入式（6.31）得

$$H_D(z) = \frac{F(z)}{z^q G(z)} = \frac{F(z)Q(z)}{z^q P(z)} \tag{6.32}$$

式中，$G(z)=\dfrac{P(z)}{Q(z)}$ 为被控对象的脉冲传递函数，$P(z)$ 和 $Q(z)$ 分别为分子和分母多项式。

由式(6.32)可以看出，要使 $H_D(z)$ 为 z^{-1} 的有限多项式，除了要保证控制器的可实现性和闭环系统的稳定性外，$F(z)$ 还应该将被控对象的非零零点包括在其中。

如果被控对象 $G(z)$ 包含非原点位置的零点，设用多项式 $P(z)$ 表示，则 $H(z)$ 的选取应具有如下形式

$$H(z)=\frac{F_0(z)P(z)}{z^q} \tag{6.33}$$

若闭环脉冲传递函数 $H(z)$ 的选取满足式(6.33)，则能保证输出 $y(k)$ 和控制 $u(k)$ 的暂态过程均能在有限拍内结束。式(6.33)表明，最小拍无波纹系统的脉冲传递函数选取不仅应为 z^{-1} 的多项式，而且应包含 $G(z)$ 的全部非零零点。

由式(6.17)有

$$D(z)=\frac{1}{G(z)}\cdot\frac{H(z)}{1-H(z)}=\frac{1}{\dfrac{P(z)}{Q(z)}}\cdot\frac{\dfrac{F_0(z)P(z)}{z^q}}{1-\dfrac{F_0(z)P(z)}{z^q}}=\frac{F_0(z)Q(z)}{z^q-F_0(z)P(z)}$$

如果 $F_0(z)$ 为常数，为保证系统的可实现性，至少应保证 q 大于等于 $Q(z)$ 的阶次 n（被控对象极点个数）。和第 6.2.1 节最小拍系统的最低节拍极限 $q\geqslant n-m$ 相比，最少拍无波纹系统设计是以牺牲进入稳态拍数为代价的，滞后拍数为被控对象脉冲传递函数非零零点个数。

【例 6.8】 系统的结构如图 6.18 所示，采样周期 $T=1\text{ s}$，试设计数字控制器 $D(z)$ 使系统在斜坡输入时实现最小拍无波纹，并请分析在斜波输入时系统输出与控制器输出。

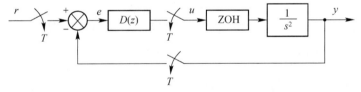

图 6.18 控制系统示意图

解 首先对被控对象离散化，有

$$G(z)=Z\left\{\frac{1-e^{-Ts}}{s}\cdot\frac{1}{s^2}\right\}=\frac{(1+z^{-1})z^{-1}}{2(1-z^{-1})^2}$$

再按题意设计数字控制器：

(1) 保证斜坡输入的稳态误差为零，即满足式(6.29)。

$$1-H(z)=(1-z^{-1})^2 F_1(z)$$

(2) 稳定性原则

保证 $1-H(z)$ 包含 $G(z)$ 的不稳定性极点

$$1-H(z)=(1-z^{-1})^2 F'_1(z)$$

保证 $H(z)$ 包含 $G(z)$ 的不稳定性零点

$$H(z)=(1+z^{-1})F_2(z)$$

(3) 有限拍无波纹暂态过程，即 $H(z)$ 应包含 $G(z)$ 的全部非零零点

$$H(z)=(1+z^{-1})F_2'(z)$$

(4) 保证控制器能物理实现，即 $H(z)$ 的分母与分子阶次之差不比 $G(z)$ 的分母与分子阶次之差小

$$H(z)=z^{-1}F_3(z)$$

于是

$$1-H(z)=(1-z^{-1})^2F_1(z)=1-(1+z^{-1})F_2(z)$$
$$(1-z^{-1})^2(b_0z^{-1}+1)=1-(1+z^{-1})(c_1z^{-1}+c_0)z^{-1}$$

比较 z^{-1}、z^{-2}、z^{-3} 项的系数可求出 $b_0=0.75$，$c_0=1.25$，$c_1=-0.75$。

于是

$$H(z)=z^{-1}(1+z^{-1})(1.25-0.75z^{-1})$$

所求数字控制器为

$$D(z)=\frac{1}{G(z)} \cdot \frac{H(z)}{1-H(z)}=\frac{2.5-1.5z^{-1}}{1+0.75z^{-1}}$$

输出 y 的 Z 变换为

$$Y(z)=H(z)R(z)=z^{-1}(1+z^{-1})(1.25-0.75z^{-1})\frac{z^{-1}}{(1-z^{-1})^2}$$
$$=1.25z^{-2}+3z^{-3}+4z^{-4}+5z^{-5}+\cdots$$

$$H_D(z)=\frac{H(z)}{G(z)}=(1-z^{-1})^2(2.5-1.5z^{-1}) \tag{6.34}$$

数字控制器输出 u 的 Z 变换为

$$U(z)=H_D(z)R(z)=(1-z^{-1})^2(2.5-1.5z^{-1})\frac{z^{-1}}{(1-z^{-1})^2}=2.5z^{-1}-1.5z^{-2} \tag{6.35}$$

由式(6.34)可以看出，系统输出在第三拍就开始无静差跟踪上单位斜坡信号；而由式(6.35)知道，在第二拍以后数字控制器的输出就一直为 0，所以系统无波纹。

6.6 非最少的有限拍控制

如果我们在最少拍设计的基础上，把闭环脉冲传递函数 $H(z)$ 中 z^{-1} 的幂次适当提高一到二阶，闭环系统的脉冲响应将比最少拍时多持续一到二拍才归零。这时显然已经不是最少拍系统，但是仍为一个有限拍系统。在这一系统的设计中，由于维数的提高，将使我们在设置控制初值 $u(z)$ 或选择 $H(z)$ 及 $1-H(z)$ 中的若干系数时增加一些自由度。一般情况下，这有利于降低系统对参数变化的敏感性，并减小控制作用。

【例 6.9】 对于例 6.7 中的一阶惯性环节，在设计输入为斜坡信号的最少拍控制器时，如果不是取 $F_1(z)=1$，而是取 $F_1(z)=1+0.5z^{-1}$（0.5 是自由选择的）。那么

$$1-H(z)=(1-z^{-1})^2(1+0.5z^{-1})=1-z^{-1} \cdot F_2(z)$$

取 $F_2(z)=1.5-0.5z^{-2}$ 可满足，于是

$$H(z)=z^{-1}F_2(z)=1.5z^{-1}-0.5z^{-3}$$

根据式(6.17)可求出控制器为

$$D(z)=\frac{1}{G(z)}\cdot\frac{H(z)}{1-H(z)}=\frac{1}{G(z)}\cdot\frac{1.5z^{-1}-0.5z^{-3}}{(1-z^{-1})^2(1+0.5z^{-1})}=\frac{(1-0.5z^{-1})(3-z^{-2})}{1-1.5z^{-1}+0.5z^{-3}}$$

对单位斜坡输入的响应为

$$Y(z)=H(z)R(z)=\frac{0.5z^{-2}(3-z^{-2})}{(1-z^{-1})^2}=1.5z^{-2}+3z^{-3}+4z^{-4}+\cdots$$

系统在三拍后准确跟踪单位速度的变化,所需拍数比最少拍时增加了一拍。

当系统参数变化引起被控对象传递函数变为 $\overline{G}(z)$ 时,闭环传递函数为

$$\overline{H}(z)=\frac{\overline{G}(z)D(z)}{1+\overline{G}(z)D(z)}=\frac{0.6z^{-1}(1-0.5z^{-1})(3-z^{-2})}{1-0.1z^{-1}-0.3z^{-2}-0.1z^{-3}-0.1z^{-4}}$$

对单位斜坡输入的响应为

$$Y(z)=\overline{H}(z)\cdot R(z)=\frac{0.6z^{-2}(1-0.5z^{-1})(3-z^{-2})}{(1-0.1z^{-1}-0.3z^{-2}-0.1z^{-3}-0.1z^{-4})(1-z^{-1})^2}$$
$$=1.8z^{-2}+2.88z^{-3}+3.828z^{-4}+5.026z^{-5}+5.9591z^{-6}+\cdots$$

输出序列为 0,0,1.8,2.88,3.828,5.026,5.9591,…如图 6.19 所示。与最少拍控制器相比,控制系统对于参数变化的灵敏度显然降低了。

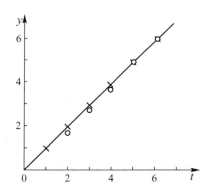

图 6.19 增加调整时间有助于改变参数变化的灵敏度

6.7 惯性因子法

根据最小拍系统的要求所设计的系统,对不同的输入信号的适应性较差,而且对象参数发生变化和计算机计算误差也会引起控制跟踪性能发生较大的变化。为了提高这种设计方法的实用价值,有人使用惯性因子法进行改进。该方法是以损失控制的有限拍无差性质为代价,而使系统对多种类型输入都有较为满意的响应。

惯性因子法的一种做法是在原有设计的闭环传递函数中引入阻尼因子。即在已经设计好的闭环传递函数 $H(z)$ 中加入一个极点 a,使传递函数变为

$$H'(z)=\frac{H(z)}{1-az^{-1}} \quad (0<a<1)$$

加入该极点后,过渡过程时间将加长,但对不同输入类型的信号适应性较好。这是一种工程解决方法,往往用试凑法选择不同的 a,即在两种典型信号的作用下,研究系统的过渡过程,通过权衡折中,确定合适的 a 值。

惯性因子法的另一种做法就是使 $\frac{E(z)}{R(z)} = 1 - H(z) = (1-z^{-1})^m \cdot F(z)$ 不再是 z^{-1} 的有限多项式,而是 $1 - H'(z) = \frac{1-H(z)}{1-cz^{-1}}(0<c<1)$。这样,闭环系统的脉冲传递函数 $H'(z) = \frac{H(z)-cz^{-1}}{1-cz^{-1}}$ 也不再为 z^{-1} 的有限多项式。

采用上述做法后,系统已经不可能在有限个采样周期内准确达到稳态,而只能渐进地趋于稳态,但是系统对输入信号类型的敏感程度也因此降低。通过选择合适的参数 c,可对不同类型的输入均作出较好的响应。

6.8 大林算法

由于工业过程控制系统中,被控对象一般都有纯滞后特性,而且经常遇到纯滞后较大的对象。对于这种对象,用常规的 PID 控制效果很不好。1968 年,美国 IBM 公司的大林(E. B. Dahlin)提出了一种针对工业生产过程中含有纯滞后对象的控制算法,具有较好的效果。

6.8.1 大林基本算法

工业过程许多被控对象表现为带有纯滞后的一阶、二阶惯性环节的被控对象特性,即

$$G(s) = \frac{Ke^{-\tau s}}{T_1 s + 1} \qquad G(s) = \frac{Ke^{-\tau s}}{(T_1 s + 1)(T_2 s + 1)}$$

式中,τ 为纯滞后时间,T_1、T_2 为惯性时间常数,K 为放大系数。为简单起见,假设采样周期 T 满足 $\tau = NT$,N 为正整数。

大林算法的设计目标是设计合适的数字控制器,使整个闭环系统的传递函数为具有时间纯滞后的一阶惯性环节,而且要求闭环系统的纯滞后时间等于被控对象的纯滞后时间。即期望的闭环传递函数为

$$H(s) = \frac{e^{-\tau s}}{T_0 s + 1} \tag{6.36}$$

这样,闭环系统的脉冲传递函数为

$$H(z) = Z\left[\frac{1-e^{-Ts}}{s} H(s)\right] = Z\left[\frac{1-e^{-Ts}}{s} \frac{e^{-\tau s}}{T_0 s + 1}\right] = \frac{(1-e^{-\frac{T}{T_0}})z^{-N-1}}{1-e^{-\frac{T}{T_0}}z^{-1}} \tag{6.37}$$

于是控制器的传递函数为

$$D(z) = \frac{1}{G(z)} \frac{H(z)}{1-H(z)} = \frac{1}{G(z)} \frac{z^{-N-1}(1-e^{-\frac{T}{T_0}})}{1-e^{-\frac{T}{T_0}}z^{-1} - (1-e^{-\frac{T}{T_0}})z^{-N-1}} \tag{6.38}$$

(1) 当被控对象为带有纯滞后的一阶惯性环节时

$$G(z) = Z\left[\frac{1-e^{-Ts}}{s} \frac{Ke^{-NTs}}{T_1 s + 1}\right] = Kz^{-N-1} \frac{1-e^{-\frac{T}{T_1}}}{1-e^{-\frac{T}{T_1}}z^{-1}} \tag{6.39}$$

将式(6.39)代入式(6.38)得

$$D(z) = \frac{(1-e^{-\frac{T}{T_0}})(1-e^{-\frac{T}{T_1}}z^{-1})}{K(1-e^{-\frac{T}{T_1}})[1-e^{-\frac{T}{T_0}}z^{-1} - (1-e^{-\frac{T}{T_0}})z^{-N-1}]} \tag{6.40}$$

(2) 当被控对象为带有纯滞后的二阶惯性环节时

$$G(z)=Z\left[\frac{1-e^{-Ts}}{s}\frac{Ke^{-NTs}}{(T_1s+1)(T_2s+1)}\right]=\frac{K(C_1+C_2z^{-1})z^{-N-1}}{(1-e^{-\frac{T}{T_1}}z^{-1})(1-e^{-\frac{T}{T_2}}z^{-1})} \quad (6.41)$$

其中：

$$\begin{cases}C_1=1+\dfrac{1}{T_2-T_1}(T_1e^{-\frac{T}{T_1}}-T_2e^{-\frac{T}{T_2}})\\ C_2=e^{-T(\frac{1}{T_1}+\frac{1}{T_2})}+\dfrac{1}{T_2-T_1}(T_1e^{-\frac{T}{T_2}}-T_2e^{-\frac{T}{T_1}})\end{cases}$$

将式(6.41)代入式(6.38)得

$$D(z)=\frac{(1-e^{-\frac{T}{T_0}})(1-e^{-\frac{T}{T_1}}z^{-1})(1-e^{-\frac{T}{T_2}}z^{-1})}{K(C_1+C_2z^{-1})[1-e^{-\frac{T}{T_0}}z^{-1}-(1-e^{-\frac{T}{T_0}})z^{-N-1}]} \quad (6.42)$$

【例 6.10】 已知单位反馈计算机控制系统的被控对象的传递函数为

$$G(s)=\frac{e^{-s}}{3.34s+1}$$

$T=1\,\text{s}$，大林算法期望闭环传递函数中 $T_0=2\,\text{s}$，试求数字控制器 $D(z)$。

解 系统的广义对象的脉冲传递函数为

$$G(z)=z\left[\frac{1-e^{-Ts}}{s}\frac{e^{-s}}{3.34s+1}\right]=\frac{0.2587z^{-2}}{1-0.7413z^{-1}}$$

系统的闭环脉冲传递函数为

$$H(z)=z\left[\frac{1-e^{-Ts}}{s}\frac{e^{-s}}{2s+1}\right]=\frac{0.3935z^{-2}}{1-0.6065z^{-1}}$$

所求数字控制器的脉冲传递函数为

$$D(z)=\frac{H(z)}{G(z)[1-H(z)]}=\frac{1.5211(1-0.7413z^{-1})}{(1-z^{-1})(1+0.3935z^{-1})}$$

6.8.2 振铃现象的消除

直接按照大林算法设计的控制器使得控制系统的输出在采样点上按指数形式跟随给定值，但控制量有大幅度的摆动，其振荡频率为采样频率的 1/2，这种现象称为"振铃"。振铃现象将使执行机构的磨损增加而很快损坏，在有耦合作用的多回路控制系统中，振铃现象还可能破坏系统的稳定性，因而必须设法消除。

1) 振铃强度的描述

为了衡量振铃现象的强烈程度，我们定义振铃幅度 RA 为控制器标准化后在单位阶跃输入作用下第 0 次输出幅度减去第一次输出幅度所得的差值。

大林算法的数字控制器 $D(z)$ 标准化后的基本形式可写成

$$D(z)=Kz^{-m}\cdot\frac{1+b_1z^{-1}+b_2z^{-2}+\cdots}{1+a_1z^{-1}+a_2z^{-2}+\cdots}=Kz^{-m}Q(z)$$

其中

$$Q(z)=\frac{1+b_1z^{-1}+b_2z^{-2}+\cdots}{1+a_1z^{-1}+a_2z^{-2}+\cdots}$$

控制器输出幅度的变化主要取决于 $Q(z)$，在单位阶跃输入作用下，$Q(z)$ 的输出为

$$\frac{Q(z)}{1-z^{-1}} = \frac{1+b_1z^{-1}+b_2z^{-2}+\cdots}{(1+a_1z^{-1}+a_2z^{-2}+\cdots)(1-z^{-1})} = \frac{1+b_1z^{-1}+b_2z^{-2}+\cdots}{1+(a_1-1)z^{-1}+(a_2-a_1)z^{-2}+\cdots}$$
$$= 1+(b_1-a_1+1)z^{-1}+\cdots$$

所以振铃幅度为
$$RA = 1-(b_1-a_1+1) = a_1-b_1$$

2）振铃产生的原因

产生振铃现象的根源是计算机控制系统中控制器 $D(z)$ 含 $z=-1$ 附近的极点。从式(6.40)和式(6.42)可以看出，一阶被控对象和二阶被控对象的大林算法控制器都含有可能引起振铃的极点因子 $1-e^{-\frac{T}{T_0}}z^{-1}-(1-e^{-\frac{T}{T_0}})z^{-N-1}$，这是因为

$$1-e^{-\frac{T}{T_0}}z^{-1}-(1-e^{-\frac{T}{T_0}})z^{-N-1} = (1-z^{-1})[1+(1-e^{-\frac{T}{T_0}})(z^{-1}+z^{-2}+\cdots+z^{-N})] \tag{6.43}$$

当 $N=1$ 时，有一个左半平面极点
$$z = -(1-e^{-\frac{T}{T_0}})$$

当 $N=2$ 时，有两个左半平面极点
$$z = -\frac{1}{2}(1-e^{-\frac{T}{T_0}}) \pm j\frac{1}{2}\sqrt{4(1-e^{-\frac{T}{T_0}})-(1-e^{-\frac{T}{T_0}})^2} \qquad |z| = \sqrt{1-e^{-\frac{T}{T_0}}}$$

因此，$N=1$ 或 2 时都会产生或大或小的振铃现象，且 $\frac{T}{T_0}$ 越大，振铃越严重，表6.3给出了4种不同极点的振铃幅度。

由表6.3的各个图可以看出：极点 $z=-1$ 处的振铃现象最严重；极点离 $z=-1$ 越远，振铃现象就越弱。在单位圆内，右半平面上有零点时，会加剧振铃现象；而右半平面有极点时，会减轻振铃现象。

3）消除振铃的方法

先找出数字控制器中产生振铃现象的极点，令其中的 $z=1$，这样就取消了该极点，从而可以消除振铃现象。根据终值定理，$t \to \infty$ 时，对应 $z \to 1$，因此，这样处理不会影响输出的稳态值。

根据式(6.43)，可令
$$1+(1-e^{-\frac{T}{T_0}})(z^{-1}+z^{-2}+\cdots+z^{-N}) = 1+(1-e^{-\frac{T}{T_0}})(1+1+\cdots+1) = 1+N(1-e^{-\frac{T}{T_0}})$$

表 6.3　不同零极点的振铃特性

$D(z)$	单位阶跃输入的输出序列示意图	输出值		RA
$\dfrac{1}{1+z^{-1}}$	$u^*(t)$ 图，在 $T, 3T$ 处为0，在 $0, 2T, 4T$ 处为1	0 T $2T$ $3T$ $4T$	1 0 1 0 1	1

续表6.3

$D(z)$	单位阶跃输入的输出序列示意图		输出值	RA
$\dfrac{1}{1+0.5z^{-1}}$		0 T 2T 3T 4T	1 0.5 0.75 0.625 0.645	0.5
$\dfrac{1}{(1+0.5z^{-1})(1-0.2z^{-1})}$		0 T 2T 3T 4T	1 0.7 0.79 0.763 0.771	0.3
$\dfrac{(1-0.5z^{-1})}{(1+0.5z^{-1})(1-0.2z^{-1})}$		0 T 2T 3T 4T	1 0.2 0.84 0.328 0.738	0.8

【例 6.11】 已知某控制系统被控对象的传递函数为 $G(s)=\dfrac{e^{-s}}{s+1}$。试用大林算法设计数字控制器 $D(z)$,并讨论该系统是否会发生振铃现象。如果存在振铃现象,试设计消除振铃现象之后的 $D(z)$。设采样周期为 $T=0.5$ s,期望的闭环传递函数惯性时间常数为 $T_0=0.1$ s。

解 由题意可知 $T_1=1, K=1, N=2$,广义对象的数字脉冲传递函数为

$$G(z)=Kz^{-N-1}\dfrac{1-e^{-\frac{T}{T_1}}}{1-e^{-\frac{T}{T_1}}z^{-1}}=z^{-3}\dfrac{1-e^{-0.5}}{1-e^{-0.5}z^{-1}}=\dfrac{0.3935z^{-3}}{1-0.6065z^{-1}}$$

期望的闭环脉冲传递函数为

$$H(z)=Z\left[\dfrac{1-e^{-Ts}}{s}H(s)\right]=Z\left[\dfrac{1-e^{-Ts}}{s}\dfrac{e^{-s}}{0.1s+1}\right]=(1-z^{-1})z^{-2}Z\left[\dfrac{1}{s(0.1s+1)}\right]$$

$$=\dfrac{0.9933z^{-3}}{1-0.0067z^{-1}}$$

数字控制器 $D(z)$ 为

$$D(z)=\dfrac{H(z)}{G(z)[1-H(z)]}=\dfrac{2.524(1-0.6065z^{-1})}{(1-z^{-1})(1+0.9933z^{-1}+0.9933z^{-2})}$$

可以看出,数字控制器 $D(z)$ 有三个极点: $z_1=1, z_2, z_3=-0.4967\pm j0.864$,引起振铃现象的极点为 $z_2, z_3=-0.4967\pm j0.864$。

令 $D(z)$ 分母中的因子 $(1+0.9933z^{-1}+0.9933z^{-2})$ 的 $z=1$,可以得到消除振铃现象之后的数字控制器 $D(z)$ 为

$$D(z)=\dfrac{2.524(1-0.6065z^{-1})}{(1-z^{-1})(1+0.9933+0.9933)}=\dfrac{0.8451(1-0.6065z^{-1})}{1-z^{-1}}$$

思考题与习题 6

1. 简述计算机采样控制系统中数字控制器直接设计的基本过程。
2. 设某系统设计目标是将其近似等效成一个二阶系统,其时域设计指标为:超调$\leqslant 16\%$, $t_r \leqslant 5$ s, $t_s \leqslant 15.3$ s(相对1%允许误差)。试将该指标转换成Z域上满足设计要求的主导极点分布区域,并在设计样板图上表示出来(已知采样周期$T=1$ s)。
3. 已知被控对象的传递函数为$G(s)=\dfrac{1}{s(s+2)}$,采样周期$T=0.1$ s,要求$\zeta \geqslant 0.7$, $\omega_n \geqslant 5$ rad/s,请用Z平面根轨迹法设计其数字控制器。
4. 设某控制系统结构图如图6.20所示,采样周期$T=1$ s,试设计数字控制器$D(z)$,使y对阶跃输入的响应是无波纹、无稳态误差的最少拍响应。

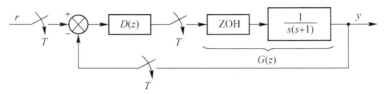

图 6.20 控制系统示意图

5. 某控制系统的被控对象传递函数为$G(s)=\dfrac{10e^{-s}}{2.5s+1}$,采样周期$T=0.5$ s,期望的惯性时间常数$T_0=0.25$ s,试用大林算法设计数字控制器$D(z)$,并判断其是否存在振铃现象?若存在振铃现象,请设计消除振铃现象后的控制器。

第 7 章 复杂数字控制器设计

由于生产过程中被控对象的复杂程度不一样,对数字控制器设计要求也会不一样。当被控对象的特性简单的时候,可以采用前面介绍的按连续系统方法或直接方法设计数字控制器,但是当被控对象的特性比较复杂时,如果采用前面介绍的方法,可能就达不到较好的控制效果,为此本章介绍几种复杂数字控制器设计的方法。

7.1 串级控制

串级控制是在单参数和单回路的调节基础上发展起来的一种控制方式。它将两个控制器串联起来工作,其中一个控制器的输出作为另一个控制器的给定值进行控制,可以较容易地解决几个因素影响同一个被控变量的相关问题。

7.1.1 串级控制的工作原理

串级控制的基本工作原理就是将多个控制器以串联的形式联结起来形成多环,共同完成某项控制任务,最典型的是两个控制器串联。如图 7.1 所示就是两个控制器构成串级控制系统的基本框图。在该图中,系统采用两套检测变送器和两个控制器,前一个控制器的输出作为后一个控制器的设定,后一个控制器的输出送往执行机构。

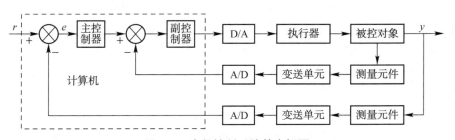

图 7.1 串级控制系统基本框图

前一个控制器称为主控制器,它所检测和控制的变量称主变量(主被控参数),即工艺控制指标;后一个控制器称为副控制器,它所检测和控制的变量称副变量(副被控参数),是为了稳定主变量而引入的辅助变量。

整个系统包括两个控制回路,主回路(外环)和副回路(内环)。副回路由副被控参数测量元件、变送单元、A/D、副控制器、D/A、执行器和被控对象的副过程构成;主回路由主被控参数测量元件、变送单元、A/D、主控制器、副控制器、D/A、执行器、被控对象的副过程和主过程构成。

串级控制中,内环可以有多个,最典型的是一个。内环相对外环一般具有更快的响应速度,其采样频率一般与外环相等或是其整数倍。

串级控制系统中的一次扰动是指作用在主被控过程上的,即不包括在副回路范围内的扰动;二次扰动是指作用在副被控过程上的,即包括在副回路范围内的扰动。

在二次扰动比较频繁的控制系统中,对副回路参数预先进行控制以提高主回路参数的总体控制水平,是串级控制的基本思想。下面以加热炉控制为例进行说明。

加热炉是工业生产中的重要装置,它是加热某种介质的最常用设备。加热炉的工艺过程如图 7.2 所示:煤气经过阀门控制后与空气结合在炉膛中燃烧,被加热冷油料在炉膛的中心被加热变成热油料送到出口出料,出口安装有温度测量装置 T_m,煤气管道上安装了一个调节阀,用以控制煤气进入的流量,以达到调节温度 T_m 的目的。

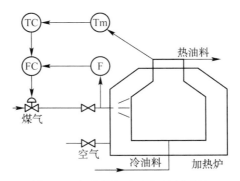

图 7.2　加热炉温度串级控制系统

假定进出油料数量基本稳定,如果煤气管道中压力是恒定的,为了保持炉子温度恒定,只需测量出料的实际温度 T_m,并将其与温度设定值比较,温度控制器 TC 利用两者的偏差控制煤气管道上的阀门。理论上阀门与煤气流量保持一定的比例关系,一定的阀位对应一定的流量,也就对应一定的炉子温度,不需要串级控制就能较好地控制。但实际上煤气总管同时向许多炉子供应煤气,其他炉子的启停和煤气流量的调节势必影响煤气总管的压力,因此煤气总管压力不可能恒定,即煤气总管道阀门位置不变并不能保证一定的流量。在单回路调节时,煤气压力的变化引起煤气流量的变化,随之引起炉子温度的变化,但只有在炉子温度发生偏移后才会引起调整,因此,时间滞后很大。由于控制的不及时,上述系统仅靠一个主控回路不能获得满意的控制结果。

在煤气进入炉膛的管道中增加一个煤气流量测量装置 F,对煤气流量实行串级控制的副回路控制策略,能有效克服煤气总管压力不稳定所造成的热油料温度控制不稳定。由图 7.2 可以看出,当煤气总管压力发生变化时(二次扰动发生),进入炉膛的流量将发生变化,流量测量装置 F 检测后反馈给流量控制器 FC,FC 会及时调节阀门的位置以补偿因煤气总管压力不稳定而造成的进入炉膛煤气流量的变化。由于流量控制比温度控制速度要快得多,流量变化能及时得到反应,系统因煤气总管压力波动造成的控制滞后就小很多,因此串级控制策略比单纯用一个主回路的控制策略能获得更好的控制效果。实际上,引起炉膛温度变化从而导致被加热介质出口温度变化的扰动因素有多种,如煤气压力、煤气成分、配风、炉膛漏风、冷油料进入数量、热油料送出数量等等,所以串级控制的内环可能有多个。

从加热炉温度控制的分析中可以看到：在串级控制系统中，由于引入了一个副回路，不仅能及早克服进入副回路的扰动，而且又能改善过程特性。副控制器具有"粗调"的作用，主控制器具有"细调"的作用，从而使其控制品质得到进一步提高。

7.1.2 串级控制系统设计

1) 主回路的设计

串级控制系统的主回路是定值控制，其设计与单回路控制系统的设计类似。设计过程可以按照简单控制系统的设计原则进行。主回路设计主要解决两个回路的协调工作问题，包括如何选取副被控参数，确定主回路控制算法等问题。

2) 副回路的设计

由于副回路是随动系统，对包含在其中的二次扰动具有很强的抑制能力和自适应能力，使二次扰动通过主、副回路的调节对主被控量的影响很小，因此在选择副回路时应尽可能把被控过程中变化剧烈、频繁、幅度大的主要扰动包括在副回路中，此外还要尽可能包含较多的扰动。主要原则如下：

（1）副回路的参数选择应该使副回路的时间常数小，反应灵敏。

（2）副回路中应包含被控对象所受到的主要扰动。

（3）副被控过程的滞后不能太大，以保持副回路的快速响应特性。

（4）要将具有明显非线性或时变特性的一部分被控对象归于副被控对象中。

（5）在需要以流量实现精确跟踪时，可选流量为副被控量。

在实际计算机控制过程中，上述原则有可能会相互矛盾，例如将更多的扰动包括在副回路中有可能导致副回路的滞后过大，这就会影响到副回路的快速控制作用的发挥，因此，在实际系统的设计中要平衡考虑。

3) 主、副回路的匹配

（1）主、副回路中包含的扰动数量、时间常数的匹配

设计中既应考虑使二次回路中尽可能包含较多的扰动，同时也要注意主、副回路扰动数量的匹配问题。副回路中包括的扰动越多，其通道就越长，时间常数就越大，控制作用越不明显，其快速控制的效果就会降低。如果所有的扰动都包含在副回路中，主控制器也就失去了控制作用。原则上，在设计中要保证主、副回路时间常数的比值在 3～10 之间。比值过高，即副回路的时间常数较主回路的时间常数小得太多，副回路反应灵敏，控制作用快，但包含的扰动数量过少，对于改善系统的控制性能不利；比值过低，副回路的时间常数接近主回路的时间常数，甚至大于主回路的时间常数，虽然对改善被控过程的动态特性有益，但是控制作用缺乏快速性，不能及时、有效地克服扰动对被控量的影响，严重时会出现主、副回路"共振"现象，系统不能正常工作。

（2）主、副控制器控制规律的匹配、选择

在串级控制系统中，主、副控制器的作用是不同的，主控制器是定值控制，副控制器是随动控制，系统对两个回路的要求有所不同。主回路一般要求无差，主控制器的控制规律应选取 PI 或 PID 控制规律；副回路要求控制的快速性，可以有余差，一般情况选取 P 控制规律，

而不引入 I 或 D 控制。如果引入 I 控制,会延长控制过程,减弱副回路的快速控制作用;也没有必要引入 D 控制,因为副回路采用 P 控制已经起到了快速控制作用,引入 D 控制会使调节阀的动作过大,不利于整个系统的控制。

7.1.3　串级控制系统的主要优点

1) 能迅速克服进入副回路的扰动的影响

因为当扰动进入副回路后,首先,副被控变量检测到扰动的影响,并通过副回路的定值作用及时调节操纵变量,使副被控变量恢复到副回路的设定值,从而使扰动对主被控量的影响减少。即副回路控制器对扰动进行粗调,主回路控制器对扰动进行细调。因此串级控制能够迅速克服进入副回路的扰动的影响,并使系统偏差大大减小。

2) 减小了被控对象的时间常数,提高了系统的响应速度

图 7.1 所示串级控制系统的脉冲传递函数等效框图如图 7.3 所示。图中 $D_1(z)$ 和 $D_2(z)$ 分别为串级控制主、副回路控制器的传递函数,$G_1(z)$ 和 $G_2(z)$ 分别为主、副回路被控对象的脉冲传递函数,r 为输入,y 为输出。

图 7.3　串级控制系统的传递函数等效框图

由图 7.3 可以看出,若不采用串级控制,即只有一个主回路,则被控对象的脉冲传递函数相当于 $G_2(z)G_1(z)$,若采用串级控制,则等效被控对象的脉冲传递函数为

$$\frac{G_2(z)D_2(z)}{1+G_2(z)D_2(z)}G_1(z) \tag{7.1}$$

由于控制器 $D_2(z)$ 是用户可设计的,$\dfrac{G_2(z)D_2(z)}{1+G_2(z)D_2(z)}$ 的带宽一般比 $G_2(z)$ 的带宽要宽很多,即 $\dfrac{G_2(z)D_2(z)}{1+G_2(z)D_2(z)}$ 比 $G_2(z)$ 的时间常数小很多,故副回路的存在,减小了被控对象的时间常数,进而可适当设计 $D_2(z)$ 使系统的响应速度较非串级控制系统快得多。

3) 提高了带负载的适应能力

由于副回路通常是一个随动控制系统,当负荷变化时,主控制器将改变其输出控制值。由于副控制器能快速跟踪,及时而又精确地控制副回路的输出参数,从而可保证控制系统的控制品质,提高了带负载的适应能力。

串级控制不只应用在生产过程控制中,也广泛应用在运动控制中。众所周知,在运动控制中,有很多系统的控制目标是定位,即位置闭环控制,但为了提高电机的带负载变化适应能力,人们往往在位置控制回路内部构造一个速度控制环,再在速度环内部构造一个电流环,从而实现位置控制器、速度控制器和电流控制器的串级控制结构。这是串级控制思想在运动控制中的典型应用。

7.2 前馈控制

按照偏差产生控制作用的前提是被控变量必须偏离设定值。即在干扰的作用下,生产过程的被控变量先偏离设定值,然后通过对被控量的测量和给定值的采集计算偏差,再根据控制算法计算响应的控制作用,以抵消干扰对被控量的影响。如果干扰不断施加,则系统总是跟在干扰作用后面波动。特别是当系统滞后较严重时,波动更加厉害。前馈控制就是按照扰动量大小产生控制的补偿信号去抵消扰动的影响。在控制算法和参数选择适当时,可获得较好的控制效果。

7.2.1 前馈控制的工作原理

在如图 7.2 所示系统中,当冷油料的进料速度恒定时,可用串级回路控制。但当冷油料进料速度不恒定时,进料速度的快慢将对炉温产生直接的影响。进料速度的变化对炉温控制相当于干扰,若进料速度可测,则可采用如图 7.4 所示的前馈控制方法对煤气阀门的开度进行补偿。

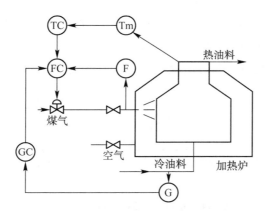

图 7.4 加热炉温度前馈—串级控制系统

在图 7.4 中,冷油料的进料速度可以通过装置 G 进行测量,前馈控制器 GC 根据冷油料进入速度产生阀门开度的补偿信号,叠加到串级控制的副回路控制器输出中,去控制煤气阀门的开度,以抵消冷油料进入速度变化所造成的温度波动。

如图 7.4 所示,前馈—串级控制系统的脉冲传递函数等效框图如图 7.5 所示。图中 f 为扰动输入量,$D_f(z)$ 为前馈补偿器的传递函数,$G_f(z)$ 为干扰通道的传递函数,$D_1(z)$ 和 $D_2(z)$ 分别为串级控制主、副回路控制器的传递函数,$G_1(z)$ 和 $G_2(z)$ 分别为主、副回路被控对象的传递函数,r 为输入,y 为输出。当扰动 f 出现时,通过前馈控制器 $D_f(z)$,直接对扰动进行补偿,而不是等扰动对被控对象的主被控量产生影响,使其偏离设定值后,再去进行补偿。这种前馈—串级控制系统可以获得较高的控制精度。

在实际的控制系统中,一般不单独使用前馈控制,而是将前馈控制与反馈控制结合起来使用。因为前馈控制只能对某一种特定的干扰有扰动补偿作用,而对其他干扰毫无校正作用,即使对特定的干扰也很难做到完全补偿。如果对每一种干扰都进行前馈控制,则结构太

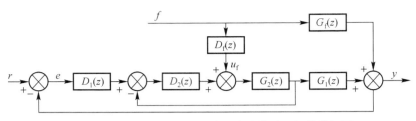

图 7.5 前馈—串级控制系统的脉冲传递函数等效框图

复杂。因此,常用的方法是,对系统的某些主要干扰采用前馈控制,而对整个系统采用前馈—反馈控制。这种前馈—反馈控制系统既发挥了前馈控制对特定扰动具有强烈抑制作用的特点,又保持了反馈控制能克服各种干扰的长处。

前馈控制使用的前提条件是扰动量可以测量,因为前馈控制产生的控制补偿信号必须根据扰动的大小进行计算。

要使扰动的影响完全得到补偿,必要条件是扰动作用直接对被控变量的作用正好与扰动测量值引起的控制作用对被控量的效应大小相等、方向相反。

将图 7.5 中 $G_1(z)$ 和 $G_2(z)$ 合并成被控对象,串级控制改为一般反馈控制,可得到典型的前馈—反馈控制系统结构图,如图 7.6 所示。图中,$G(s)$ 为被控对象的传递函数,$G_f(s)$ 为干扰通道的传递函数,$D(z)$ 为反馈控制的脉冲传递函数,$D_f(z)$ 为前馈控制的脉冲传递函数。按照数字控制器的连续系统方法设计系统的等价模型结构框图如图 7.7 所示。

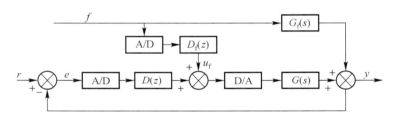

图 7.6 前馈—反馈控制系统结构框图

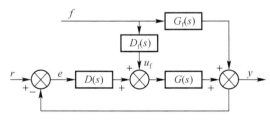

图 7.7 前馈—反馈控制连续等价系统结构框图

假定 $D_f(s)$ 表示前馈控制器的传递函数,$D(s)$ 表示反馈控制器的传递函数,则由图 7.7 可以得到干扰 f 产生的输出为式(7.2):

$$Y_f(s) = [D_f(s)G(s) + G_f(s)]F(s) \tag{7.2}$$

完全补偿的条件是干扰信号的拉普拉斯(Laplace)变换 $F(s) \neq 0$ 时,输出拉普拉斯(Laplace)变换 $Y_f(s) = 0$,因此,由式(7.2)可以得到完全补偿时前馈控制器的传递函数为

$$D_f(s) = -\frac{G_f(s)}{G(s)} \tag{7.3}$$

对式(7.3)按照数字控制器的连续系统方法进行离散化就可得到前馈控制器的数字控制器,进而可得到前馈控制器的数字控制算法。

7.2.2 前馈控制系统设计

在应用前馈控制时,关键是必须了解对象各个通道的动态特性。通常它们需要用高阶微分方程来描述,处理起来较为复杂,因此在工程上大多近似处理为一个惯性环节加纯滞后环节或两个惯性环节加纯滞后环节。前馈控制器的设计步骤为:

(1) 研究被控系统的动态特性,得到被控对象和干扰通道的传递函数。
(2) 按照式(7.3)求出前馈控制器的传递函数。
(3) 按照数字控制器的连续系统方法进行离散化,得到前馈控制器的脉冲传递函数 $D_f(z)$。
(4) 将前馈控制器的脉冲传递函数转化为控制算法。

【例 7.1】 控制系统的结构如图 7.6 所示,设被控对象的传递函数为 $G(s)=\dfrac{Ke^{-\tau s}}{T_0 s+1}$,干扰通道的传递函数为 $G_f(s)=\dfrac{K_f e^{-\tau_f s}}{T_f s+1}$,试用双线性变换法求出前馈控制的补偿算法。

解 由式(7.3)可得到前馈控制器的传递函数为

$$D_f(s) = -\frac{G_f(s)}{G(s)} = -\frac{K_f(T_0 s+1)e^{-(\tau_f-\tau)s}}{K(T_f s+1)}$$

设采样周期 T 的选取满足 $\begin{cases} \tau = N_1 T (N_1 \text{ 为整数}) \\ \tau_f = N_2 T (N_2 \text{ 为整数}) \end{cases}$

则

$$D_f(z) = Z[D_f(s)] = -z^{-N_2+N_1} \cdot \left[\frac{K_f(T_0 s+1)}{K(T_f s+1)}\right]_{s=\frac{2}{T}\cdot\frac{z-1}{z+1}} = \frac{b_0 z^{-N_2+N_1}+b_1 z^{-N_2+N_1-1}}{1-a_1 z^{-1}}$$

其中

$$a_1 = \frac{2T_f-T}{2T_f+T}, \qquad b_0 = -\frac{K_f(2T_0+T)}{K(2T_f+T)}, \qquad b_1 = \frac{K_f(2T_0-T)}{K(2T_f+T)}$$

于是,所求前馈控制的补偿算法为

$$u_f(k) = a_1 u_f(k-1) + b_0 f(k-N_2+N_1) + b_1 f(k-N_2+N_1-1) \tag{7.4}$$

由式(7.4)可以看出,在计算前馈控制器的输出值时要用到 $f(k-N_2+N_1)$ 和 $f(k-N_2+N_1-1)$,所以前馈控制可使用的前提条件是扰动必须可以测量。

7.3 史密斯(Smith)预估控制

在生产过程中,许多被控对象具有纯滞后的特性。产生纯滞后的原因很多,可能是由于控制作用点与被控对象相隔一定的距离,也可能是由于控制作用要经过一定的时间才能对被控对象产生影响等。不论是何种原因产生的纯滞后,对控制系统都是十分有害的,它会使扰动的抑制调节作用不能及时得到反应,系统的超调将变大,甚至会因振荡引起过渡过程时间加长。具有纯滞后性质的被控过程被公认为是较难控制的过程,而且纯滞后时间越长越难控制。对于具有纯滞后特性的被控对象,O. J. M. Smith 于 1957 年提出的 Smith 预估控制是一种应用较多的有效控制方法。

7.3.1 史密斯(Smith)预估控制的工作原理

带有 Smith 预估控制的控制系统原理图如图 7.8 所示。图中 $D(s)$ 为一般反馈控制器的传递函数;被控对象的传递函数由 $G_p(s)$ 和 $e^{-\tau s}$ 两部分构成,$G_p(s)$ 为被控对象中不含纯滞后部分的传递函数,$e^{-\tau s}$ 为被控对象中纯滞后部分的传递函数;$D_\tau(s)$ 为 Smith 预估控制器的传递函数。此时有

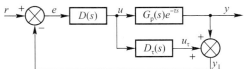

图 7.8　Smith 预估控制系统原理图

$$\frac{Y_1(s)}{U(s)} = G_p(s)e^{-\tau s} + D_\tau(s) \tag{7.5}$$

为了完全补偿被控对象的纯滞后特性,要求

$$\frac{Y_1(s)}{U(s)} = G_p(s)e^{-\tau s} + D_\tau(s) = G_p(s) \tag{7.6}$$

于是可得到 Smith 预估控制器的传递函数为

$$D_\tau(s) = G_p(s)(1 - e^{-\tau s}) \tag{7.7}$$

上述系统未经补偿前,系统对给定作用的闭环传递函数为

$$\frac{Y(s)}{R(s)} = \frac{D(s)G_p(s)e^{-\tau s}}{1 + D(s)G_p(s)e^{-\tau s}} \tag{7.8}$$

由于闭环传递函数的分母中含有纯滞后环节 $e^{-\tau s}$,将导致系统的稳定性降低。要保证系统的稳定,控制器 $D(s)$ 的增益必须足够小。经 Smith 补偿后,系统对给定作用的闭环传递函数为

$$\frac{Y(s)}{R(s)} = G_p(s)e^{-\tau s} \cdot \frac{U(s)}{R(s)} = G_p(s)e^{-\tau s} \frac{D(s)}{1 + D(s)[G_p(s)e^{-\tau s} + D_\tau(s)]}$$
$$= \frac{D(s)G_p(s)e^{-\tau s}}{1 + D(s)G_p(s)} \tag{7.9}$$

从式(7.9)可以看出,经 Smith 补偿后,系统闭环传递函数的分母已经不含纯滞后环节,也就是说闭环特征方程不含有纯滞后环节,从而使系统控制器 $D(s)$ 的增益可以适当大一些,以改善系统的调节品质。

实际上,Smith 预估控制器并不是并联在对象上的,而是反向并联在控制器上,如图 7.9 所示。

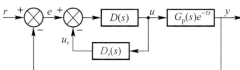

图 7.9　Smith 预估控制系统结构图

7.3.2 史密斯(Smith)预估控制系统设计

Smith 预估控制系统的设计步骤为：

(1) 根据被控对象的动态特性得出其传递函数。
(2) 按照式(7.7)求出 Smith 预估控制器的传递函数。
(3) 根据控制器的传递函数得到其差分方程表达式算法。

【例 7.2】 控制系统的结构如图 7.9 所示，设被控对象的传递函数为 $G_p(s)e^{-\tau s} = \dfrac{K_p e^{-\tau s}}{T_p s+1}$，试求其 Smith 预估控制算法。

解 根据式(7.7)可得到控制器的传递函数为

$$\frac{U_\tau(s)}{U(s)} = D_\tau(s) = G_p(s)(1-e^{-\tau s}) = \frac{K_p(1-e^{-\tau s})}{T_p s+1}$$

设采样周期 T 的选取满足 $\tau = NT$（N 为整数），将上述控制器算法近似转换为差分方程，有

$$T_p \frac{u_\tau(k)-u_\tau(k-1)}{T} + u_\tau(k) = K_p\left[u(k)-u\left(k-\frac{\tau}{T}\right)\right]$$

因此，所求 Smith 预估控制算法为

$$u_\tau(k) = \frac{T_p}{T_p+T}u_\tau(k-1) + \frac{K_p T}{T_p+T}[u(k)-u(k-N)]$$

7.4 比值控制

在生产过程中，常常要求两种或两种以上物料的流量按照一定的比例混合或者参加反应，例如合成氨生产中的氢氮比，煤气加热炉的煤气和空气比等。将两种或两种以上物料的流量保持一定的比例的控制称为比值控制。

比值控制系统的两种物料中，处于主导地位的物料称为主物料，其流量被称为主流量；处于从动地位的物料称为副物料，其流量被称为副流量。比值控制就是要控制系统的副流量按照比例随主流量变化而变化。因此副流量也被称为从动量。

在运动控制中，人们常常要保证两个电机所驱动负载转动位置的同步，例如拉丝卷绕控制(一个电机拉钢丝，一个电机送钢丝，还有一个电机定位钢丝卷绕位置)等等。运动系统的多机同步控制也可归类于比值控制。常见的比值控制系统有以下几种类型：

7.4.1 单闭环比值控制

单闭环控制系统中，只要求控制从动量，使其快速地跟随主流量的变化，所以是一种随动系统，其设定量来自主流量。

如图 7.10 所示为某单闭环比值控制系统结构示意图，F_1 为主物料，F_2 为副物料，F_1 的流量经流量传感器和变送器测量后乘以比例系数 K 作为副物料流量控制器 FC 的设定值。计算机通过传感器和变送器检测副物料的流量，与设定值比较，副物料流量控制器 FC 按照某种算法计算并输出控制值去操纵 F_2 的阀门，进而改变副流量，使之跟随主流量的变化而

变化。

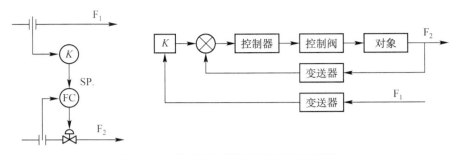

图 7.10 单闭环比值控制系统结构示意图

单闭环比值控制系统的副流量能够跟随主流量的变化而变化,副流量控制环路中存在干扰也可克服。其缺点是主流量不受控制,从而使总物料量不固定,不适合负荷变化幅值大的场合。

单闭环比值控制器常常采用 PI 控制规律。单闭环比值控制与串级控制的重要区别是单闭环比值控制的控制值不会影响主流量,而且主流量不受控制器控制。

如图 7.11 所示是丁烯洗涤过程中丁烯流量与洗涤水流量的比值控制示意图。该系统洗涤水可根据丁烯进料多少而变化,既可保证丁烯被洗干净又能达到节约用水的目的。

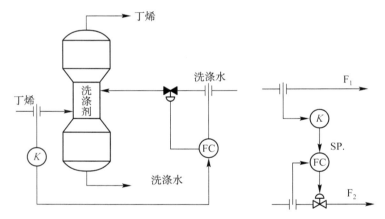

图 7.11 丁烯与洗涤水的单闭环比值控制示意图

7.4.2 双闭环比值控制

有些生产工艺不仅要求主流量和副流量保持一定的比例,而且要求生产负荷稳定,因而对主流量也要进行控制。如图 7.12 为双闭环比值控制系统结构图。

在图 7.12 中,F_1 为主物料,F_2 为副物料,F_1 的流量经流量传感器和变送器测量后乘以比例系数 K 作为副物料流量控制器 F_2C 的设定值,计算机通过传感器和变送器检测出副物料的流量并与设定值比较,副物料流量控制器 F_2C 按照某种算法计算并输出控制值去操纵 F_2 的阀门,进而改变副流量,使之跟随主流量的变化而变化。主物料流量控制器 F_1C 可根据操作工设定的流量对主物料的流量进行闭环控制,以保证流量负荷稳定。

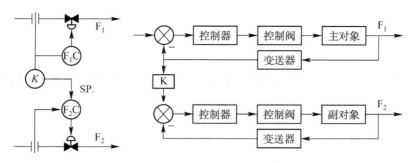

图 7.12 双闭环比值控制系统结构图

  双闭环比值控制系统克服了单闭环比值控制主流量不受控、主流量在较大范围波动的缺点,可克服主物料控制回路的干扰。其缺点是主回路控制不好会出现共振现象,且增加了一些控制成本。

思考题与习题 7

1. 串级控制有什么特点?一般用于何种场合?
2. 使用前馈控制的基本前提条件是什么?在控制系统中前馈控制主要起什么作用?
3. 控制系统的结构如图 7.6 所示,设被控对象的传递函数为 $G(s)=\dfrac{100e^{-s}}{10s+1}$,干扰通道的传递函数为 $G_f(s)=\dfrac{10e^{-3s}}{20s+1}$,采样周期 $T=1$ s,试求其前馈控制的补偿算法。
4. 简述 Smith 预估控制的基本思想。
5. 控制系统的结构如图 7.8 所示,设 $G_p(s)e^{-\tau s}=\dfrac{e^{-s}}{0.5s+1}$,$D(s)=\dfrac{0.3s+0.6}{0.5s}$,采样周期 $T=0.5$ s,试求该系统的数字控制算法。
6. 比值控制主要分为哪几类?各有什么主要特点?

第 8 章　数字控制器的状态空间法设计

在经典控制理论中,通常采用能够反映系统输入/输出关系的外部描述数学模型来分析和设计系统,而现代控制理论则用反映系统内部状态、外部输入和输出关系的状态空间描述数学模型来分析和设计系统。由于系统的外部描述只能反映内部描述的能控能观部分,系统的不能控或不能观部分的运动特性用经典控制理论分析不了。因此,学习并掌握基于状态空间描述的数字控制设计技巧变得十分有意义。特别要指出的是,解决多输入、多输出系统的控制问题时用状态空间法比用传统的经典控制理论法具有更明显的优势。不过为简单计,本章仍然只讨论单输入、单输出系统的设计例子。

8.1 线性定常离散系统的状态空间描述

8.1.1 状态方程与输出方程

如图 8.1 所示是一个 p 维输入 q 维输出的动态系统的输入/输出结构示意图。系统状态是其内部一些信息(即信号)的集合 $\boldsymbol{x}(k)=[x_1(k) \quad x_2(k) \quad \cdots \quad x_n(k)]^T$。在已知未来外部输入 $\boldsymbol{u}(k)=[u_1(k) \quad u_2(k) \quad \cdots \quad u_p(k)]^T$ 的情况下,这些信息的初值 $\boldsymbol{x}(0)$ 对于确定系统未来行为 $\boldsymbol{y}(k)=[y_1(k) \quad y_2(k) \quad \cdots \quad y_q(k)]^T$ 是充分的,对于确定未来内部行为 $\boldsymbol{x}(k)$ 是充分必要的。

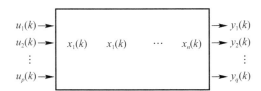

图 8.1　动态系统输入/输出结构示意图

一个线性时不变离散系统的状态空间描述可以用一组差分方程来表示

$$\boldsymbol{x}(k+1)=\boldsymbol{F}\boldsymbol{x}(k)+\boldsymbol{G}\boldsymbol{u}(k) \tag{8.1}$$

$$\boldsymbol{y}(k)=\boldsymbol{C}\boldsymbol{x}(k)+\boldsymbol{D}\boldsymbol{u}(k) \tag{8.2}$$

式中,$\boldsymbol{x}(k)$ 为系统的内部状态,称为状态向量(或状态变量组),它由 n 个状态分量构成;$\boldsymbol{u}(k)$ 为系统的输入,称为输入向量(或输入变量组),它由 p 个输入分量构成;$\boldsymbol{y}(k)$ 为系统的输出,称为输出向量(或输出变量组),它由 q 个输出分量构成。$\boldsymbol{F},\boldsymbol{G},\boldsymbol{C},\boldsymbol{D}$ 为系统的参数矩阵,分别被称为系统矩阵、输入矩阵、输出矩阵和传输矩阵。矩阵中每个元均为实数,对于定常系

统来说为常数。各个矩阵定义如下:

$$F=\begin{bmatrix} f_{11} & f_{12} & \cdots & f_{1n} \\ f_{21} & f_{22} & \cdots & f_{2n} \\ \vdots & \vdots & \ddots & \vdots \\ f_{n1} & f_{n2} & \cdots & f_{nn} \end{bmatrix}=(f_{ij})_{n\times n}, \quad G=\begin{bmatrix} g_{11} & g_{12} & \cdots & g_{1p} \\ g_{21} & g_{22} & \cdots & g_{2p} \\ \vdots & \vdots & \ddots & \vdots \\ g_{n1} & g_{n2} & \cdots & g_{np} \end{bmatrix}=(g_{ij})_{n\times p}$$

$$C=\begin{bmatrix} c_{11} & c_{12} & \cdots & c_{1n} \\ c_{21} & c_{22} & \cdots & c_{2n} \\ \vdots & \vdots & \ddots & \vdots \\ c_{q1} & c_{q2} & \cdots & c_{qn} \end{bmatrix}=(c_{ij})_{q\times n}, \quad D=\begin{bmatrix} d_{11} & d_{12} & \cdots & d_{1p} \\ d_{21} & d_{22} & \cdots & d_{2p} \\ \vdots & \vdots & \ddots & \vdots \\ d_{q1} & d_{q2} & \cdots & d_{qp} \end{bmatrix}=(d_{ij})_{q\times p}$$

式(8.1)和式(8.2)分别被称为状态方程和输出方程。图 8.2 给出了线性定常离散系统的结构示意图。

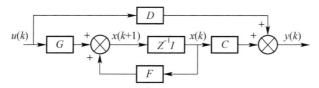

图 8.2 线性定常离散系统结构示意图

8.1.2 连续系统状态空间数学模型的离散化

线性连续系统的时间离散化问题的数学实质就是在一定的采样方式和保持方式下,由系统的连续状态空间数学模型来导出等价的离散状态空间数学模型,并建立起两者参数矩阵关系的表达式。

为使连续系统的离散化过程是一个等价变换过程,必须满足如下条件和假设:

(1) 采样为等周期采样,采样周期 T 足够小且满足香农(Shannon)采样定理,即采样频率 $f_s \geq 2f_{\max}$($f_{\max}$ 为系统信号的最高截止频率)。

(2) 在离散化之后,系统状态变量、输入变量和输出变量在采样时刻保持不变,即

$$x(k)=x(t)\Big|_{t=kT}, \quad y(k)=y(t)\Big|_{t=kT}, \quad u(k)=u(t)\Big|_{t=kT} \tag{8.3}$$

(3) 保持器为零阶的,即加到系统输入端的输入信号 $u(t)$ 在采样周期内等于上一个采样时刻的瞬时值,故有

$$u(t)=u(k) \quad 当 kT \leq t < (k+1)T 时 \tag{8.4}$$

假定连续时间线性定常系统的状态空间模型为

$$\dot{x}=Ax+Bu \tag{8.5}$$
$$y=Cx+Du$$

由连续系统的状态运动求解公式可知

$$x(t)=e^{A(t-t_0)}x(t_0)+\int_{t_0}^{t}e^{A(t-\tau)}Bu(\tau)d\tau \tag{8.6}$$

其中,e^{At} 为系统的指数函数矩阵。令 $t=(k+1)T, t_0=kT$,则由式(8.6)可得

$$x(k+1) = e^{AT}x(k) + \int_{kT}^{(k+1)T} e^{A[(k+1)T-\tau]}Bu(\tau)d\tau \tag{8.7}$$

将式(8.4)代入式(8.7)可得

$$x(k+1) = e^{AT}x(k) + \int_{kT}^{(k+1)T} e^{A[(k+1)T-\tau]}Bd\tau \cdot u(k) \tag{8.8}$$

因为

$$\int_{kT}^{(k+1)T} e^{A[(k+1)T-\tau]}Bd\tau \xrightarrow{t=(k+1)T-\tau} -\int_{T}^{0} e^{At}Bdt = \left(\int_{0}^{T} e^{At}dt\right)B$$

代入式(8.8)可得

$$x(k+1) = e^{AT}x(k) + \left(\int_{0}^{t} e^{At}dt\right)B \cdot u(k)$$

因此，在上述 3 点基本约定的前提下，时间离散化数学模型为

$$\begin{aligned}x(k+1) &= Fx(k) + Gu(k) \\ y(k) &= Cx(k) + Du(k)\end{aligned} \tag{8.9}$$

其中

$$F = e^{AT}, \qquad G = \left(\int_{0}^{T} e^{At}dt\right)B \tag{8.10}$$

【例 8.1】 给定一个连续时间线性定常系统的状态方程为

$$\dot{x} = Ax + Bu = \begin{bmatrix} 0 & 1 \\ 0 & -2 \end{bmatrix}x + \begin{bmatrix} 0 \\ 1 \end{bmatrix}u$$

取采样周期 $T=0.1$ s，试定出其时间离散化数学模型。

解 首先，确定连续时间系统的矩阵指数函数 e^{At}

$$(sI-A)^{-1} = \begin{bmatrix} s & -1 \\ 0 & s+2 \end{bmatrix}^{-1} = \begin{bmatrix} \dfrac{1}{s} & \dfrac{1}{s(s+2)} \\ 0 & \dfrac{1}{s+2} \end{bmatrix}$$

$$e^{At} = L^{-1}[(sI-A)^{-1}] = \begin{bmatrix} 1 & 0.5(1-e^{-2t}) \\ 0 & e^{-2t} \end{bmatrix}$$

其次，求离散化系统的系数矩阵

$$F = e^{AT} = \begin{bmatrix} 1 & 0.5(1-e^{-2\times 0.1}) \\ 0 & e^{-2\times 0.1} \end{bmatrix} = \begin{bmatrix} 1 & 0.091 \\ 0 & 0.819 \end{bmatrix}$$

$$G = \left(\int_{0}^{T} e^{At}dt\right)B = \left\{\int_{0}^{0.1}\begin{bmatrix} 1 & 0.5(1-e^{-2t}) \\ 0 & e^{-2t} \end{bmatrix}dt\right\} \cdot \begin{bmatrix} 0 \\ 1 \end{bmatrix} = \begin{bmatrix} 0.005 \\ 0.091 \end{bmatrix}$$

最后得到连续系统时间离散化状态方程为

$$x(k+1) = \begin{bmatrix} 1 & 0.091 \\ 0 & 0.819 \end{bmatrix}x(k) + \begin{bmatrix} 0.005 \\ 0.091 \end{bmatrix}u(k)$$

8.1.3 离散系统状态空间数学模型的实现

1）方法一

设单输入、单输出 n 阶线性定常系统的脉冲传递函数为

$$\frac{Y(z)}{U(z)}=\frac{b_n+b_{n-1}z^{-1}+\cdots+b_0z^{-n}}{1+a_{n-1}z^{-1}+\cdots+a_0z^{-n}} \tag{8.11}$$

式中,$a_i(i=0,1,\cdots,n-1)$,$b_i(i=0,1,\cdots,n)$ 为系数,$Y(z)$ 和 $U(z)$ 分别为输出和输入的 Z 变换,则

$$\frac{Y(z)}{U(z)}=b_n+\frac{(b_{n-1}-b_na_{n-1})z^{-1}+\cdots+(b_0-b_na_0)z^{-n}}{1+a_{n-1}z^{-1}+\cdots+a_0z^{-n}} \tag{8.12}$$

令

$$\overline{Y}(z)=\frac{z^{-n}}{1+a_{n-1}z^{-1}+\cdots+a_0z^{-n}}U(z) \tag{8.13}$$

由式(8.12)、式(8.13)可得

$$Y(z)=b_nU(z)+(b_{n-1}-b_na_{n-1})z^{n-1}\overline{Y}(z)+\cdots+(b_1-b_na_1)z\overline{Y}(z)+(b_0-b_na_0)\overline{Y}(z) \tag{8.14}$$

若令

$$X_1(z)=\overline{Y}(z)$$
$$X_2(z)=z\overline{Y}(z)=zX_1(z)$$
$$\vdots$$
$$X_n(z)=z^{n-1}\overline{Y}(z)=zX_{n-1}(z) \tag{8.15}$$

则由式(8.14)有

$$Y(z)=b_nU(z)+(b_{n-1}-b_na_{n-1})X_n(z)+\cdots+(b_1-b_na_1)X_2(z)+(b_0-b_na_0)X_1(z) \tag{8.16}$$

由式(8.13)可得

$$z^n\overline{Y}(z)+a_{n-1}z^{n-1}\overline{Y}(z)+\cdots+a_1z\overline{Y}(z)+a_0\overline{Y}(z)=U(z) \tag{8.17}$$

由式(8.15)和式(8.17)可得

$$zX_n(z)=-a_{n-1}X_n(z)-a_{n-2}X_{n-1}(z)+\cdots-a_0X_1(z)+U(z) \tag{8.18}$$

由式(8.15)和式(8.18)得到

$$x_1(k+1)=x_2(k)$$
$$\vdots$$
$$x_{n-1}(k+1)=x_n(k)$$
$$x_n(k+1)=-a_{n-1}x_n(k)-\cdots-a_0x_1(k)+u(k) \tag{8.19}$$

由式(8.14)和式(8.15)可得

$$Y(z)=b_nU(z)+(b_{n-1}-b_na_{n-1})X_n(z)+\cdots+(b_1-b_na_1)X_2(z)+(b_0-b_na_0)X_1(z)$$

即

$$y(k)=(b_{n-1}-b_na_{n-1})x_n(k)+\cdots+(b_1-b_na_1)x_2(k)+(b_0-b_na_0)x_1(k)+b_nu(k) \tag{8.20}$$

由式(8.19)和式(8.20)可得

$$\begin{bmatrix} x_1(k+1) \\ x_2(k+1) \\ \vdots \\ x_{n-1}(k+1) \\ x_n(k+1) \end{bmatrix} = \begin{bmatrix} 0 & 1 & \cdots & 0 & 0 \\ 0 & 0 & 1 & \ddots & \vdots \\ \vdots & \ddots & \ddots & \ddots & 0 \\ 0 & \cdots & 0 & 0 & 1 \\ -a_0 & -a_1 & \cdots & -a_{n-2} & -a_{n-1} \end{bmatrix} \begin{bmatrix} x_1(k) \\ x_2(k) \\ \vdots \\ x_{n-1}(k) \\ x_n(k) \end{bmatrix} + \begin{bmatrix} 0 \\ 0 \\ \vdots \\ 0 \\ 1 \end{bmatrix} u(k)$$

$$y(k) = [b_0 - b_n a_0 \quad b_1 - b_n a_1 \quad \cdots \quad b_{n-1} - b_n a_{n-1}] [x_1(k) \quad x_2(k) \quad \cdots \quad x_n(k)]^{\mathrm{T}} + b_n u(k)$$

【例 8.2】 设线性定常系统的差分方程为

$$y(k+3) + 5y(k+2) + 3y(k+1) + 6y(k) = 2u(k)$$

试写出系统的状态方程和输出方程。

解 方程两边取 Z 变换,有

$$z^3 Y(z) + 5z^2 Y(z) + 3zY(z) + 6Y(z) = 2U(z)$$

$$\frac{Y(z)}{U(z)} = \frac{2z^{-3}}{1 + 5z^{-1} + 3z^{-2} + 6z^{-3}}$$

所求系统状态方程和输出方程分别为

$$\begin{bmatrix} x_1(k+1) \\ x_2(k+1) \\ x_3(k+1) \end{bmatrix} = \begin{bmatrix} 0 & 1 & 0 \\ 0 & 0 & 1 \\ -6 & -3 & -5 \end{bmatrix} \begin{bmatrix} x_1(k) \\ x_2(k) \\ x_3(k) \end{bmatrix} + \begin{bmatrix} 0 \\ 0 \\ 1 \end{bmatrix} u(k)$$

$$y(k) = [2 \quad 0 \quad 0] [x_1(k) \quad x_2(k) \quad x_3(k)]^{\mathrm{T}}$$

2) 方法二(部分分式展开法)

当单输入、单输出线性定常系统的脉冲传递函数 $G(z)$ 已知时,根据其极点情况将 $G(z)$ 表示成部分分式和的形式,然后再将各个部分分式实现成状态差分方程,最后给出输出方程。用这种方法比较简便。下面分单极点和重极点两种情况,分别举例说明用这种方法求状态方程和输出方程。

设单输入、单输出线性定常系统的脉冲传递函数为

$$G(z) = \frac{Y(z)}{U(z)} = \frac{b_n z^n + \cdots + b_1 z + b_0}{z^n + \alpha_{n-1} z^{n-1} + \cdots + \alpha_1 z + \alpha_0} \tag{8.21}$$

当系统有 n 个极点 $p_1, p_2, \cdots, p_n$ 且无重极点时,式(8.21)可以写为如式(8.22)所示的 n 个分式之和,即

$$G(z) = b_n + \frac{c_1}{z - p_1} + \frac{c_2}{z - p_2} + \cdots + \frac{c_n}{z - p_n} \tag{8.22}$$

系数 c_i 可以按照式(8.23)求出:

$$c_i = (z - p_i) G(z) \Big|_{z = p_i} \tag{8.23}$$

此时,状态变量 $x_i (i = 1, 2, \cdots, n)$ 的 Z 变换可以按式(8.24)选取

$$X_i(z) = \frac{1}{z - p_i} U(z) \tag{8.24}$$

进而得到

$$x_i(k+1) = p_i x_i(k) + u(k) \qquad (i = 1, 2, \cdots, n) \tag{8.25}$$

由式(8.22)可得输出方程为
$$Y(z)=b_n U(z)+c_1 X_1(z)+c_2 X_2(z)+\cdots+c_n X_n(z)$$
即
$$y(k)=\begin{bmatrix}c_1 & c_2 & \cdots & c_n\end{bmatrix}\begin{bmatrix}x_1(k) & x_2(k) & \cdots & x_n(k)\end{bmatrix}^T+b_n u(k) \quad (8.26)$$

综合式(8.25)和式(8.26)可得到系统的状态方程和输出方程为

$$\begin{bmatrix}x_1(k+1)\\x_2(k+1)\\\vdots\\x_3(k+1)\end{bmatrix}=\begin{bmatrix}p_1 & 0 & \cdots & 0\\0 & p_2 & \ddots & \vdots\\\vdots & \ddots & \ddots & 0\\0 & \cdots & 0 & p_n\end{bmatrix}\begin{bmatrix}x_1(k+1)\\x_2(k+1)\\\vdots\\x_3(k+1)\end{bmatrix}+\begin{bmatrix}1\\1\\\vdots\\1\end{bmatrix}u(k)$$

$$y(k)=\begin{bmatrix}c_1 & c_2 & \cdots & c_n\end{bmatrix}\begin{bmatrix}x_1(k) & x_2(k) & \cdots & x_n(k)\end{bmatrix}^T+b_n u(k) \quad (8.27)$$

当$G(z)$有重极点时,设p_1为r阶重根,$p_{r+1},p_{r+2},\cdots,p_n$为单根,则式(8.21)可以写为如式(8.28)所示的n个分式之和,即

$$G(z)=b_n+\frac{c_1}{z-p_1}+\frac{c_2}{(z-p_1)^2}+\cdots+\frac{c_r}{(z-p_1)^r}+\frac{c_{r+1}}{z-p_{r+1}}+\cdots+\frac{c_n}{z-p_n} \quad (8.28)$$

式中,$c_{r+1},c_{r+2},\cdots,c_n$为单极点部分分式的待定系数,可按照式(8.23)计算,而重极点待定系数$c_1,c_2,\cdots,c_r$的计算公式如式(8.29)和式(8.30)。

$$c_r=(z-p_1)^r G(z)\Big|_{z=p_1} \quad (8.29)$$

$$c_{r-j}=\frac{1}{j!}\cdot\frac{d^j}{dz^j}\left[(z-p_1)^r G(z)\right]\Big|_{z=p_1} \quad j=1,2,\cdots,r-1 \quad (8.30)$$

【**例 8.3**】 设线性定常系统脉冲传递函数为
$$G(z)=\frac{Y(z)}{U(z)}=\frac{z^2+2z+1}{z^2+5z+6}$$
试写出系统的状态方程和输出方程。

解
$$G(z)=1+\frac{1}{z+2}-\frac{4}{z+3}$$

系统状态变量的选取如图8.3所示。

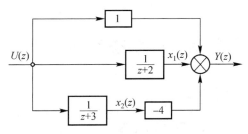

图 8.3 状态变量选取结构示意图 1

所求系统状态方程和输出方程分别为
$$\begin{bmatrix}x_1(k+1)\\x_2(k+1)\end{bmatrix}=\begin{bmatrix}-2 & 0\\0 & -3\end{bmatrix}\begin{bmatrix}x_1(k)\\x_2(k)\end{bmatrix}+\begin{bmatrix}1\\1\end{bmatrix}u(k)$$

$$y(k)=\begin{bmatrix}1 & -4\end{bmatrix}\begin{bmatrix}x_1(k)\\x_2(k)\end{bmatrix}+u(k)$$

【例 8.4】 设线性定常系统脉冲传递函数为

$$G(z)=\frac{Y(z)}{U(z)}=\frac{1}{(z+1)^2(z+2)}$$

试写出系统的状态方程和输出方程。

解
$$G(z)=\frac{1}{z+2}-\frac{1}{z+1}+\frac{1}{(z+1)^2}$$

系统状态变量的选取如图 8.4 所示。

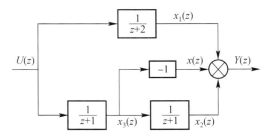

图 8.4 状态变量选取结构示意图 2

$$X_1(z)=\frac{1}{z+2}U(z)$$

$$X_2(z)=\frac{1}{z+1}X_3(z)$$

$$X_3(z)=\frac{1}{z+1}U(z)$$

所求系统状态方程和输出方程分别为

$$\begin{bmatrix}x_1(k+1)\\x_2(k+1)\\x_3(k+1)\end{bmatrix}=\begin{bmatrix}-2 & 0 & 0\\0 & -1 & 1\\0 & 0 & -1\end{bmatrix}\begin{bmatrix}x_1(k)\\x_2(k)\\x_3(k)\end{bmatrix}+\begin{bmatrix}1\\0\\1\end{bmatrix}u(k)$$

$$y(k)=\begin{bmatrix}1 & 1 & -1\end{bmatrix}\begin{bmatrix}x_1(k) & x_2(k) & x_3(k)\end{bmatrix}^{\mathrm{T}}$$

8.2 线性定常离散系统的状态空间分析

8.2.1 状态方程的 Z 变换求解

设线性时不变离散系统的状态空间描述为

$$\begin{aligned}\boldsymbol{x}(k+1)&=\boldsymbol{F}\boldsymbol{x}(k)+\boldsymbol{G}u(k)\\\boldsymbol{y}(k)&=\boldsymbol{C}\boldsymbol{x}(k)+\boldsymbol{D}u(k)\end{aligned} \quad (8.31)$$

对式(8.31)两边取 Z 变换,有

$$z\boldsymbol{X}(z)-z\boldsymbol{X}(0)=\boldsymbol{F}\boldsymbol{X}(z)+\boldsymbol{G}U(z)$$

$$\boldsymbol{Y}(z)=\boldsymbol{C}\boldsymbol{X}(z)+\boldsymbol{D}U(z)$$

整理得

$$X(z)=(zI-F)^{-1}zX(0)+(zI-F)^{-1}GU(z)$$
$$Y(z)=C(zI-F)^{-1}zX(0)+[C(zI-F)^{-1}G+D]U(z) \tag{8.32}$$

对式(8.32)两边取 Z 反变换,可得到状态和输出的解为

$$x(k)=Z^{-1}[(zI-F)^{-1}z]\cdot x(0)+Z^{-1}[(zI-F)^{-1}GU(z)]$$
$$y(k)=Z^{-1}[C(zI-F)^{-1}z]\cdot x(0)+Z^{-1}\{[C(zI-F)^{-1}G+D]U(z)\} \tag{8.33}$$

在 Z 反变换中对标量函数存在下述公式和性质

$$Z^{-1}\left\{\frac{z}{z-a}\right\}=Z^{-1}\left\{\frac{1}{1-az^{-1}}\right\}=a^k$$

$$Z^{-1}\{W_1(z)W_2(z)\}=\sum_{i=0}^{k}w_1(k-i)w_2(i)$$

其中,$W_1(z),W_2(z)$ 为 $w_1(k),w_2(k)$ 的 Z 变换。推广到向量函数和矩阵函数有

$$Z^{-1}\{(I-Fz^{-1})^{-1}\}=Z^{-1}\{(zI-F)^{-1}z\}=F^k$$

$$Z^{-1}\{(zI-F)^{-1}GU(z)\}=Z^{-1}\{(zI-F)^{-1}z\cdot z^{-1}\cdot GU(z)\}=\sum_{j=0}^{k-1}F^{k-j-1}Gu(j)$$

将其代入到式(8.33)有

$$x(k)=F^k\cdot x(0)+\sum_{j=0}^{k-1}F^{k-j-1}Gu(j)$$
$$y(k)=C\cdot F^k\cdot x(0)+C\cdot \sum_{j=0}^{k-1}F^{k-j-1}Gu(j)+Du(k) \tag{8.34}$$

【例 8.5】 设线性定常系统的状态方程和初始状态分别为

$$x(k+1)=\begin{bmatrix}0 & 1\\-0.16 & -1\end{bmatrix}x(k)+\begin{bmatrix}1\\1\end{bmatrix}u(k) \qquad x(0)=\begin{bmatrix}1\\-1\end{bmatrix}$$

试求系统单位阶跃输入下的状态方程的解。

解 $(zI-F)^{-1}=\begin{bmatrix}z & -1\\0.16 & z+1\end{bmatrix}^{-1}=\frac{1}{3}\begin{bmatrix}\dfrac{4}{z+0.2}-\dfrac{1}{z+0.8} & \dfrac{5}{z+0.2}-\dfrac{5}{z+0.8}\\-\dfrac{0.8}{z+0.2}+\dfrac{0.8}{z+0.8} & -\dfrac{1}{z+0.2}-\dfrac{4}{z+0.8}\end{bmatrix}$

由式(8.32)可得

$$X(z)=(zI-F)^{-1}zX(0)+(zI-F)^{-1}GU(z)=(zI-F)^{-1}zX(0)+(zI-F)^{-1}G\cdot \frac{z}{z-1}$$

$$=\begin{bmatrix}\dfrac{-51z}{z+0.2}+\dfrac{44z}{z+0.8}+\dfrac{25z}{z-1}\\\dfrac{10.2z}{z+0.2}-\dfrac{35.2z}{z+0.8}+\dfrac{7z}{z-1}\end{bmatrix}$$

进行 Z 反变换可得到状态方程的解为

$$x(k)=\begin{bmatrix}-51(-0.2)^k+44(-0.8)^k+25\\10.2(-0.2)^k+35.2(-0.8)^k+7\end{bmatrix}$$

8.2.2 系统的稳定性

定理 1 对于如式(8.31)所描述的 n 阶线性时不变离散系统,原点平衡状态是渐近稳定的充分必要条件为矩阵 $\boldsymbol{F}$ 的全部特征值的幅值均小于1。

定理 2 对于如式(8.31)所描述的 n 阶线性时不变离散系统,原点平衡状态渐近稳定的充分必要条件为对任一给定的 $n \times n$ 正定对称矩阵 $\boldsymbol{Q}$,离散型李亚普诺夫方程 $\boldsymbol{F}^{\mathrm{T}}\boldsymbol{P}\boldsymbol{F} - \boldsymbol{P} = -\boldsymbol{Q}$ 有唯一 $n \times n$ 正定对称解矩阵 $\boldsymbol{P}$。

【例 8.6】 设线性定常系统的状态方程为

$$\boldsymbol{x}(k+1) = \begin{bmatrix} 0 & 1 \\ -0.21 & 1 \end{bmatrix} \boldsymbol{x}(k) + \begin{bmatrix} 0 \\ 1 \end{bmatrix} \boldsymbol{u}(k)$$

试判断系统的稳定性。

解 系统的特征方程为:

$$\det(z\boldsymbol{I} - \boldsymbol{F}) = \begin{vmatrix} z & -1 \\ 0.21 & z-1 \end{vmatrix} = (z-0.7)(z-0.3)$$

由于系统的特征值为 0.7 和 0.3,在单位圆内,故该系统渐近稳定。

8.2.3 能控性、能达性和能观性

完全能控性定义 对于如式(8.31)所描述的离散时间线性时不变系统,如果任给初始状态 $\boldsymbol{x}(0) = \boldsymbol{h} \neq 0$,都存在有限的时间步数 L 和无约束的容许控制 $\boldsymbol{u}(k)(k \in [0,L])$,使系统的状态在 L 步时满足 $\boldsymbol{x}(L) = 0$,则称该系统完全能控。

完全能达性定义 对于如式(8.31)所描述的离散时间线性时不变系统,设 $\boldsymbol{x}(0) = 0$。如果任给状态 $\boldsymbol{h}$,都存在有限的时间步数 L 和无约束的容许控制 $\boldsymbol{u}(k)(k \in [0,L])$,使系统的状态在 L 步时满足 $\boldsymbol{x}(L) = \boldsymbol{h}$,则称该系统完全能达。

完全能观性定义 对于如式(8.31)所描述的离散时间线性时不变系统,如果系统的初始状态 $\boldsymbol{x}(0)$ 都能根据任意的输入 $\boldsymbol{u}(k)(k \in [0,L])$ 和对应的输出 $\boldsymbol{y}(k)(k \in [0,L])$ 估计(即计算)出来,则称该系统完全能观测。

能控能达性判据 对于如式(8.31)所描述的 n 阶离散时间线性时不变系统,系统完全能达的充分必要条件是能控判别矩阵 $[\boldsymbol{G} \quad \boldsymbol{F}\boldsymbol{G} \quad \cdots \quad \boldsymbol{F}^{n-1}\boldsymbol{G}]$ 满秩。若系统矩阵 $\boldsymbol{F}$ 非奇异,则能控判别矩阵 $[\boldsymbol{G} \quad \boldsymbol{F}\boldsymbol{G} \quad \cdots \quad \boldsymbol{F}^{n-1}\boldsymbol{G}]$ 满秩是系统完全能控的充分必要条件;若系统矩阵 $\boldsymbol{F}$ 奇异,则能控判别矩阵 $[\boldsymbol{G} \quad \boldsymbol{F}\boldsymbol{G} \quad \cdots \quad \boldsymbol{F}^{n-1}\boldsymbol{G}]$ 满秩是系统完全能控的充分条件。

能观性判据 对于如式(8.31)所描述的 n 阶离散时间线性时不变系统,系统完全能观的充分必要条件是能观判别矩阵 $\begin{bmatrix} \boldsymbol{C} \\ \boldsymbol{C}\boldsymbol{F} \\ \vdots \\ \boldsymbol{C}\boldsymbol{F}^{n-1} \end{bmatrix}$ 满秩。

【例 8.7】 设线性定常系统的状态方程为

$$\boldsymbol{x}(k+1) = \begin{bmatrix} 3 & 2 \\ 6 & 4 \end{bmatrix} \boldsymbol{x}(k) + \begin{bmatrix} 1 \\ 2 \end{bmatrix} \boldsymbol{u}(k)$$

试判断系统的能达性和能控性。

解 系统的能控判别矩阵为

$$[G \quad FG] = \begin{bmatrix} 1 & 7 \\ 2 & 14 \end{bmatrix}$$

显然，能控判别矩阵不满秩，因此系统不完全能达。

由于系统矩阵为奇异，此时不能根据能控判别矩阵的秩来判别系统的能控性。事实上，由

$$\mathbf{0} = x(1) = \begin{bmatrix} 3 & 2 \\ 6 & 4 \end{bmatrix} x(0) + \begin{bmatrix} 1 \\ 2 \end{bmatrix} u(0)$$

可以导出

$$3x_1(0) + 2x_1(0) + u(0) = 0$$

这意味着在任意初始状态 $x(0)$ 下，只要构造控制

$$u(0) = -3x_1(0) - 2x_1(0)$$

系统就可一步到达原点，即 $x(1) = \mathbf{0}$，因此系统是完全能控的。

8.3 极点配置

8.3.1 状态反馈与输出反馈

多数控制系统都是采用基于反馈构成的闭环结构。反馈系统的特点是对内部参数变动和外部环境影响具有良好的抑制作用。反馈的基本形式有状态反馈和输出反馈。

设离散时间线性时不变系统的状态空间描述数学模型为

$$x(k+1) = Fx(k) + Gu(k)$$
$$y(k) = Cx(k) \tag{8.35}$$

若输入采用如图 8.5 所示形式，即

$$u(k) = -Lx(k) + v(k) \tag{8.36}$$

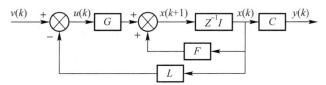

图 8.5 状态反馈结构示意图

其中，v 为系统的参考输入，反馈阵 L 是设计者要设计的常数矩阵。

给定期望性能指标，要求设计者设计合适的反馈阵 L 使系统满足期望的性能指标，就称为状态反馈设计。

如图 8.6 所示，若输入采用形式

$$u(k) = -Ly(k) + v(k) \tag{8.37}$$

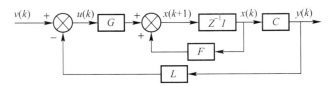

图 8.6　输出反馈结构示意图

要求设计者设计合适的反馈阵 L，使系统满足期望的性能指标，就称为输出反馈设计。

以控制系统状态空间模型（即状态空间表达式）为基础，可处理多输入、多输出系统。基于状态空间模型的设计与传统的基于传递函数模型的设计的区别是：状态空间设计的着眼点是系统的内部特性和系统状态的行为，它的控制策略是通过状态反馈或输出反馈控制状态行为来实现控制目标。简单地说，它的设计任务就是确定控制目标和求解可实现控制目标的状态反馈控制律或输出反馈控制律矩阵 L。

系统的极点实质上是系统的状态空间数学模型的特征值。由于在系统运动过程中，系统的特征值决定了系统运动的本质特征，因此闭环系统的极点分布与系统的控制性能之间有着密切的关系。极点配置设计就是要通过反馈增益矩阵 L 的设计使闭环系统的特征值处于期望的位置。极点配置设计法已成为控制系统设计的一类基本方法。

8.3.2　状态反馈的极点配置

将式(8.36)代入式(8.35)可得

$$x(k+1)=(F-GL)x(k)+Gv(k) \qquad (8.38)$$

比较式(8.35)和式(8.38)可知，适当设计状态反馈矩阵 L 可将被控对象的系统矩阵从 F 改变成 $(F-GL)$，进而可提升系统的控制性能。

所谓基于状态反馈的极点配置问题就是对于一个如式(8.35)所描述的 n 阶线性离散定常受控系统，如果给定一组期望的极点位置 $\{\lambda_1^*,\cdots,\lambda_n^*\}$，要求设计适当的状态反馈 $u(k)=-Lx(k)+v(k)$，使闭环系统 $x(k+1)=(F-GL)x(k)+Gv(k)$ 的极点位置为 $\{\lambda_1^*,\cdots,\lambda_n^*\}$。

可以证明，用状态反馈实现闭环极点任意配置的充分必要条件是被控系统是完全能控的（即状态完全能控）；若系统不完全能控，则用状态反馈无法实现闭环极点的任意配置。

对于如式(8.35)所描述的单输入、单输出线性定常离散系统，如果系统是完全状态能控的，那么一旦期望极点位置确定了，就有很多方法来确定系统的状态反馈增益矩阵 L。下面给出三种方法。

方法 1

Step 1　计算开环系统的特征多项式

$$\det(zI-F)=z^n+\alpha_{n-1}z^{n-1}+\cdots+\alpha_1 z+\alpha_0$$

Step 2　计算由期望极点 $\{\lambda_1^*,\cdots,\lambda_n^*\}$ 决定的特征多项式

$$\alpha^*(z)=\prod_{i=1}^{n}(z-\lambda_i^*)=z^n+\alpha_{n-1}^* z^{n-1}+\cdots+\alpha_1^* z+\alpha_0^*$$

Step 3 计算 $\boldsymbol{P}=[\boldsymbol{F}^{n-1}\boldsymbol{G},\cdots,\boldsymbol{FG},\boldsymbol{G}]\begin{bmatrix} 1 & & & \\ \alpha_{n-1} & \ddots & & \\ \vdots & \ddots & \ddots & \\ \alpha_1 & \cdots & \alpha_{n-1} & 1 \end{bmatrix}$

Step 4 所求状态反馈矩阵为
$$\boldsymbol{L}=[\alpha_0^*-\alpha_0,\alpha_1^*-\alpha_1,\cdots,\alpha_{n-1}^*-\alpha_{n-1}]\cdot\boldsymbol{P}^{-1}$$

方法 2 直接利用公式（Ackermann's formula）计算
$$\boldsymbol{L}=[0 \;\cdots\; 0 \;\; 1][\boldsymbol{G} \;\; \boldsymbol{FG} \;\; \cdots \;\; \boldsymbol{F}^{n-1}\boldsymbol{G}]^{-1}[\boldsymbol{F}^n+\alpha_{n-1}^*\boldsymbol{F}^{n-1}+\cdots+\alpha_1^*\boldsymbol{F}+\alpha_0^*\boldsymbol{I}]$$

其中，系数 $\alpha_0^*,\alpha_1^*,\cdots,\alpha_{n-1}^*$ 定义为
$$\alpha^*(z)=\prod_{i=1}^n(z-\lambda_i^*)=z^n+\alpha_{n-1}^*z^{n-1}+\cdots+\alpha_1^*z+\alpha_0^*$$

方法 3
如果系统的阶数较小，则令
$$\boldsymbol{L}=[L_1 \;\; L_2 \;\; \cdots \;\; L_n]$$

将其代入闭环系统的特征方程可得到
$$\det(z\boldsymbol{I}-\boldsymbol{F}+\boldsymbol{GL})=\alpha^*(z)=\prod_{i=1}^n(z-\lambda_i^*)=z^n+\alpha_{n-1}^*z^{n-1}+\cdots+\alpha_1^*z+\alpha_0^*$$

根据方程两边 z 的不同幂次的系数相同的原则可以求出 $\boldsymbol{L}$。

【例 8.8】 设线性定常系统的状态方程为
$$\boldsymbol{x}(k+1)=\begin{bmatrix}0 & 1 \\ -0.16 & -1\end{bmatrix}\boldsymbol{x}(k)+\begin{bmatrix}0 \\ 1\end{bmatrix}\boldsymbol{u}(k)$$

选择合适的状态反馈增益矩阵使闭环系统极点处于 $z_{1,2}=0.5\pm0.5\mathrm{j}$。

解 首先看能控判别矩阵的秩
$$\mathrm{rank}[\boldsymbol{G} \;\; \boldsymbol{FG}]=\mathrm{rank}\begin{bmatrix}0 & 1 \\ 1 & -1\end{bmatrix}=2$$

因此系统状态完全能控，可任意配置极点。
注意到原系统特征方程为
$$|z\boldsymbol{I}-\boldsymbol{F}|=\begin{vmatrix}z & -1 \\ 0.16 & z+1\end{vmatrix}=z^2+z+0.16$$

得到 $\alpha_0=0.16, \alpha_1=1$。
又期望系统的特征方程是
$$(z-0.5-0.5\mathrm{j})(z-0.5+0.5\mathrm{j})=z^2-z+0.5$$

得到 $\alpha_0^*=0.5, \alpha_1^*=-1$。
下面分别用三种方法进行求解
方法 1：
$$\boldsymbol{P}=[\boldsymbol{FG},\boldsymbol{G}]\begin{bmatrix}1 & 0 \\ \alpha_1 & 1\end{bmatrix}=\begin{bmatrix}1 & 0 \\ -1 & 1\end{bmatrix}\begin{bmatrix}1 & 0 \\ 1 & 1\end{bmatrix}=\begin{bmatrix}1 & 0 \\ 0 & 1\end{bmatrix}$$

所求状态反馈矩阵为

$$L=[\alpha_0^*-\alpha_0, \alpha_1^*-\alpha_1] \cdot P^{-1}=[0.5-0.16 \quad -1-1]\begin{bmatrix}1 & 0\\0 & 1\end{bmatrix}^{-1}=[0.34 \quad -2]$$

方法 2：直接利用公式（Ackermann's formula）计算

$$L=[0 \quad 1][G \quad FG]^{-1}[F^2+\alpha_1^* F+\alpha_0^* I]$$

$$=[0 \quad 1]\begin{bmatrix}0 & 1\\1 & -1\end{bmatrix}^{-1}\left\{\begin{bmatrix}0 & 1\\-0.16 & -1\end{bmatrix}\begin{bmatrix}0 & 1\\-0.16 & -1\end{bmatrix}-\begin{bmatrix}0 & 1\\-0.16 & -1\end{bmatrix}+0.5\begin{bmatrix}1 & 0\\0 & 1\end{bmatrix}\right\}$$

$$=[0.34 \quad -2]$$

方法 3：

令 $L=[L_1 \quad L_2]$，则将其代入闭环系统的特征方程，可得到

$$\det(zI-F+GL)=\det\left\{\begin{bmatrix}z & -1\\0.16 & z+1\end{bmatrix}+\begin{bmatrix}0\\1\end{bmatrix}[L_1 \quad L_2]\right\}=\begin{vmatrix}z & -1\\0.16+L_1 & z+1+L_2\end{vmatrix}$$

$$=z^2+(1+L_2)z+0.16+L_1=z^2-z+0.5$$

于是有

$$1+L_2=-1 \quad 0.16+L_1=0.5$$

解之得 $L=[L_1 \quad L_2]=[0.34 \quad -2]$

8.3.3 输出反馈的极点配置

将式(8.37)代入式(8.35)可得

$$x(k+1)=Fx(k)+G[-Ly(k)+v(k)]=Fx(k)+G[-LCx(k)+v(k)]$$
$$=(F-GLC)x(k)+Gv(k) \tag{8.39}$$

比较式(8.35)和式(8.39)可知，适当设计输出反馈矩阵 L 可将被控对象的系统矩阵从 F 改变成 $(F-GLC)$，进而可提升系统的控制性能。

所谓基于输出反馈的极点配置问题就是对于一个如式(8.35)所描述的 n 阶线性离散定常受控系统，如果给定一组期望的极点位置 $\{\lambda_1^*,\cdots,\lambda_n^*\}$，要求设计适当的输出反馈

$$u(k)=-Ly(k)+v(k)$$

使闭环系统

$$x(k+1)=(F-GLC)x(k)+Gv(k)$$

的极点位置为 $\{\lambda_1^*,\cdots,\lambda_n^*\}$。

可以证明，用输出反馈一般不能够任意配置闭环系统的极点。对于如式(8.35)所描述的单输入、单输出线性定常离散系统，输出反馈设计只能将系统的极点配置在其开环系统的根轨迹上。

【例 8.9】 设线性定常系统的状态空间描述为

$$x(k+1)=\begin{bmatrix}0 & 1\\-0.16 & -1\end{bmatrix}x(k)+\begin{bmatrix}0\\1\end{bmatrix}u(k)$$

$$y(k)=[0 \quad 1]x(k)$$

试研究是否能用输出反馈使系统的闭环极点处于如下位置：
(1) $z_{1,2}=0.5\pm0.5j$；　　　　(2) $z_{1,2}=0.4, 0.4$。

解　闭环系统的特征方程为

$$\det(z\mathbf{I}-\mathbf{F}+\mathbf{GLC})=\det\left\{\begin{bmatrix} z & -1 \\ 0.16 & z+1 \end{bmatrix}+\begin{bmatrix} 0 \\ 1 \end{bmatrix}L\begin{bmatrix} 0 & 1 \end{bmatrix}\right\}$$

$$=\begin{vmatrix} z & -1 \\ 0.16 & z+1+L \end{vmatrix}=z^2+(1+L)z+0.16$$

(1) 期望闭环特征多项式为

$$(z-0.5+0.5j)(z-0.5-0.5j)=z^2-z+0.5$$

显然无解。可见用输出反馈不能任意配置闭环系统的极点。

(2) 期望闭环特征多项式为

$$(z-0.4)(z-0.4)=z^2-0.8z+0.16$$

于是 $1+L=-0.8$，得到 $L=-1.8$。

可见用一个增益为 -1.8 的输出反馈能将闭环系统的极点配置到指定位置。

8.4　带状态观测器的状态反馈系统设计

系统极点配置需要用状态反馈实现，但系统的状态信号不一定能直接得到。若系统的状态不能直接得到，则必须根据系统的输入和输出信号来构造，如图 8.7 所示为带观测器的状态反馈系统结构示意图。

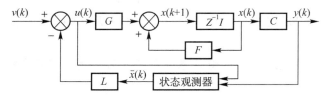

图 8.7　带观测器的状态反馈系统结构示意图

状态观测器也叫状态估计器，是系统中的一个子系统。该子系统基于对输出和输入变量的测量，产生渐近于系统的状态矢量 $\bar{\mathbf{x}}(k)$，即 $\lim_{k\to\infty}\bar{\mathbf{x}}(k)=\lim_{k\to\infty}\mathbf{x}(k)$，从而完成状态变量的估计。

状态观测器可分为全维、降维和函数观测器三大类，每类又分成相应的子类。例如全维观测器就可分为复制型、非复制型观测器。下面以复制型全维观测器为例，说明其设计方法。

带复制型全维观测器的状态反馈系统结构图如图 8.8 所示，复制型全维观测器的数学模型为

$$\bar{\mathbf{x}}(k+1)=\mathbf{F}\bar{\mathbf{x}}(k)+\mathbf{G}\mathbf{u}(k)+\mathbf{M}[\mathbf{y}(k)-\mathbf{C}\bar{\mathbf{x}}(k)] \qquad (8.40)$$

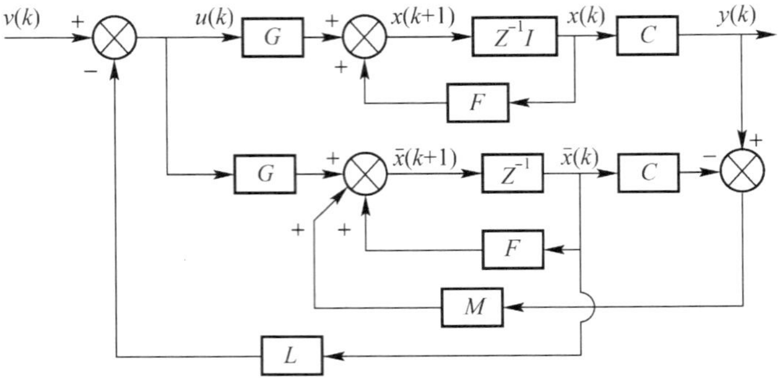

图 8.8 带全维观测器的状态反馈系统结构示意图

复制型全维观测器设计就是要设计矩阵 M，使式(8.40)所描述系统的状态 $\bar{x}(k)$ 满足

$$\lim_{k\to\infty}\bar{x}(k)=\lim_{k\to\infty}x(k) \tag{8.41}$$

为使观测器设计满足式(8.41)，定义观测状态误差

$$\tilde{x}(k)=x(k)-\bar{x}(k)$$

则由式(8.35)和式(8.40)可得

$$\begin{aligned}\tilde{x}(k+1)&=x(k+1)-\bar{x}(k+1)=Fx(k)+Gu(k)-F\bar{x}(k)-Gu(k)-M[y(k)-C\bar{x}(k)]\\&=Fx(k)-F\bar{x}(k)-M[Cx(k)-C\bar{x}(k)]=(F-MC)[x(k)-\bar{x}(k)]\\&=(F-MC)\tilde{x}(k)\end{aligned} \tag{8.42}$$

从式(8.42)可以看出，为了使 $\lim_{k\to\infty}\tilde{x}(k)=0$，实质上要设计观测器增益 M 矩阵使系统

$$\tilde{x}(k+1)=(F-MC)\tilde{x}(k)$$

渐近稳定，即 $(F-MC)$ 的特征值位于单位圆内。$(F-MC)$ 的特征值被称为观测器的极点。

可以证明，状态观测器的极点能够任意配置的充分必要条件是系统的能观测判别矩阵满秩。

【例 8.10】 设线性定常系统的状态空间描述为

$$x(k+1)=\begin{bmatrix}0&1\\-0.16&-1\end{bmatrix}x(k)+\begin{bmatrix}0\\1\end{bmatrix}u(k)$$

$$y(k)=\begin{bmatrix}0&1\end{bmatrix}x(k)$$

试设计带有全维观测器的状态反馈，使系统的闭环极点处于 $z_{1,2}=0.5\pm0.5\mathrm{j}$。

解 因为系统的闭环极点处于 $z_{1,2}=0.5\pm0.5\mathrm{j}$，故状态观测器的极点可选取 $0.2,0.2$。
状态观测器的特征方程为

$$\det(zI-F+MC)=\det\left\{\begin{bmatrix}z&-1\\0.16&z+1\end{bmatrix}+\begin{bmatrix}M_1\\M_2\end{bmatrix}\begin{bmatrix}0&1\end{bmatrix}\right\}=z^2+(1+M_2)z+0.16(1+M_1)$$

状态观测器目标特征方程为

$$(z-0.2)^2=z^2-0.4z+0.04$$

于是需要

$$1+M_2=-0.4$$

$$0.16(1+M_1)=0.04$$

解之得 $M=\begin{bmatrix}M_1\\M_2\end{bmatrix}=\begin{bmatrix}-0.75\\1.4\end{bmatrix}$。

类似于【例 8.8】,可得到状态反馈的表达式为 $u(k)=-Lx(k)+v(k)$,其中所求状态反馈矩阵为 $L=[0.34\quad -2]$。

思考题与习题 8

1. 给定一个连续时间线性定常系统的状态方程和输出方程为
$$\begin{bmatrix}\dot{x}_1(t)\\\dot{x}_2(t)\end{bmatrix}=\begin{bmatrix}0 & 1\\0 & -1\end{bmatrix}\begin{bmatrix}x_1(t)\\x_2(t)\end{bmatrix}+\begin{bmatrix}0\\1\end{bmatrix}u(t)$$
$$y(t)=\begin{bmatrix}0 & 1\\0 & -1\end{bmatrix}\begin{bmatrix}x_1(t)\\x_2(t)\end{bmatrix}$$

取采样周期 $T=0.1$ s,试求其时间离散化数学模型。

2. 设线性定常系统的状态方程和初始状态分别为
$$x(k+1)=\begin{bmatrix}0 & 1\\-0.16 & -0.8\end{bmatrix}x(k)+\begin{bmatrix}0\\1\end{bmatrix}u(k) \quad 和 \quad x(0)=\begin{bmatrix}-1\\1\end{bmatrix}$$

试求系统单位阶跃输入下的状态方程的解。

3. 设线性定常系统的状态方程为
$$\begin{bmatrix}x_1(k+1)\\x_2(k+1)\end{bmatrix}=\begin{bmatrix}1 & -1\\0 & 1\end{bmatrix}\begin{bmatrix}x_1(k)\\x_2(k)\end{bmatrix}+\begin{bmatrix}1\\1\end{bmatrix}u(k)$$

试确定 $u(k)=-Lx(k)+v(k)$,使闭环系统的极点处于 $z_1=0.4$ 和 $z_2=0.6$。

4. 已知被控对象的传递函数为 $G(s)=\dfrac{1}{s(0.1s+1)}$,若系统的采样时间 $T=0.1$ s,采用零阶保持器,按照极点配置方法设计其状态反馈控制律和观测器,使闭环系统的极点在 Z 平面 $z_{1,2}=0.8\pm0.25\text{j}$。

第 9 章 集散控制系统

在早期计算机控制系统中,由于计算机的集成电路集成化水平较低,计算机体积庞大,成本较高,往往只能被安装在中心控制室,形成一台计算机控制几十个甚至数百个控制回路的状态。因此,一旦计算机发生故障,势必造成整个生产过程控制的瘫痪。而且当企业需要添加新设备时,这种控制系统的配置和维护也不够灵活。随着集成电路集成化程度的提高,计算机体积越来越小,功能越来越强大,成本也越来越低,为网络多机控制系统的设计与实施创造了有利的硬件条件。在网络多机控制系统中,一台计算机(常常是微处理器)往往只从事几项控制任务,即使计算机出现故障也只是局部故障,操作人员完全可以人工处理,而且多机网络控制系统配置和维护灵活。集散控制系统正属于多机网络控制系统,是当今自动化领域应用较广泛的一种新型计算机控制系统。

9.1 数据通信与工业网

工业计算机网络是在通用计算机网络基础上发展起来的,是用于完成与工业自动化相关的各种生产任务的计算机网络系统,其目的是实现资源共享、分散处理、工业控制与管理的一体化。工业网络在体系结构上可分为信息网和控制网两个层次,信息网位于上层,是企业决策数据共享和协同操作的载体;控制网位于下层,与信息网紧密地集成在一起,在服从信息网操作的同时又具有独立性和完整性。因此,工业计算机网络可理解为是利用传输媒体把分布在不同地点的多个独立的计算机系统、自动控制装置、现场设备等按照不同的拓扑结构,应用各种数据通信方式连接起来的一种网络。计算机数据通信技术则是计算机网络的支撑技术之一。

9.1.1 数据通信的基本概念

通信是把信息从一个地方传送到另一个地方的过程。如图 9.1 所示是数据通信模型,数据由信源机发出,通过信源系统的发送设备变换为在某种传输媒介(即信道)上传输的信号,送到目标系统的接收设备,然后在目标系统中将信号还原成数据。由于实际的信道都会有延迟、损耗、干扰,会使传输的信号衰减、失真,导致接收信号与发送信号可能不一致,因此,需要采用各种数据信号的传输技术、数据同步技术和差错控制技术等,以保证数据无差错地传输。

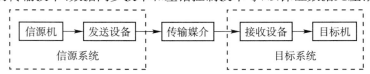

图 9.1 数据通信模型

1) 数据传输媒介

(1) 有线信道:有线信道最明显的特征是线缆的存在。线缆主要包括电缆和光缆两种,其中电缆又包括双绞线和同轴电缆。

(2) 无线信道:所谓的无线信道就是以自由空间作为传输媒体。一般来说是以辐射的方式传输信号,也可以使用定向天线定向地传输信号。

2) 数据传输方向和时序关系

按通信线路上信号传递方向与时间的关系,串行通信方式有以下三种形式:

(1) 单工通信

如果在通信过程的任意时刻,信息只能由一方 A 传到另一方 B,则称为单工通信。

(2) 半双工通信

如果在任意时刻,信息既可由 A 传到 B,又能由 B 传到 A,但同一时刻只能有一个方向上的传输存在,则称为半双工传输通信。

(3) 全双工通信

如果在任意时刻,信息既可由 A 传到 B,又能由 B 传 A,且同一时刻可以有两个方向上的传输存在,则称为全双工通信。

3) 串行通信与并行通信

计算机之间或计算机与控制设备之间交换信息的方式有两种:数据各位同时传送的并行通信方式和数据各位依次传送的串行通信方式。

并行通信使用多"根"数据线同时传送多位数据,其传送速度较快,缺点是通信成本高,适应近距离数据传送。串行通信使用单"根"数据线依次传送数据,因此线路结构简单,抗干扰能力强,适合远距离传送。

并行数据传输技术向来是提高数据传输率的重要手段,但是,进一步发展却遇到了障碍。首先,由于并行传送方式的前提是用同一时序传播信号,用同一时序接收信号。因而过分提升时钟频率将难以让数据传送的时序与时钟合拍,且布线长度稍有差异,数据就会以与时钟不同的时序送达,提升时钟频率还容易引起信号线间的相互干扰。因此,并行方式难以实现远距离的高速化通信。另外,增加位宽无疑会导致主板和扩充板上的布线数目增加,成本随之攀升。

串行通信尽管近距离传输比并行慢,但随着通信技术的发展,其通信速度在不断提高,因此串行通信被广泛应用于各通信网络中。

9.1.2 数据传输模式

目前,数据传输的基本模式分为基带传输和频带传输。

1) 基带传输

在数据通信中,计算机二进制比特序列的数字数据信号是典型的矩形脉冲信号,即"1"或"0"分别用高(或低)电平或低(或高)电平表示。人们把矩形脉冲信号的固有频带称为基本频带,简称基带,矩形脉冲信号就称为基带信号。

在信道上直接传送数据的基带信号称为基带传输。一般来说,要将信源的数据经过变换变为直接传输的数字基带信号,这项工作由编码器完成。在发送端,由编码器实现编码;在接收端,由译码器进行解码,恢复发送端发送的原数据。基带传输是一种最简单、最基本的传输方式。

2)频带传输

频带传输就是采用调制和解调技术,用基带脉冲信号对载波进行调制。在远程数据传输中,载波通常采用正弦波。正弦波有三个能携带信息的参数:振幅、频率和相位。在发送端用基带脉冲对载波波形的某些参数进行控制,使其随基带脉冲的变化而变化,发送方把串行通信波形中的"0"和"1"信号转换成不同频率(振幅、相位)正弦波信号的过程称为调制,完成调制任务的装置叫做调制器。当信号到达接收端时再做相应的反变换,还原成与发送端相同的基带信号。把正弦波信号转换成串行通信波形信号的过程叫做解调,能够完成解调任务的装置称为解调器。通常把调制器和解调器合在一起称为调制解调器(Modem)。信号调制的典型波形如图 9.2 所示。

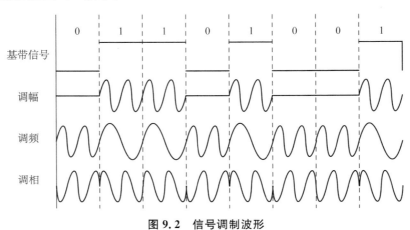

图 9.2 信号调制波形

9.1.3 异步传输与同步传输

在网络通信过程中,通信双方要交换数据,需要高度的协同工作。为了正确的解释信号,接收方必须确切地知道信号应当何时接收和处理,因此定时是至关重要的。在计算机网络中,定时的因素称为位同步。同步是要接收方按照发送方发送的每个位的起止时刻和速率来接收数据,否则会产生误差。通常可以采用同步或异步的传输方式对位进行同步处理。

1)异步传输(Asynchronous Transmission)

如图 9.3 所示,异步传输将比特分成小组进行传送,小组可以是 8 位的 1 个字符或更长。发送方可以在任何时刻发送这些比特组,而接收方从不知道它们会在什么时候到达。一个常见的例子是计算机键盘与主机的通信。按下一个字母键、数字键或特殊字符键,就发送一个 8 比特位的 ASCII 代码。键盘可以在任何时刻发送代码,这取决于用户的输入速度,内部的硬件必须能够在任何时刻接收一个键入的字符。

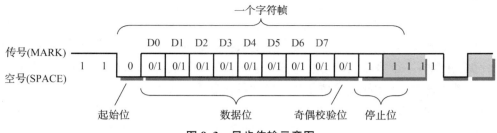

图 9.3 异步传输示意图

异步传输存在一个潜在的问题,即接收方并不知道数据会在什么时候到达。在它检测到数据并做出响应之前,第一个比特已经过去了。这就像有人出乎意料地从后面走上来跟你说话,而你没来得及反应过来,漏掉了最前面的几个词。因此,每次异步传输的信息都以一个起始位开头,它通知接收方数据已经到达了,这就给了接收方响应、接收和缓存数据比特的时间;在传输结束时,一个停止位表示该次传输信息的终止。按照惯例,空闲(没有传送数据)的线路实际携带着一个代表二进制 1 的信号,异步传输的开始位使信号变成 0,其他的比特位随传输的数据信息的变化而变化。最后,停止位使信号重新变回 1,并一直保持到下一个开始位到达。例如在键盘上键入数字"1",按照 8 比特位的扩展 ASCII 编码,将发送"00110001",同时需要在 8 比特位的前面加一个起始位,后面加一个停止位。

异步传输的实现比较容易,由于每个信息都加上了"同步"信息,因此计时的漂移不会产生大的积累,但却产生了较多的开销。在上面的例子中,每 8 个比特要多传送两个比特,总的传输负载就增加 25%。对于数据传输量很小的低速设备来说问题不大,但对于那些数据传输量很大的高速设备来说,25%的负载增值就相当严重了。因此,异步传输常用于低速设备。

2) 同步传输(Synchronous Transmission)

以同步传输模式传输数据时,一般先构造一个较大的、具有一定格式的数据块,然后再传输,该数据块称为帧。收发双方不仅要求保持码元(位)同步的关系,而且还要求保持着帧(群)同步的关系,如图 9.4 所示。

PROFINET RT 帧									
同步 7字节	分隔 1字节	源 MAC 6字节	目标 MAC 6字节	优先权 标志* 4字节	类型 2字节	应用 标识符 2字节	应用数据 40~1 490 字节	状况信息 4字节	FCS 4字节

*IEEE 802.1Q

图 9.4 同步传输示意图

数据帧的第一部分包含一组同步字符,它是一个独特的比特组合,类似于前面提到的起始位,用于通知接收方一个帧已经到达,但它同时还能确保接收方的采样速度和比特的到达速度保持一致,使收发双方进入同步。

帧的最后一部分是一个帧结束标记。与同步字符一样,它也是一个独特的比特串,类似于前面提到的停止位,用于表示在下一帧开始之前没有别的即将到达的数据了。

同步传输通常要比异步传输快速得多。接收方不必对每个字符进行开始和停止的操作。一旦检测到帧同步字符,它就在接下来的数据到达时接收它们。另外,同步传输的开销也比较少。例如,一个典型的帧可能有 500 字节(即 4000 比特)的数据,其中可能只包含 100 比特的开销。这时,增加的比特位使传输的比特总数增加 2.5%,这比异步传输中 25% 的增值要小得多。随着数据帧中实际数据比特位的增加,开销比特所占的百分比将相应地减少。但是,数据比特位越长,缓存数据所需要的缓冲区也越大,这就限制了一个帧的大小。另外,帧越大,它连续占据传输媒体的时间也越长,在极端的情况下,这将导致其他用户等得太久。

3)同步与异步传输的区别

(1)同步传输方式中发送方和接收方的时钟是统一的,字符与字符间的传输是同步无间隔的。异步传输方式并不要求发送方和接收方的时钟严格地完全一样,字符与字符间的传输是异步的。

(2)异步传输是面向字符的传输,而同步传输是面向比特的传输。

(3)异步传输的单位是字符,而同步传输的单位是帧。

(4)异步传输通过字符起止的开始码和停止码抓住再同步的机会,而同步传输则是从数据中抽取同步信息。

(5)异步传输对时序的要求较低,同步传输往往通过特定的时钟线路协调时序。

(6)异步传输相对于同步传输效率较低。

9.1.4 差错控制技术

在通信线路上传送的数据会因噪声或串扰而出错,因此通信时必须使用差错控制技术判断通讯是否发生错误和当错误发生时如何纠正错误。

在数字通信中利用编码方法对传输中产生的差错进行控制,以提高传输正确性和有效性。差错控制包括差错检测、前向纠错(FEC)和自动请求重发(ARQ)。

在实际通信应用中,检错、纠错的方法有很多,常用的有奇偶校验、循环冗余码校验、海明码校验等。不管用哪种编码方式进行检错和纠错,都是在有效信息位的基础上附加一定的冗余信息位,利用二进制位的组合来检查数据误码情况。

1)奇偶校验(Parity Check)

奇偶校验是一种校验代码传输正确性的方法。根据被传输的一组二进制代码的数位中"1"的个数是奇数或偶数来进行校验。采用奇数的称为奇校验;反之,称为偶校验。采用何种校验是事先规定好的。通常专门设置一个奇偶校验位,用它使这组代码中"1"的个数为奇数或偶数。若用奇校验,则当接收端收到这组代码时,校验"1"的个数是否为奇数,从而确定传输代码的正确性。

2)循环冗余校验码(Cyclic Redundancy Check,CRC)

循环冗余校验码是数据通信领域中最常用的一种差错校验码,其特征是信息字段和校验字段的长度可以任意选定。循环冗余检查对数据进行多项式计算,并将得到的结果附在帧的后面,接收设备也执行类似的算法,以保证数据传输的正确性和完整性。

CRC 检验原理就是在一个 p 位二进制数据序列之后附加一个 r 位二进制检验码(序列),从而构成一个总长为 $n=p+r$ 位的二进制序列;附加在数据序列之后的这个检验码与数据序列的内容之间存在着某种特定的关系。如果因干扰等原因使数据序列中的某一位或某些位发生错误,这种特定关系就会被破坏。因此,通过检查这一关系,就可以实现对数据正确性的检验。

3) 海明码校验(Richard Hamming Check)

海明码校验也是被广泛采用的一种很有效的校验方法,是只要增加少数几个校验位,就能检测出二位同时出错,亦能检测出一位出错并能自动恢复该出错位的正确值的有效手段,后者称为自动纠错。它的实现原理是在 k 个数据位之外加上 r 个校验位,从而形成一个 $k+r$ 位的新的码字,使新的码字的码距比较均匀地拉大。把数据的每一个二进制位分配在几个不同的偶校验位的组合中,当某一位出错后,就会引起相关的几个校验位的值发生变化,这样不但可以发现错误,还能指出是哪一位出错,为进一步自动纠错提供依据。

4) 纠错方式

在数据传输中发现错误后,控制差错的方法主要有两种:一种是采用具有纠错能力的检验码自动纠正错误;另外一种是采用具有检错能力的检验码,控制数据重发。因此,常用的有三种纠错方法:

(1) 前向纠错:采用具有纠错能力的检验码传送数据,发现错误后自动纠正,实时性好,单工通信采用。

(2) 自动重发请求(ARQ)纠错:强调检错能力,不要求有纠错能力,双工通信采用。

(3) 混合纠错:是上述两种方式的综合,但传输设备相对复杂。

9.1.5　网络拓扑结构

网络拓扑结构是指用传输媒体互连各种设备的物理布局,就是用什么方式把网络中的计算机等设备连接起来。拓扑图给出网络服务器、工作站的网络配置和相互间的连接。拓扑结构主要有星形结构、环形结构、总线型结构、分布式结构、树形结构、网状结构、蜂窝状结构等。下面对几种主要的网络拓扑结构进行介绍。

1) 星形

星形网是广泛而首选使用的网络拓扑设计之一。如图 9.5 所示,星形结构是指各工作站以星形方式连接成网。网络有中央节点,其他节点(工作站、服务器)都与中央节点直接相连,这种结构以中央节点为中心,因此又称为集中式网络。

星形拓扑结构便于集中控制,因为端用户之间的通信必须经过中心站,这也带来了易于维护和安全等优点。端用户设备因为故障而停机时也不会影响其他端用户间的通信。同时星形拓扑结构的网络延迟时间较小,系统的可靠性较高。

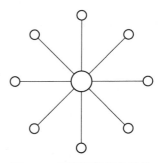

图 9.5　星形网络拓扑结构

在星形拓扑结构中,网络中的各节点通过点到点的方式连接到一个中央节点(又称中央转接站，一般是集线器或交换机）上，由该中央节点向目的节点传送信息。中央节点执行集中式通信控制策略，因此中央节点相当复杂，负担比其他节点重得多。在星形网中任何两个节点要进行通信都必须经过中央节点控制，因此，中央节点的主要功能有三项：当要求通信的站点发出通信请求后，控制器检查中央转接站是否有空闲的通路，被叫设备是否空闲，从而决定是否能建立双方的物理连接；在两台设备通信过程中维持这一通路；当通信完成或者不成功要求拆线时，中央转接站拆除上述通道。

由于中央节点要与多机连接，线路较多，为便于集中连线，目前多采用交换设备（交换机）作为中央节点。

星形结构每台入网机都需通过物理线路与处理机互联，线路利用率低，且中心系统必须具有极高的可靠性，因为中心系统一旦损坏，整个系统便瘫痪。对此中心系统通常采用双机热备份，以提高系统的可靠性。

2）环形

如图9.6所示，环形结构在局域网中使用较多。这种结构中的传输媒体从一个端用户到另一个端用户，直到将所有的端用户连成环形。数据在环路中沿着一个方向在各个节点间传输，信息从一个节点传到另一个节点。这种结构显而易见的消除了端用户通信时对中心系统的依赖性。

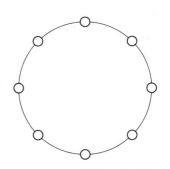

图9.6 环形网络拓扑结构

环形结构的特点是：每个端用户都与两个相邻的端用户相连，因而存在着点到点链路，但总是以单向方式操作，于是便有上游端用户和下游端用户之称。信息流在网中是沿着固定方向流动的，两个节点仅有一条道路，故简化了路径选择的控制；环路上各节点都是自举控制，故控制路径简单。由于信息源在环路中是串行地穿过各个节点的，当环中节点过多时，势必影响信息传输速率，使网络的响应时间延长；环路是封闭的，不便于扩充；可靠性低，一个节点故障，将会造成全网瘫痪；维护难，对分支节点故障定位较难。

令牌环传递是环形网络上传送数据的一种方法。一个3字节的称为令牌的数据包绕着该环从一个节点发送到另一个节点。如果环上的一台计算机需要发送信息，它将截取令牌数据包，加入控制和数据信息以及目标节点的地址，将令牌转变成一个数据帧，然后该计算机将该令牌继续传递到下一个节点。被转变的令牌以帧的形式绕着网络循环，直到它到达预期的目标节点。目标节点接收该令牌并向发起节点返回一个验证消息。在发送节点接收到应答后，它将释放出一个新的空闲令牌并沿着环发送它。这种方法确保在任一给定时间只有一个工作站在发送数据。

一个简单环形拓扑结构的缺点是单个发生故障的工作站可能使整个网络瘫痪。除此之外，如同在一个总线拓扑结构中一样，参与令牌传递的工作站越多，响应时间也就越长。因此，单纯的环形拓扑结构非常不灵活或不易于扩展。

当前的局域网几乎不使用单纯的环形拓扑结构，而是使用它的一种改变形式——星形环拓扑结构。

3）总线型

如图 9.7 所示，总线型结构是使用同一媒体或电缆连接所有端用户的一种方式，也就是说，连接端用户的物理媒体由所有设备共享，各工作站地位平等，无中央结点控制，公用总线上的信息多以基带形式串行传递，其传递方向总是从发送信息的结点开始向两端扩散，如同广播电台发射的信息一样，因此又称广播式计算机网络。各结点在接收信息时都进行地址检查，看是否与自己的工作站地址相符，相符则接收网上的信息。

图 9.7 总线型网络拓扑结构

总线上每个结点上的网络接口板硬件均具有收、发功能，接收器负责接收总线上的串行信息并转换成并行信息送到计算机；发送器是将并行信息转换成串行信息后广播发送到总线上。总线上发送信息的目的地址与某结点的接口地址相符合时，该结点的接收器便接收信息。由于各个结点之间通过电缆直接连接，所以总线型拓扑结构中所需要的电缆长度是最小的，但总线只有一定的负载能力，因此总线长度又有一定限制，一条总线只能连接一定数量的结点。

因为所有的结点共享一条公用的传输链路，所以一次只能由一个设备传输。需要某种形式的访问控制策略，来决定下一次哪一个站可以发送，通常采取分布式控制策略。发送时，发送站将报文分成分组，然后一次一个地依次发送这些分组，有时也要与其他站的分组交替地在介质上传输。当分组经过各站时，目的站将识别分组的地址，然后拷贝这些分组的内容。这种拓扑结构减轻了网络通信处理的负担，它仅仅是一个无源的传输介质，通信处理分布在各站点进行。

在总线两端连接有端结器（或终端匹配器），主要与总线进行阻抗匹配，最大限度地吸收传送端部的能量，避免信号反射回总线产生不必要的干扰。

使用这种结构必须解决的一个问题是要确保端用户使用媒体发送数据时不能出现冲突。在点到点链路配置时，这是相当简单的，如果这条链路是半双工操作，只需使用很简单的机制便可保证两个端用户轮流工作。在一点到多点方式中，对线路的访问依靠控制端的探询来确定。然而，在 LAN 环境下，由于所有数据站都是平等的，不能采取上述机制。对此，人们研究出了一种在总线共享型网络使用的媒体访问方法：带有碰撞检测的载波侦听多路访问（CSMA/CD）。

这种结构的缺点是一次仅能由一个端用户发送数据，其他端用户只能等待获得发送权；媒体访问获取机制较复杂；维护难，分支结点故障查找难。尽管有上述一些缺点，但由于布线要求简单，扩充容易，端用户失效、增删不影响全网工作，所以是 LAN 技术中使用最普遍的一种。

4）分布式

如图 9.8 所示，分布式结构是将分布在不同地点的计算机按照区域划分通过线路互连起来的一种网络形式。

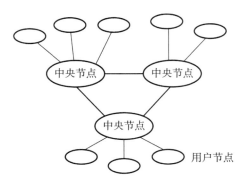

图 9.8 分布式网络拓扑结构

分布式结构的网络具有如下特点:由于采用分散控制,即使整个网络中的某个局部出现故障,也不会影响全网的操作,因而具有很高的可靠性;网中的路径选择最短路径算法,故网上延迟时间少,传输速率高;各个结点间均可以直接建立数据链路,信息流程最短;便于全网范围内的资源共享。缺点是连接线路用电缆长,造价高;网络管理软件复杂;报文分组交换、路径选择、流向控制复杂。在一般的局域网中不采用这种结构。

9.1.6 网络通信协议

网络通信协议是构成网络的基本组件之一,是若干规则和协定的组合。协议一般指机器 1 的第 n 层与机器 2 的第 n 层的对话,这种对话中所使用的若干规则和约束便称为第 n 层网络协议。

网络通信协议为连接不同操作系统和不同硬件体系结构的互联网络提供通信支持,是一种网络通用语言。

1) OSI 参考模型简介

OSI 参考模型以及其他任何网络通信模型,都只提供了计算机间通信的概念框架,模型本身并不提供相关的通信方法。实质的通信是由多种通信协议来定义的。

OSI 参考模型是一个逻辑上的定义,是一个规范。它把网络从逻辑上分为了 7 层。每一层都有相关、相对应的物理设备,比如路由器、交换机。

OSI 是一个开放性的通信系统互连参考模型,是一个定义得非常好的协议规范。

如图 9.9 所示,OSI 模型有 7 层结构,从上到下分别是 7 应用层、6 表示层、5 会话层、4 传输层、3 网络层、2 数据链路层、1 物理层。其中高层,即 7、6、5 层定义了应用程序的功能;下面 4 层,即 4、3、2、1 层主要面向通过网络的端到端的数据流。

图 9.9 OSI 参考模型

各层的主要功能如下:

(1) 物理层(Physical Layer)

物理层是 OSI 参考模型的最底层,它利用传输介质为数据链路层提供物理连接。通过物理链路从一个节点向另一个节点传送比特流,物理链路可能是铜线、卫星、微波或其他的通讯媒介。它关心的问题有:多少伏电压代表 1,多少伏电压代表 0,时钟速率是多少?采用全双工还是半双工传输?总的来说物理层关心的是链路的机械、电气、功能和规程特性。

(2) 数据链路层(Data Link Layer)

数据链路层是为网络层提供服务的,解决两个相邻结点之间的通信问题,传送的协议数据单元称为数据帧。

数据帧中包含物理地址(又称 MAC 地址)、控制码、数据及校验码等信息。该层的主要作用是通过校验、确认和反馈重发等手段,将不可靠的物理链路转换成对网络层来说无差错的数据链路。

此外,数据链路层还要协调收发双方的数据传输速率,即进行流量控制,以防止接收方因来不及处理发送方发来的高速数据而导致缓冲器溢出及线路阻塞。

(3) 网络层(Network Layer)

网络层是为传输层提供服务的,传送的协议数据单元称为数据包或分组。该层的主要作用是解决如何使数据包通过各结点传送的问题,即通过路径选择算法(路由)将数据包送到目的地。另外,为避免通信子网中出现过多的数据包而造成网络阻塞,需要对流入的数据包数量进行控制(拥塞控制)。当数据包要跨越多个通信子网才能到达目的地时,还要解决网际互联的问题。

(4) 传输层(Transport Layer)

传输层的作用是为上层协议提供端到端的可靠和透明的数据传输服务,包括处理差错控制和流量控制等问题。该层向高层屏蔽了下层数据通信的细节,使高层用户看到的只是在两个传输实体间的一条主机到主机的可由用户控制和设定的可靠的数据通路。

传输层传送的协议数据单元称为段或报文。

(5) 会话层(Session Layer)

会话层的主要功能是管理和协调不同主机上各种进程之间的通信(对话),即负责建立、管理和终止应用程序之间的会话。会话层得名的原因是它很类似于两个实体间的会话概念。例如,一个交互的用户会话以登录到计算机开始,以注销结束。

(6) 表示层(Presentation Layer)

表示层处理流经结点的数据编码的表示方式问题,以保证一个系统应用层发出的信息可被另一系统的应用层读出。如果必要,该层可提供一种标准表示形式,用于将计算机内部的多种数据表示格式转换成网络通信中采用的标准表示形式。数据压缩和加密也是表示层可提供的转换功能之一。

(7) 应用层(Application Layer)

应用层是 OSI 参考模型的最高层,是用户与网络的接口。该层通过应用程序来完成网络用户的应用需求,如文件传输、收发电子邮件等。

2) 通信协议简介

通信协议有很多种,下面仅介绍三种通信协议:

（1）NetBEUI 协议

NetBEUI（NetBIOS Extended User Interface，用户扩展接口）由 IBM 于 1985 年开发完成，它是一种体积小、效率高、速率快的通信协议，也是微软最钟爱的一种通信协议，所以它被称为微软所有产品中通信协议的"母语"。NetBEUI 是专门为由几台到百余台计算机所组成的单网段部门级小型局域网设计的，它不具有跨网段工作的功能，即 NetBEUI 不具备路由功能。如果一个服务器上安装了多个网卡，或要采用路由器等设备进行两个局域网的互联时，则不能使用 NetBEUI 通信协议。否则，与不同网卡（每一个网卡连接一个网段）相连的设备之间，以及不同的局域网之间无法进行通信。在 3 种通信协议中，NetBEUI 占用的内存最少，在网络中基本不需要任何配置。

（2）IPX/SPX 及其兼容协议

IPX/SPX（Internetwork Packet Exchange/Sequences Packet Exchange，网际包交换/顺序包交换）是 Novell 公司的通信协议集。IPX/SPX 在设计一开始就考虑了多网段的问题，具有强大的路由功能，适合于大型网络使用。当用户端接入 NetWare 服务器时，IPX/SPX 及其兼容协议是最好的选择。但在非 Novell 网络环境中，IPX/SPX 一般不使用，尤其在 Windows NT 网络和由 Windows95/98 组成的对等网中，无法直接使用 IPX/SPX 通信协议。

Windows NT 提供了两个 IPX/SPX 的兼容协议："NWLink IPX/SPX 兼容协议"和"NWLink NetBIOS"，两者统称为"NWLink 通信协议"。NWLink 通信协议是 Novell 公司 IPX/SPX 协议在微软网络中的实现，它继承了 IPX/SPX 协议优点的同时，更适应微软的操作系统和网络环境。

（3）TCP/IP 协议

TCP/IP（Transmission Control Protocol/Internet Protocol，传输控制协议/网际协议）是目前最常用的一种通信协议。TCP/IP 具有很强的灵活性，支持任意规模的网络，几乎可连接所有服务器和工作站。在使用 TCP/IP 协议时需要进行复杂的设置，每个结点至少需要一个"IP 地址"、一个"子网掩码"、一个"默认网关"、一个"主机名"，对于一些初学者来说使用不太方便。不过，在 Windows NT 中提供了一个被称为动态主机配置协议（DHCP）的工具，它可以自动在客户机连入网络时分配所需的信息，从而减轻了联网工作的负担，并避免了出错。当然，DHCP 所拥有的功能必须要有 DHCP 服务器才能实现。同 IPX/SPX 及其兼容协议一样，TCP/IP 也是一种可路由的协议。

9.2 集散控制系统的产生

随着生产过程规模的不断扩大，使得中央控制室的仪表数量越来越多，这大大地增加了操作人员的劳动强度。并且大规模的生产过程对可靠性也提出了更高的要求，因为一个大型企业一旦由于控制系统的故障使得设备停机，将造成非常大的经济损失和重大的人身安全事故。20 世纪 70 年代开始，随着计算机技术的日渐成熟，大规模集成电路及微处理器诞生后，人们开始思考是否能将"危险分散"。就是原来靠一台大型计算机完成的"艰巨"任务，能否用几十台微处理器来完成。这样的话，即使某一台处理器坏了，也不至于会"牵一发而动全身",从而使危险系数大大降低。集散控制系统(Distributed Control System,DCS)就此诞生了。经过 20 多年的发展,DCS 已经成为一种十分成熟的控制技术,广泛应用于各种工业领域。

所谓集散控制系统就是以微处理器为基础,对生产过程进行集中监视、操作、管理和分散控制的集中分散控制系统。该系统将若干台微机分散应用于过程控制,全部信息通过通信网络由上位管理计算机监控,实现最优化控制,整个装置继承了常规仪表分散控制和计算机集中控制的优点,克服了常规仪表功能单一、人机联系差以及单台微型计算机控制系统危险性高度集中的缺点,既实现了在管理、操作和显示三方面集中,又实现了功能、负荷和危险性三方面的分散。DCS 系统在现代化生产过程控制中起着重要的作用,它综合了计算机、通信、显示和控制等 4C 技术,其基本思想是分散控制、集中操作、分级管理、配置灵活以及组态方便。

9.3 集散控制系统的基本构成

集散控制系统由分散执行控制功能的现场控制站、高速实时通讯总线和施行集中监视、操作功能的操作员站以及完成其他管理工作的计算机等组成。

如图 9.10 所示是 DCS 的基本功能结构图。从结构上划分,DCS 分为三层。第一层(底层)为分散过程控制级,第二层为集中操作监控级,第三层为综合信息管理级。第二层的计算机可以对相应的第一层装置进行监控,因此被称为第一层的上层;第三层的计算机可以对第二层的计算机甚至是底层装置进行监控,因此被称为第二层的上层。各层装置或计算机通过计算机网络互联,构成典型的集散控制系统。

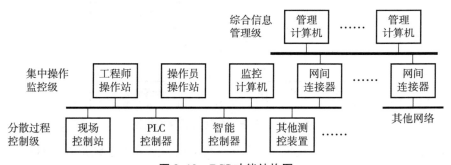

图 9.10 DCS 功能结构图

9.3.1 分散过程控制级

此级是整个系统体系结构中的最底层,直接与生产过程现场的传感器、执行器相连,完成生产过程的数据采集、闭环控制和顺序控制等功能。

构成这一级的主要装置有现场控制站、PLC 控制器、智能控制器和其他测控装置。每种装置可以有多台,也可以没有,但应至少含有其中的一种。

现场控制站中的主要设备为工业控制计算机(IPC);PLC 控制器中的主要设备是可编程序控制器(PLC)。两者主要由输入/输出单元(IOU)、主控单元(MCU)和直流电源 3 部分组成。输入/输出单元是控制站的基础,由各种类型的输入/输出处理模板或模块组成,即由模拟量输入/输出、开关量输入/输出、计数原件和接线端子等构成。主控单元是控制站的核心,由 CPU、存储器、输入/输出接口处理器、通讯处理器和冗余处理器模板或模块组成。

智能控制器是一种数字化的过程控制仪表,一般是以单片机为核心的,类似于盘装仪表结构的装置。

为了简化分散过程控制级装置的称呼,无论是现场控制站、PLC 控制器、智能控制器还是其他测控装置,人们统称为现场控制站。

现场控制站最基本的功能是接收现场送来的测量信号,并对信号进行处理,按照指定的控制算法,计算形成输出信号。输出信号经处理后向执行器发出控制命令,控制生产过程运行。同时现场控制站还通过网络向上报告数据,完成上位机监控功能和接收上层传过来的指令执行控制动作。现场控制站能够脱离上层装置独立运行自己的程序,自身的状态都存储在实时数据库中。现场控制站发生故障时只影响自身的控制回路,不影响全局。

现场控制站的控制功能可由软件灵活且简单地组态,可实现单回路、双回路和多回路控制,控制策略包括常规控制、顺序控制、逻辑控制、批量控制等,控制算法也可实现串级、前馈、解耦和自适应等先进控制。

现场控制站一般不采用操作系统,而是采用专用的软件,由厂家固化在 EPROM 之类的只读存储器中。软件设计一般用组态方式进行。

如图 9.11 所示,现场控制站的软件多数采用模块化结构设计,以实时数据库为核心。DCS 将一些常用的功能子程序组成标准的功能模块,如 AI、AO、DI、DO、PID、串级、解耦等模块,用户可通过组态软件方便地调用。

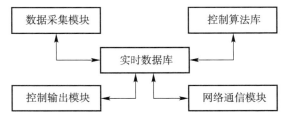

图 9.11 现场控制站的软件结构图

大多数软件的数据结构、控制回路、逻辑控制及批控制等组态结果在软件运行时存放在实时数据库中,系统专用软件根据组态结果调用相应模块控制软件,以实时数据库为核心运行。如图 9.12 所示为软件运行的执行顺序。

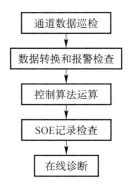

图 9.12 现场控制站软件运行的执行顺序

9.3.2 集中操作监控级

集中操作监控级是面向现场操作员和系统工程师的。这一级配备有技术手段先进、功能强大的计算机系统及各类外部设备,通常采用较大屏幕、较高分辨率的显示器和工业键盘。计算机系统配有较大存储容量的硬盘,另外还有强大的软件支持。软件可确保操作员对系统进行监视和操作,对生产过程实行高级控制策略和质量评估等;同时还保证工程师可对系统进行组态和故障诊断等。

集中操作监控级以操作监视为主要任务,兼有部分管理功能。其操作监视功能是把过程参量的信息集中化,对各个现场控制站的数据进行收集,通过简单的显示切换操作进行实时工程数据的显示、各种工艺流程图的显示、趋势曲线的显示、报警记录的显示、报表的显示等,并可改变过程参数(如设定值、控制参数、报警状态等信息)。集中操作监控级的管理功能是进行控制系统的生成、组态、数据维护等。

1) DCS 操作员站

DCS 操作员站的主要功能就是为系统运行的操作人员提供人机界面,使操作员及时了解现场运行状态、各种运行参数的当前值,并可通过输入设备对工艺进行控制和调节。如图 9.13 所示为 DCS 操作站现场照片示意图。

图 9.13　DCS 操作员站现场照片示意图

目前推出的 DCS 一般都采用工业 PC 机来作为操作员站的主机及用于监控的监控计算机。操作员键盘一般也是工业专业键盘,显示器屏幕一般特别大,分辨率也高,同时一般都配有打印机。

画面显示和运行操作是操作员站的基本功能。操作员通过各种画面显示、切换以及功能键、鼠标、触摸屏的操作,实现对生产过程正常运行的监视与操作管理。

为满足运行操作的要求,集散控制系统的操作员站上一般具有总貌图画面、流程图监视画面、操作控制画面、报表画面、报警画面、趋势曲线画面、历史曲线画面和数据管理画面等。

2）DCS 工程师站

工程师站是对 DCS 进行离线的配置、组态工作和在线的系统监督、控制、维护的网络节点。工程师可通过工程师站随时调整系统的配置及一些系统参数的设定，使 DCS 随时处于最佳工作状态。

工程师站一般放在中央控制室，工作环境较好，因此选用一般的微型计算机、工作站就可以了。有时为了维护系统方便，也可选用笔记本电脑作为流动工程师站。

工程师站应提供如下功能：

（1）硬件配置组态功能。其中包括定义各个现场 I/O 控制站的站号、网络节点号等网络参数以及站内的 I/O 配置等。

（2）数据库组态功能。定义系统数据库的各种参数。系统数据库包括实时数据库和历史数据库。实时数据库组态主要对各数据库逐点定义其名称、工程量转换系数、上下限值、线性化处理、报警特性、报警条件等；历史数据库组态需要定义各个历史库的点的保存周期。

（3）控制回路组态功能。该功能定义各个控制回路的结构、控制算法、调节周期、调节参数及某些系数等。

（4）逻辑控制及批控制组态。这种组态可定义预先确定的处理过程。

（5）控制算法语言的组态。用一些类似程序语言的语句组合来描述一个控制过程，以实现预定的控制功能。

（6）操作员站显示画面的生成。使用人机交互方式在显示器屏幕上以直接作图的方法生成显示画面。

（7）系统测试。测试系统的逻辑算法是否正确，测试系统的网络通信是否正常，测试系统外部设备连接是否正常。

（8）系统维护。对系统定期检查或更改，生成组态文件并存储，进行数据恢复等。

（9）系统管理。主要对系统文件进行管理。如将组态文件加密、备份，对系统运行的数据文件存储、转存、归档管理等，此外还能够管理用户权限与密码。

3）综合信息管理级

综合管理级是企业控制系统体系结构中的最高层，它广泛地涉及工程、经济、商务、人事以及其他各种功能。将这些功能集成为一个大的软件系统，使整个工厂的复杂生产调度和计划问题可以得到优化解决。

综合管理级主要完成的功能有市场分析、客户信息收集、订单处理与生产能力平衡、生产计划制订、采购计划制订、生产和分销渠道的监督、生产合同管理、订货的各种统计报表生成、生产综合统计报表生成、利润/成本报表生成以及其他财政分析报表生成等。

对于大部分系统来说，DCS 主要完成第一级和第二级的功能，也就是说完成与装置生产过程密切相关的实时控制功能。

9.4 集散控制系统的主要特点

集散控制系统采用模块化、标准化和系列化的设计，实质是利用计算机技术对生产过程进行集中监视、操作、管理和分散控制的一种新型控制技术。管理的集中性和控制的分散性构成了集散系统的主体。它的结构是一个分支树结构(即分布式结构),与工业生产过程的行政管理结构相似。按系统结构可分为过程控制级、操作监控级和生产管理级,各级既相互独立又相互联系。从功能上看,纵向分散意味着不同级的设备有不同的功能,如实时控制、实时监视与操作、生产过程管理;横向分散则意味着同级上的设备有类似的功能。除上述特性外,还具有如下特点:

(1) 自主性。系统中各现场控制站是通过网络接口连接起来的,各现场控制站可独立自主地完成自己的任务,且各站的容量可扩充,配套软件可组态加载,是一个能独立运行的高可靠性子系统。

(2) 协调性。实时、高可靠的工业控制局域网络使整个系统信号共享,各站之间在总体功能及优化处理方面具有充分的可协调性。管理与控制实现了一体化。系统可以通过网络和更上层的管理计算机相连,实现复杂的优化控制,及生产计划、产品开发和销售等物流与信息流的管理。

(3) 实时性。通过人机接口和I/O接口,对过程对象的数据进行实时采集、分析、记录、监视、操作控制,可进行系统结构组态、回路的在线修改和局部故障的在线修复。

(4) 高可靠性。DCS在结构上采用容错设计,使得在任意单元失效的情况下,仍然能保持系统的完整性。关键环节的双重冗余保证关键部位工作的可靠性。控制分散使任何一个环节出现故障,系统借助人工干预都可以很容易维持正常工作。此外,与传统的集中控制系统相比,DCS布线采用就近原则,远程干扰少,可提高系统的可靠性。

(5) 适应性、灵活性和可扩充性。DCS的硬件和软件采用开放式、标准化设计和系统积木式模块化结构,具有灵活的配置,可适应不同用户的需要。底层设备面向控制层设计,软件组态灵活且简单。可实现单回路、双回路和多回路控制,控制策略包括常规控制、顺序控制、逻辑控制、批量控制等,控制算法也可实现串级、前馈、解耦和自适应等先进控制。工厂改变生产工艺、生产流程时,只需使用组态软件改变系统配置和控制方案,填一些表格即可生成DCS内部可理解的目标代码,便于系统灵活更改和扩充。

(6) 人机接口功能友好性。DCS软件面向工业控制技术人员、工业技术人员和生产操作人员,采用了实用而简捷的人机会话系统、高分辨率的交互图形显示、复合窗口技术,其画面丰富、直观,可以显示测量值、设定值、控制输出值、趋势曲线、故障状态、流程动画界面、菜单界面等。

9.5 集散控制系统设计

一个典型的DCS系统至少包含四个基本组成部分:现场控制站、工程师站、操作员站和系统网络。在体系结构的设计上,所有的DCS系统基本相同,主要的区别在于内部软件的实现方式和网络的选择。DCS的主要设计步骤为:

1) 熟悉工艺流程,确定输入点和输出点

生产工艺流程是指在生产过程中,劳动者利用生产工具将各种原材料、半成品通过一定的设备,按照一定的顺序连续进行加工,最终使之成为成品的方法与过程。由于不同工厂的设备生产能力、精度以及工人熟练程度等因素都大不相同，所以生产工艺流程具有不确定性和不唯一性。

进行系统设计前，设计人员要根据项目委托书与生产工艺要求，请熟悉生产工艺的技术人员配合，对测控对象的工作过程进行深入的调查、分析，熟悉其工艺过程，并对控制要求和各参数控制精度进行认真分析，确定测控任务。

设计人员在熟悉企业工艺流程的前提下，确定工艺流程需要监测哪些信息点，控制哪些信息点，输入信息点如何检测，输出信息点如何控制，各信息点检测或控制需要注意什么问题等，形成输入点和输出点一览信息表，同时粗略绘出相关流程图，并在流程图上标注相应信息点，为DCS总体规划做足够准备，为将来软件流程图组态做准备。

2) DCS总体规划

(1) 系统的构成框架

确定采用哪个厂商的哪种DCS架构产品可以满足整个系统的控制需求。主要考虑功能/价格比、系统可靠性、系统可扩展性等方面的内容。

在满足系统控制要求的基础上，应尽量降低成本，不要盲目追求先进性。

要预见系统可能会碰到什么样的问题，规划如何提高系统的可靠性。从硬件和软件角度认真考虑。

系统的可扩展性要考虑企业未来设备和DCS的改造、升级，留有添加功能和提升功能的余地。要考虑DCS的未来发展趋势。

(2) 被控参量控制精度的实现方法

查阅参考资料以确定什么样的传感器及其输入通道能够实现被控参量的高精度检测，采用何种执行机构及其输出通道能实现对被控参量的精确控制。

(3) 特殊控制要求的解决

若系统有特殊控制要求，应考虑采用哪些措施能满足这些特殊控制要求。

(4) 分配硬件和软件功能

硬件和软件实现功能具有一定的互换性，应反复权衡硬件和软件的任务比例。

3) DCS架构确定及硬、软件选型购买

(1) 系统的拓扑结构图设计

根据总体规划、测控系统的特点与实际需求设计系统的拓扑结构。系统的拓扑结构图设计主要考虑系统的规模、造价成本和可靠性等项。

(2) 节点计算机的选择

根据系统的拓扑结构图，从节点所处位置、人机接口功能、技术发展、价格、可靠性、可扩展性等方面考虑选择工控机、PLC、智能仪表作为现场控制站，选择工控机和人机接口设备作为系统操作站等等。

(3) 输入/输出通道的选择

根据测量点数的分布和技术要求确定模拟量输入和数字量输入通道(传感器、变送器和数据采集板)，根据控制点数的分布和技术要求确定模拟量输出和数字量输出通道(数据输出、功放单元、执行器)。

（4）支撑软件的选择

支撑软件主要包括操作系统、数据库管理系统和组态软件。其中组态软件作为开发工具必须重点加以考虑。

4）DCS软件组态

不同的系统有不同的组态软件，组态就是将软件库中提供的工具、模板、方法进行特定组合，实现特定的控制目标，具体有I/O组态、工艺流程图组态、图形化编程组态等等。每套系统都有专门的通信模块，每个控制站都有默认的地址。DCS软件组态主要包括下列工作：

（1）硬件逻辑组网

主要包括建立网络、定义设备、定义系统信息点，从而将一个物理的DCS系统构成一个逻辑的DCS系统，便于系统管理、查询、诊断和维护。

（2）应用软件组态

应用软件组态主要包括数据库组态、控制功能组态和操作界面组态。

① 数据库包括实时数据库和历史数据库。实时数据库组态主要对各数据库逐点定义其名称、工程量转换系数、上下限值、线性化处理、报警特性、报警条件等；历史数据库组态需要定义各个历史库的点的保存周期。

② 控制功能组态可将系统提供的各个功能模块，用组态的方式连接起来，以达到过程控制的目的。功能模块主要有输入模块、输出模块、运算模块、连续控制模块、逻辑控制模块、顺序控制模块和程序模块等。

③ 操作界面组态的作用是利用画面工具软件设计用户操作界面。操作界面主要有总貌图画面、流程图监视画面、操作控制画面、报表画面、报警画面、趋势曲线画面、历史曲线画面和数据管理画面等。

DCS组态的主要步骤为：

（1）前期准备工作。进入系统组态前，应首先确定测控点清单、控制运算方案、系统硬件配置，包括系统的规模、各站I/O单元的配置及测控点的分配等，还要提出对流程图、报表、历史数据库等的设计要求。

（2）建立目标工程。在正式进行应用工程的组态前，必须针对该应用工程定义一个工程名。该目标工程建立后，便建立起了该工程的数据目录。

（3）系统设备组态。应用系统的硬件配置通过系统配置组态软件完成。采用图形方式，系统网络上连接的每一种设备都与一种基本图形对应。在进行系统设备组态之前必须在数据库总控中创建相应的工程项目。

（4）数据库组态。数据库组态就是定义和编辑系统各站的点信息，这是形成整个应用系统的基础。在系统组态过程中有两类点，一类是实际的物理测控点，存在于现场控制站和通信站中，点中包含了测控点类型、物理地址、信号处理和显示方式等信息；一类是虚拟量点，同实际物理测控点相比，差别仅在于没有与物理位置相关的信息，可在控制算法组态和图形组态中使用。

（5）控制算法组态。在完成数据库组态后就可以进行控制算法组态。DCS系统提供了多种组态工具，如梯形图、功能图、标准模块库（STL）语言等。

(6) 图形、报表组态。图形组态包括背景图定义和动态点定义,其中动态点动态显示实时值或历史变化情况,因而要求必须同已定义点相对应。通过把图形文件连入系统,就可实现图形的显示和切换。

(7) 编译生成。系统联编功能连接形成系统库,成为操作员站、现场控制站在线运行软件的基础。系统由实时库和参数库两个部分组成,系统把所有点中变化的数据项放在实时库中,而把所有点中不经常变化的数据项放在参数库中。服务器包含了所有的数据库信息,现场控制站只包含与该站相关的点和方案页信息,这是在系统生成后由系统管理中的下装功能自动完成的。

(8) 系统下装。应用系统生成完毕后,应用系统的系统库、图形和报表文件通过网络下装在服务器和操作员站。服务器到现场控制站的下装是在现场控制站启动时自动进行的。现场控制站启动时如果发现本地的数据库版本号与服务器不一致,便会向服务器请求下装数据库和方案页。

组态软件是开放式 DCS 不可缺少的部分,是 DCS 通用性的表现,组态生成不同的数据实体(包括图形文件、报表文件、控制回路文件等),能使系统满足应用设计要求。

DCS 在控制领域的成功之处不仅在于灵活的配套,更在于开发手段的完善、开放的模块化结构、强大的运算能力和通信能力、极高的可靠性、使用和维护上的方便性等,使 DCS 深受青睐。在这方面,过程监控组态软件起了重要作用,它以图形化、仪表化的软件界面使得操作简单而又直观,易为操作员接受。目前常用的国外组态软件主要有:InTouch(Wonderware)、IFix(GE)、WinCC(Siemens)、Cimplicity(GE)、Citech(Citect)、ASPEN-tech(艾斯苯公司)、Movicon(意大利自动化软件供应商 PROGEA 公司开发)等;国内品牌组态软件主要有:组态王 KingView(北京亚控科技发展有限公司)、三维力控(北京三维力控科技有限公司)、世纪星(北京世纪长秋科技有限公司)、紫金桥 Realinfo(紫金桥软件技术有限公司)、MCGS(北京昆仑通态自动化软件科技有限公司),还有河利时、浙大中控等。

9.6 SCADA 系统简介

9.6.1 系统概述

SCADA(Supervisory Control And Data Acquisition),即数据采集与监视控制,国内流行叫法为监控组态软件。它不是完整的控制系统,而是位于控制设备之上,侧重于管理的纯软件。SCADA 所接的控制设备通常是 PLC(可编程控制器),也可以是智能表、板卡等。

SCADA 多数运行在 Windows 操作系统中,也有的可以运行在 Linux 系统。

如图 9.14 所示,SCADA 系统可以实时采集生产现场的工艺数据,可以在本地或远程对工艺流程进行全面、实时的监视,并可以远程进行设备的状态控制,为生产分析、调度指挥、设备运行状况调整提供及时的数据。SCADA 的应用领域很广,可以应用于电力、冶金、石油、化工、燃气、铁路等领域的数据采集、监视控制以及过程控制等诸多领域。

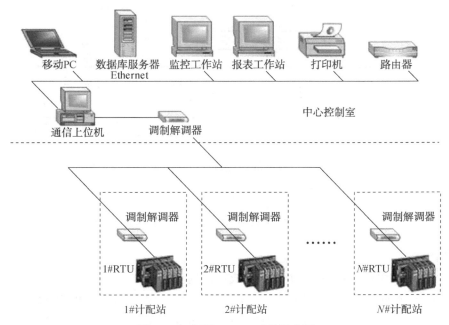

图 9.14 典型 SCADA 系统示意图

尽管 SCADA 具有通用性,但不同应用领域的 SCADA 功能不尽相同。SCADA 系统应用最为广泛的是电力系统,技术发展也在电力系统中最为成熟。SCADA 系统作为电力系统中的一个主要系统,能够提高电力调度的效率、正确掌握电力系统各设备的运行状态,同时可加快指令传递、迅速发现并诊断系统中出现的故障。SCADA 系统目前已经成为电力调度中心不可缺少的管理工具。SCADA 系统的成熟运用,使得电网运行的可靠性、安全性、经济效益得到了极大地提高,同时给电力调度中心的工作人员减轻了负担。

9.6.2 SCADA 系统体系结构

1) 硬件结构

如图 9.15 所示,从硬件结构看通常 SCADA 系统分为两个层面,即客户/服务器体系结构。服务器与硬件设备(控制器)通信,进行数据处理和运算。而客户用于人机交互,如用文字、动画显示现场的状态,并可以对现场的开关、阀门进行操作。近年来又出现一个层面,通过 Web 发布在 Internet 上进行监控,可以认为这是一种"超远程客户"。

控制器(大多数是 PLC)一般既可以通过点到点方式连接至服务器,也可以以总线方式连接到服务器上。点到点连接一般通过串口(RS232),总线方式可以是 RS485、以太网等。总线方式与点到点方式的区别主要在于:点到点是一对一,而总线方式是一对多或多对多。

在一个系统中可以只有一个服务器,也可以有多个,客户也可以是一个或多个。只有一个服务器和一个客户的,并且二者运行在同一台机器上的就是通常所说的单机版。服务器之间、服务器与客户之间一般通过以太网互连,有些场合(如出于安全性考虑或距离较远)也通过串口、电话拨号或 GPRS 方式相连。

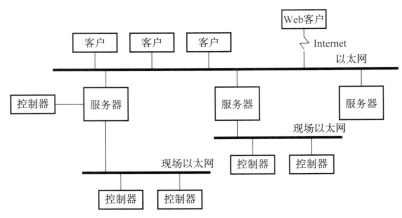

图 9.15 典型 SCADA 系统硬件配置图

2) 软件体系结构

SCADA 由很多任务组成,每个任务完成特定的功能。位于一个或多个机器上的服务器负责数据采集、数据处理(如量程转换、滤波、报警检查、计算、事件记录、历史存储、执行用户脚本等)。服务器间可以相互通信。有些系统将多个服务器进一步划分成若干专门服务器,如报警服务器、记录服务器、历史服务器、登录服务器等。各服务器逻辑上作为统一整体,但物理上可能放置在不同的机器上。分类划分的好处是可以将多个服务器的各种数据统一管理、分工协作;缺点是效率低,局部故障可能影响整个系统。

3) 通信

为了效率,服务器上的实时数据和历史数据一般都以私有格式存放,实时数据驻留在内存中,而历史数据保存在磁盘中,事件记录也可能以私有格式保存在磁盘中,但有些软件可以将其直接存放到关系数据库(如 Ms SQL Server,ORACLE)中。由于无论采用直接方式还是 ODBC 与关系数据库通信,速度都是比较慢的,所以不可能将快速变化的数据都存放到关系数据库中。那么服务器内这些私有格式的数据是如何与外界联系的呢?

如图 9.16 所示,SCADA 系统中的通信分为内部通信与 I/O 设备通信和外界通信。客户与服务器间以及服务器与服务器间一般有三种通信形式:请求式、订阅式与广播式。设备驱动程序与 I/O 设备通信一般采用请求式,大多数设备都支持这种通信方式,当然也有的设备支持主动发送方式。SCADA 通过多种方式与外界通信。如 OPC,一般都会提供 OPC 客户端,用来与设备厂家提供的 OPC 服务器进行通信。因为 OPC 有微软内定的标准,所以 OPC 客户端无需修改就可以与各家提供的 OPC 服务器进行通信。现在国外的硬件厂商大多都能提供 OPC 服务器,而国内的硬件厂商能提供的很少。SCADA 供应商一般也会提供自己的 OPC 服务器,以便别人通过 OPC 访问自己,这样也就实现了不同 SCADA 间的互联。此外还有其他的一些通信手段,如:

ODBC:第三方程序通过 ODBC 访问历史数据、事件记录等。

API 接口:可以在编程环境(如 VB,VC)中使用该接口。

OLE 控件:可以在各种编程环境下使用,也可以嵌入到支持 OLE 包容器的程序中,如

Ms Word。

DDE:微软的动态数据交换协议。

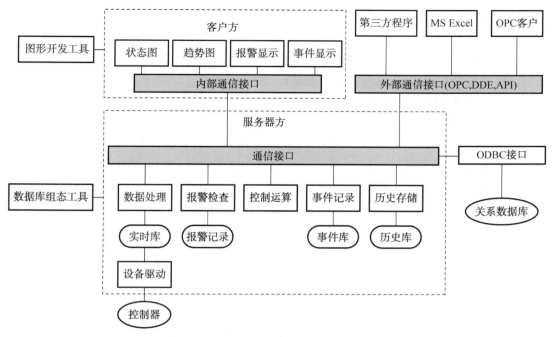

图 9.16　SCADA 通信结构图

9.6.3　SCADA 系统与 DCS 的主要区别

狭义地说,早期 DCS 主要用于过程自动化,适用于局域网,而 SCADA 主要针对广域的需求,如油田绵延千里的管线。如果从计算机和网络的角度来说,它们是统一的,之所以有区别,主要在应用的需求不同。SCADA 属于调度管理层,DCS 属于厂站管理层。

DCS 系统,即集散控制系统,属 20 世纪 90 年代国际先进水平大规模控制系统。它适用于测控点数多、测控精度高、测控速度快的工业现场,其特点是分散控制和集中监视,具有组网通信能力好、测控功能强、运行可靠、易于扩展、组态方便、操作维护简便等优点,但系统的价格昂贵。

SCADA 系统,即分布式数据采集和监控系统,属中小规模的测控系统。它集中了 PLC 系统的现场测控功能强和 DCS 系统的组网通信能力好的两大优点,性能价格比高。其控制功能相对 DCS 要弱一些。SCADA 的重点是在监视,同时兼顾控制,可以实现部分逻辑控制功能,而 DCS 对控制要求更高,用在比较大的系统和控制要求较复杂的系统中。

SCADA 和 DCS 是两种概念,DCS 是由过程控制发展起来的,SCADA 是由电力监控系统发展起来的。两者展开竞争,技术互相渗透,区别已经非常小,只是在什么场合哪个更适应而已。

9.7 计算机集成制造系统(CIMS)简介

9.7.1 系统概述

CIMS(Computer Integrated Manufacturing System),即计算机集成制造系统,是由美国学者哈林顿博士提出的,其基本出发点是:

(1) 企业的各种生产经营活动是不可分割的,要统一考虑。

(2) 整个生产制造过程实质上是信息的采集、传递和加工处理的过程。

早期CIMS被定义为通过计算机软件,并综合运用现代管理技术、制造技术、信息技术、自动化技术、系统工程技术,将企业生产全部过程中有关的人、技术、经营管理三要素及其信息与物流有机集成并优化运行的复杂的大系统。CIMS概念结构如图9.17所示。

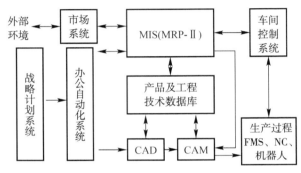

图 9.17 CIMS 概念结构图

CIMS 还有一个别名被称为现代集成控制系统(Contemporary Integrated Control System)。目前 CIMS 被定义为以经济指标为目标,以生产过程优化运行、优化控制和优化管理为核心目标,实现在线成本的预测、控制和反馈校正,以形成生产成本控制中心,保证生产过程的优化运行;实施生产全过程的优化调度,统一指挥,以形成生产指挥中心,保证生产过程的优化控制;实现生产过程的质量跟踪、安全监控,以形成质量管理体系和设备保障体系,保证生产过程的优化管理。

9.7.2 CIMS的体系结构

CIMS 系统的功能结构和层次模型如图 9.18 所示。CIMS 通常由经营管理分系统、车间管理与自动化分系统、工程设计分系统、质量保证分系统、计算机网络分系统和数据库管理分系统六个部分有机组成,即 CIMS 由四个功能分系统和两个支撑分系统组成。CIMS 从层次上可分成底层的"过程控制系统 PCS",考虑企业层面经营管理问题的上层"企业资源计划 ERP"以及同时考虑生产与管理问题的中间层"生产执行系统(也叫制造执行系统)MES"三个层次。

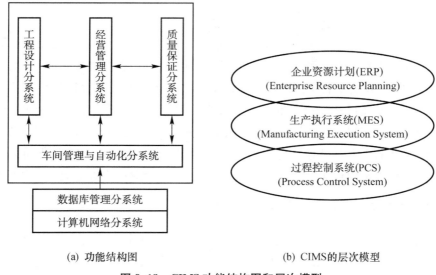

(a) 功能结构图　　　　　　　　　(b) CIMS的层次模型

图9.18　CIMS功能结构图和层次模型

1) 经营管理分系统

具有预测、经营决策、市场计划、市场技术准备、销售、供应、财务、成本、设备、工具和人力资源等管理信息功能。通过信息集成,达到缩短产品生命周期、降低流动资金占用、提高企业应变能力的目的。

2) 车间管理与自动化分系统

它是CIMS中信息流和物质流的结合点。对于离散型制造业,可以由数控机床、加工中心、清洗机、测量机、运输小车、立体仓库、多级分布式控制计算机等设备及相应的支持软件组成。对于连续性生产过程,可由DCS控制下的制造装备组成。通过管理与控制,达到提高生产率、优化生产过程、降低成本和能耗的目的。

3) 工程设计分系统

用计算机辅助产品设计、工艺设计、制造准备及产品性能测试等工作,即CAD/CAPP/CAM系统。目的是使产品开发活动更高效、更优质的进行。

4) 质量保证分系统

它包括质量决策、质量检验与数据采集、质量评价、控制与跟踪等功能。该系统保证从产品设计、制造、检测到后勤服务的整个过程的质量,以实现产品高质量、低成本,提高企业竞争力的目的。

5) 计算机网络分系统

采用国际标准和工业规定的网络协议,实现异种机互联、异构局域网络及多种网络互联。它以分布为手段,满足各应用分系统对网络支持的不同要求,支持资源共享、分布处理、分布数据库、分层递接和实时控制。

6) 数据库管理分系统

它是逻辑上统一、物理上分布的全局数据管理系统,通过该系统可以实现企业数据共享和信息集成。

需要说明的一点是，上述 CIMS 的六大组成部分是最一般、最基本的构成。对于不同的行业，由于其产品、工艺过程、生产方式、管理模式的不同，其各个分系统的作用、具体内容各不相同，所用软件也有一定的区别。即使在同一行业中，由于企业规模不同，分散程度不同，也会对 CIMS 的构成和内容产生影响。所以，对于一个企业而言，CIMS 的组成不必求全，应按照企业的经营、发展目标以及在生产经营过程中的瓶颈制约来选择 CIMS 的分系统。对于大多数企业而言，CIMS 是一个逐步实施的渐进过程。而且，随着市场竞争的加剧和信息技术的进步，企业的 CIMS 已经从企业内部发展到更开放、范围更大的企业间集成。这样，可以使企业内、外部资源被更充分的整合与利用，有利于企业以更大的竞争优势响应市场。

9.7.3　CIMS 与 DCS 的主要区别

CIMS 是一个复杂的综合自动化系统，处理的对象是整个企业的全部生产活动，包括经营活动。DCS 主要处理的对象是企业的生产活动。因此从概念上说 CIMS 包含 DCS。

DCS 作为一种有效的工具和实现手段，在 CIMS 中完成重要的基础控制和实时生产数据采集、动态监控等功能。与管理类计算机相比，DCS 能够提供更加可靠的生产过程数据，使 CIMS 系统所作出的优化决策更加可靠。

从功能上看，CIMS 中的生产自动化系统、动态监控系统和在线质量控制都可以由 DCS 实现。

随着 DCS 向综合自动化方向发展，DCS 的综合管理功能越来越强，其功能已经越来越接近 CIMS。

9.8　集散控制系统的发展趋势

随着工业控制领域中各种新技术的不断涌现，新的控制方案和控制思想将融合到传统的 DCS 中，DCS 的发展趋势主要如下：

1) 向现场总线结构方向发展

现场总线系统有许多优点：将微处理器嵌入仪表和设备中，实现现场仪表和设备的智能化；改变模拟信号一对传输线只能传输一台仪表信号的方式，简化了布线工作。但在实际应用中完全使用现场总线系统的很少，其原因主要有：开发具有现场总线接口的设备成本过高，对企业来说将传统的仪表更换为总线仪表花费过高；虽然现场总线已经形成标准，但标准太多（IEC 规定的就有 8 种标准总线），而且各种标准之间互相排斥，做到完全统一尚须时日；对一些复杂的工艺过程，DCS 现场控制站的组态控制具有优越性，能够组态先进复杂的控制策略，现场总线系统无法与之相比。对于广大技术人员而言，既要利用现场总线系统技术的先进性，又要适应客观实际，这就需要将现场总线系统的技术融于 DCS 之中。

2) 向综合自动化发展

由于标准化数据通信线路和通信网络的发展，可将各种单（多）回路调节器、PLC、工业计算机等工控设备构成大系统，形成面向生产管理与调度的综合自动化系统，如计算机集成制造系统(CIMS)和计算机集成过程控制系统(CIPS)。这类系统可使企业的复杂生产调度和计划问题得到优化解决。

3) 向智能化方向发展

由于数据库、推理机等的发展,特别是知识系统(KBS)和专家系统(ES),如学习控制、远距离诊断和自寻优等的应用,人工智能会在DCS中实现。以微处理器为基础的智能设备,如智能I/O、智能PID控制、智能传感器、智能变送器、智能执行器、智能人机接口等都将相继出现。

4) 将无线连接技术引入DCS的发展

目前的DCS中数据采集设备都采用专用电缆和控制室相连,这样在系统接线、查线、维护等方面造成很多不便,从而限制了DCS的使用范围和空间距离。如果采用无线连接网络结构,则可省去繁重的接线,同时减少了投资,提高了系统性能。虽然目前这项技术还不是很成熟,但有理由相信随着技术的进步,无线连接技术在DCS中大显身手并非神话。

5) 向专业化发展

为了更适合不同领域的应用,就要进一步了解各专业的工艺和应用要求,以逐步形成如核电站DCS、变电站DCS、玻璃制造DCS、水泥制造DCS等与行业知识紧密结合的DCS。

6) 通用化、标准化软件包功能将更加强大

在软件领域,完全依靠一个厂家自己的开发研制能力来满足市场需求已相当困难。DCS中将更多地采用商品化的软件产品,包括组态软件和监控软件。

思考题与习题 9

1. 什么是集散控制系统?它与集中控制系统主要有什么区别?简述DCS的特点。
2. 简述DCS的组成及各部分的主要作用。
3. 常见的DCS现场控制站有哪些类型?
4. 简述DCS软件组态主要有哪些工作。
5. 简述DCS与SCADA系统的主要相同点和不同点。
6. 什么是CIMS?典型的CIMS由哪些子系统构成?简述DCS与CIMS的关系。

第 10 章　现场总线控制系统

随着 DCS 技术的不断发展，人们要求现场设备（或仪表）更加智能化和网络布线更加方便。由于现场总线控制系统将微处理器嵌入仪表和设备中，实现了现场仪表和设备的智能化，改变了模拟信号一对传输线只能传输一台仪表信号的方式，简化了布线工作，因而现场总线控制系统已成为当今自动化领域发展最快的一种新型计算机控制系统。

10.1　现场总线控制系统的基本概念

工业过程控制系统的发展方向是控制功能进一步分散化，以体现"控制分散、危险分散"的设计思想。进入 20 世纪 90 年代后，随着电子技术和计算机技术的发展，传统的模拟仪表正在向数字化、智能化方向发展。智能数字仪表本身具有控制功能，可在测量数据的基础上完成对工业过程的控制。于是，控制系统的各项控制功能可以分散到各个现场仪表，使控制系统的危险进一步分散，从而满足现代化大生产对工业控制安全性日益提高的要求。

分散在各个工业现场的智能仪表通过数字现场总线连为一体，与控制室中的控制器和监视器一起构成现场总线控制系统（Fieldbus Control System，FCS）。通过遵循一定的国际标准，不同厂家的现场总线产品可以集成在同一套 FCS 中，且具有互换性和互操作性。

由于 FCS 具有信号传输数字化、控制功能分散化、开放性与可互操作性等特点，世界各大控制及仪表厂商都在大力进行现场总线技术和智能仪表技术的研究与开发，许多著名公司如 Siemens、Fisher-Rosemount、Smar 等都先后推出了自己的现场总线产品及现场总线控制系统。

国际电工委员会（International Electrotechnical Commission，IEC）对现场总线（Fieldbus）的定义为：现场总线是一种应用于生产现场，在现场设备之间、现场设备和控制装置之间实行双向、串行、多节点的数字通信技术。

我们给出的定义是：现场总线是指连接智能现场设备和自动化系统的数字式、双向传输、多分支结构的通信控制网络。它处于系统最底层，具有开放、统一的通信协议。可实现现场测量控制仪表的微机化或设备间的双向串行多节点数字通信。

现场总线控制系统（FCS）是一种以现场总线为纽带，连接分散的现场仪表或设备，使之成为可以相互沟通信息、共同完成自动控制任务的网络系统与控制系统。

现场总线是工业设备自动化控制的一种计算机局域网络。现场总线控制系统（FCS）依靠具有检测、控制、通信能力的数字化仪表（或设备）在现场实现彻底分散控制，并以这些现场分散的测量、控制设备的单个点作为网络节点，将这些点以总线形式连接起来。它将原来集散型的 DCS 系统现场控制站的功能全部分散在各个网络节点处,是网络集成式全分布控制系统。FCS 将原来相对封闭、专用的系统变成开放、标准的系统,使得不同制造商的产品可以互连,是 DCS 系统的更新换代。

10.2 现场总线的体系结构

分散在工业现场的智能仪表是通过数字现场总线与控制室中的控制设备连为一体的,因此现场总线的性能与特性对 FCS 的体系结构起着重要作用。近年来国际上形成了多种成熟的现场总线,其中以过程现场总线 Profibus(Process Fieldbus)和基金会现场总线 FF(Foundation Fieldbus)最具有代表性。

如图 10.1 所示是过程现场总线 FCS 的网络结构图,由三层网络组成。最下一层为低速现场总线 Fieldbus H_1 连成的控制网络 CNET,中间一层为高速现场总线 Fieldbus H_2 连成的系统网络 SNET,最上一层为普通商用管理网络 MNET。

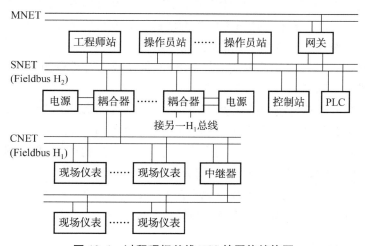

图 10.1 过程现场总线 FCS 的网络结构图

最底层的 H_1 现场总线连接着各类现场智能仪表,包括压力变送器、温度变送器、流量测量仪表及调节阀等。H_1 通过耦合器连到高速现场总线 Fieldbus H_2 上,作为 H_2 总线的一个节点。对 FCS 进行管理和运行控制的工程师站和操作员站作为 H_2 总线的节点,也连接到 FCS 的 H_2 总线上。在如图 10.1 所示的 FCS 中,PLC 和 DCS 现场控制站通过接口单元也作为高速现场总线的节点挂接到 H_2 总线上。FCS 通过网关接到上层管理网上。

H_1 现场总线物理层协议遵循国际标准 IEC1158-2,一条 H_1 总线在不加中继器时总长可达 1900 m。H_1 总线可为现场仪表提供电源,通过限制总线上流过的电流值可使现场智能仪表工作在本安(本质安全)区域。一条 H_1 现场总线在不加中继器时可连接 2~32 台非总线供电的非本安现场仪表,或连接 2~12 台总线供电的非本安现场仪表,或连接 2~6 台总线供电的本安现场仪表。

如果希望连接更多的智能仪表或连接距离更远的现场仪表,可在总线上加中继器。一条 H_1 现场总线上一般最多可加 4 个中继器,加上 4 个中继器后 H_1 总线全长可达 7.2 km,

连接的现场智能仪表最多可达 126 台。

图 10.1 中的耦合器是用来连接低速侧总线 H_1 和高速侧总线 H_2 的。由于现场仪表有需要总线供电的,也有不需要总线供电的;有工作于本安区域的,也有工作于非本安区域的,所以耦合器的 H_1 连接侧具有三种接口单元。第一种是连接由总线供电工作于本安区域的现场仪表,第二种是连接由总线供电工作于非安区域的现场仪表,第三种是连接不需总线供电工作于非本安区域的现场仪表。

与上述设计思想稍有不同的另一种解决方案是:耦合器中的接口单元只有一类,若现场智能仪表具有本质安全要求或需要总线供电,可在进入现场一侧的安全区域加设隔离式安全栅或供电电源。这种方案增加了系统的复杂性,但当仅有少数几台现场仪表需要总线供电或具有本安要求时可增加总线挂接智能仪表的数量。

H_1 总线通过耦合器把现场智能仪表的数据上传到 H_2 总线上,由 H_2 总线上的操作员站对现场数据进行读取和保存。每根 H_2 总线上可以连接多个 H_2/H_1 耦合器。H_2 总线遵循 Profibus-DP 协议,数据传输采用 RS485 方式,最高传输速率可达 12 Mb/s。现在很多 PLC 都支持 DP 接口,而 DCS 可针对不同的网络协议开发相应的接口单元。

FCS 的组态工作在工程师站上完成,工程师站运行在 Windows NT 环境下。Windows NT 基于 32 位虚拟存贮模式和抢占式多任务处理,使系统的硬件资源得到了充分利用,同时实时性也能得到很好满足。

通过上装功能可以把现场智能仪表(或设备)的有关参数设置值回读到工程师站上。工程师站可以在线对 FCS 的各项配置进行组态和修改,并通过在线下装把修改后的数据库传到各现场智能仪表上。操作员站主要完成对 FCS 各个部分的监视、控制和管理,各操作员站的功能相同,且均运行在 Windows NT 环境下。

FCS 通过网关与上位管理系统相连,把工业现场的各种参数、数据传送到上级管理网络,为管理层决策提供第一手资料,从而实现管控一体化。

10.3 现场总线智能仪表

智能仪表技术是导致控制系统体系结构发生根本性变化的关键因素,它使得工业过程的各种控制功能进一步分散到现场,实现了真正的分散控制,从而使控制系统的危险进一步分散,大大提高了系统的可靠性。

现场智能仪表是嵌入微处理器、实时嵌入式操作系统和现场总线协议栈,是具有传感测量、数字通信、自动补偿、自动诊断、分散控制、信息存储等功能的仪表。如图 10.2 所示,我们以 1151 智能压力变送器为例介绍 FCS 中智能仪表的功能及其实现方法。

1151 电容式压力变送器的测压原理为:被测介质的两种压力通入高、低两个压力室,二者的差值使得测量膜片产生位移。该测量膜片与另外两个固定电极组成两个电容器,当高、低压力室的压力不等时,两个电容器的电容值不相等。压力差与测量膜片的位移成正比,测量膜片的位移与电容差也成正比。于是,通过测量两个电容器的电容差值可以得到高、低两个压力的压力差。

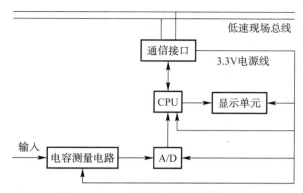

图 10.2　1151 智能压力变送器原理图

图 10.2 中 A/D 转换器对代表差压的模拟信号进行模/数转换，把转换后的数字信号送入 CPU 进行各项处理。经处理后的数字信号既可送往液晶显示单元在本地显示，也可通过通信接口单元转换为串行数字信号送往现场总线。其他控制单元对智能仪表的控制信号通过现场总线传给仪表。同时，智能仪表还从现场总线上获取电源，并把信号线上提供的 24 V 电源转化为 3.3 V 或 5 V 的电源输出，为智能仪表内的所有芯片提供数字电源。

1151 智能压力仪表具有采集差压信号、采集温度信号、压力信号单位转换、测压膜片非线性补偿、压力信号温度补偿、流速和流量计算、测量数据越限报警、故障诊断、自标定、零点和满度设定、掉电保护、数据通信、回路控制等功能。

FF 现场总线仪表主要有以下几种：

（1）IF 表：亦称"电流信号到现场总线信号变送器"。它是将 4～20 mA 电流信号转换成现场总线信号，用于将传统的 4～20 mA 输出的模拟仪表连接到现场总线控制系统中，适用于企业控制系统改造，可以很大程度上保留用户原有可利用的模拟仪表资源，减少用户投资。

（2）FI 表：亦称"现场总线到电流信号变送器"。它是将现场总线信号转换成 4～20 mA 电流信号，用于现场总线控制设备与需要 4～20 mA 电流输入信号的仪表的连接，也是现场总线与 4～20 mA 电流控制的执行机构及控制装置的控制信号转换设备，适用于现场总线控制系统与 4～20 mA 电气转换器或电动调节阀的连接，有利于保留企业控制系统改造中可利用的执行设备。

（3）TT 表：亦称"现场总线温度变送器"。它是将 PT100、CU50 等热电阻信号转换成现场总线信号，适用于现场总线控制系统中对温度信号的采集。

（4）PT 表：亦称"现场总线智能压力变送器"。它是将压力信号转换成现场总线信号，适用于现场总线控制系统中对压力、流量、液位等信号的采集。

（5）FP 表：亦称"现场总线到气动信号转换器"。它是将从总线接收的输入信号按比例转换成 3～15 psi(20.68～34.47 kPa)气压信号，并连接到非现场总线类型的气动阀门定位器上，用于代替模拟的电/气转换器，控制系统中的气动阀门。

（6）FY 表：亦称"现场总线气动阀门定位器"。它是将现场总线信号转换成相应的压力输出，并控制阀门到所需位置，实现气动阀门的定位控制。

10.4 现场总线控制系统的特点与优势

10.4.1 FCS 与 DCS 的比较

如图 10.3 所示,左边为 DCS 基本结构,右边为 FCS 基本结构。FCS 打破了传统 DCS (集散控制系统)的结构形式。DCS 中位于现场的设备与位于控制室的控制器之间均为一对一的物理连接。FCS 采用了智能设备,把原 DCS 中处于控制室的控制模块、输入/输出模块置于现场设备中,加上现场设备具有通信能力,现场设备之间可直接传送信号,因而控制功能可不依赖于控制室里的计算机或控制器,而直接在现场完成,实现了彻底的分散控制。另外,由于 FCS 采用数字信号代替模拟信号,可以实现一对电线上传输多个信号,同时又为多个设备供电,这为简化系统结构、节约硬件设备、节约连接电缆与各种安装、维护费用创造了条件。表 10.1 详细说明了 FCS 与 DCS 的对比。

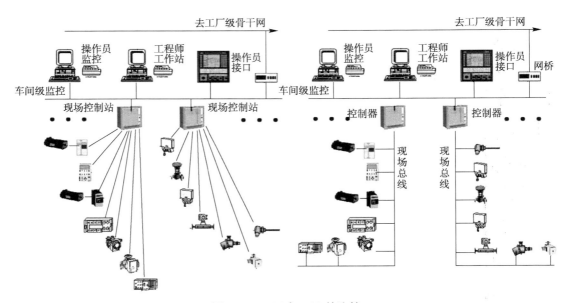

图 10.3 DCS 与 FCS 的比较

表 10.1 DCS 与 FCS 的对比

	DCS	FCS
结构	一对一:一对传输线接一台仪表,单向传输一个信号	一对多:一对传输线接多台仪表,双向传输多个信号
可靠性	可靠性差:模拟信号传输不仅精度低,而且容易受干扰	可靠性好:数字信号传输抗干扰能力强,精度高
控制状态	操作员在控制室既不了解模拟仪表的工作状况,也不能对其进行参数调整,更不能预测故障,导致操作员对仪表处于"失控"状态	操作员在控制室既可以了解现场设备或现场仪表的工作状况,也能对设备进行参数调整,还可以预测或寻找故障,仪表始终处于操作员的远程监视与可控状态之中

续表 10.1

	DCS	FCS
互换性	尽管模拟仪表统一了信号标准（4～20 mA DC），可是大部分技术参数仍由制造厂自定，致使不同品牌的仪表无法互换	用户可以自由选择不同制造商提供的性能价格比最优的现场设备和仪表，并将不同品牌的仪表互连。即使某台仪表出现故障，换上其他品牌的同类仪表照样工作，实现"即接即用"
仪表功能	模拟仪表只具有检测、交换、补偿等功能	智能仪表除了具有模拟仪表的检测、交换、补偿等功能外，还具有数字通信能力，并且具有控制和运算的能力
控制	所有的控制功能集中在控制站中	控制功能分散在各个智能仪表中

10.4.2 现场总线控制系统的技术特点

现场总线系统打破了传统控制系统的结构形式，其在技术上主要具有以下特点：

1）系统的开放性

现场总线致力于建立统一的工厂底层网络的开放系统。用户可根据自己的需要，通过现场总线把来自不同厂商的产品组成大小随意的开放互联系统。

2）互操作性与互用性

互操作性是指实现互联设备间、系统间的信息传送与沟通；而互用性则意味着不同生产厂家的性能类似的设备可实现相互替换。

3）现场设备的智能化与功能自治性

它将传感测量、补偿计算、工程量处理与控制等功能分散到现场设备中完成，仅靠现场设备即可完成自动控制的基本功能，并可随时诊断设备的运行状态。

4）系统结构的高度分散性

现场总线构成一种新的全分散式控制系统的体系结构，从根本上改变了集中与分散相结合的 DCS 体系，简化了系统结构，提高了可靠性。

5）对现场环境的适应性

现场总线是专为现场环境而设计的，支持各种通信介质，具有较强的抗干扰能力，能采用两线制实现供电与通信，并可满足本质安全要求等。

10.4.3 现场总线控制系统的主要优点

由于现场总线系统结构的简化，使控制系统从设计、安装、投运到正常生产运行及检修维护，都体现出优越性。现场总线的主要优点如下：

1）节省硬件数量与投资

由于分散在现场的智能设备能直接执行传感、测量、控制、报警和计算功能，因而可减少变送器的数量，不再需要单独的调节器、计算单元等，也不再需要 DCS 系统的信号调理、转换、隔离等功能单元及其复杂接线，还可以用工控 PC 机作为操作站，从而节省了一大笔硬件投资，并可减少控制室的占地面积。

2) 节省安装费用

现场总线系统的接线十分简单,一对双绞线或一条电缆上通常可挂接多个设备,因而电缆、端子、槽盒、桥架的用量大大减少,连线设计与接头校对的工作量也大大减少。当需要增加现场控制设备时,无需增设新的电缆,可就近连接在原有的电缆上,既节省了投资,又减少了设计、安装的工作量。据有关典型试验工程的测算资料表明,可节约安装费用60%以上。

3) 节省维护开销

现场控制设备具有自诊断与简单故障处理的能力,并能通过数字通信将相关的诊断维护信息送往控制室,用户可以查询所有设备的运行、诊断、维护信息,以便早期分析故障原因并快速排除,缩短了维护停工时间。同时由于系统结构简化,连线简单而减少了维护工作量。

4) 用户具有高度的系统集成主动权

用户可以自由选择不同厂商所提供的设备来集成系统,避免因选择了某一品牌的产品而限制了使用设备的选择范围,不会为系统集成中不兼容的协议、接口而一筹莫展,使系统集成过程中的主动权牢牢掌握在用户手中。

5) 提高了系统的准确性与可靠性

现场设备的智能化、数字化使之与模拟信号相比,从根本上提高了测量与控制的精确度,减少了传送误差。系统结构的简化、设备与连线的减少、现场设备内部功能的加强,减少了信号的往返传输,提高了系统的工作可靠性。

此外,由于设备标准化、功能模块化,因而还具有设计简单,易于重构等优点。

10.5 几种典型的现场总线

现场总线发展迅速,现处于群雄并起、百家争鸣的阶段。目前已开发出有40多种现场总线,如 Interbus、Bitbus、DeviceNet、MODbus、Arcnet、P—Net、FIP、ISP 等,较流行的有5种,分别是 FF、Profibus、HART、CAN 和 LonWorks,其性能对照如表10.2所示。

表10.2 5种现场总线性能对照表

特性	现场总线类型				
	FF	Profibus	HART	CAN	LonWorks
应用范围	仪表	PLC	智能变送器	汽车	楼宇自动化、工业自动化等
OSI 网络层次	1、2、7	1、2、7	1、2、7	1、2、7	1~7
通信介质	双绞线、电缆、光纤、无线等	双绞线、光纤	电源信号线	双绞线	双绞线、电力线、电缆、光纤、无线等
介质访问方式	令牌、主从	令牌、主从	令牌、查询	位仲裁	PP、CSMA、CRC
纠错方式	CRC	CRC	CRC	CRC	CRC
通信速率（Mbps）	2.5	1.2	1.2	1	1.25
最大字节数	32	128	15	110	2^{48}

续表 10.2

特性	现场总线类型				
	FF	Profibus	HART	CAN	LonWorks
优先级	有	有	有	有	有
保密性	—	—	—	—	身份认证
安全性	高	高	高	高	高
开发工具	有	有	有	有	有

10.5.1 基金会现场总线(FF)

在现场总线标准的研究制订过程中,出现过多种企业集团或组织,通过不断的竞争,到 1994 年在国际上基本上形成了两大阵营,一个以 Fisher-Rosemount 公司为首,联合 Foxboro、横河、ABB、西门子等 80 家公司制订的 ISP 协议;另一个以 Honeywell 公司为首,联合欧洲 150 家公司制订的 World FIP 协议。这两大集团于 1994 年合并,成立现场总线基金会(Fieldbus Foundation,FF),致力于开发统一的现场总线协议。尽管 FF 成立的时间比较晚,在推出自己的产品和把这项技术完整地应用到工程上相对于 Profibus 和 WORLDFIP 也要晚,但因这个组织实力很强,目前 FF 在 IEC 现场总线标准的制订过程中起着举足轻重的作用。

FF(HSE)现场总线即为 IEC 定义的 H_2 总线,它由 FF 组织负责开发,并于 1998 年决定全面采用已广泛应用于 IT 产业的高速以太网(Highspeed Ethernet,HSE)标准。该总线使用框架式以太网(Shelf Ethernet)技术,传输速率从 100 Mbps~1 Gbps 或更高。HSE 完全支持 IEC 61158 现场总线的各项功能,诸如功能块和装置描述语言等,并允许基于以太网的装置通过一种连接装置与 H_1 装置相连接。连接到一个连接装置上的 H_1 装置无须主系统的干预就可以进行对等层通信。同样,连接到一个连接装置上的 H_1 装置无须主系统的干预可以与另一个连接装置上的 H_1 装置直接进行通信。

1) FF 现场总线技术

基金会现场总线是一个充当工厂/车间测试和控制设备局域网的全数字、串行双工的通信系统。在车间网络的等级系列中,现场总线环境为数字网络的底层。FF 的协议规范建立在 ISO/OSI 层间通信模型之上,由 3 个主要功能部分组成:物理层、通信栈和用户层。

(1) 物理层

物理层对应于 OSI 第 1 层。从上层接收编码信息并在现场总线传输媒体上将其转换成物理信号;也可以进行相反的过程。

(2) 通信栈

通信栈对应于 OSI 模型的第 2 层和第 7 层。第 2 层控制信息通过第 1 层传输到现场总线,同时通过 LAS(链接活动调度器)连接到现场总线,LAS 用来规定确定信息的传输和批准设备间数据的交换。第 7 层对用户层命令进行编码和解码。

(3) 用户层

用户层是一个基于模块和设备描述技术的详细说明的标准的用户层,定义了一个利用资源模块、转换模块、系统管理和设备描述技术的功能模块应用过程(FDAP)。资源模块定义了整个应用过程,如制造标识(设备类型等)的参数;功能模块浓缩了控制功能(如 PID 控制器、模拟输入等);转换模块表示温度、压力、流量等传感器的接口。

2) FF 的功能模块

FF 发布的最初 10 个功能模块覆盖了 80% 以上的基础过程控制轮廓。除此之外,FF 还增加了 19 个高级功能模块。一个现场总线设备必须具有资源模块和至少一个功能模块。这个功能模块借助总线在同一或分开的设备中通过输入和/或输出参数连接到其他功能模块。每一个输入/输出参数都有一个值和一个状态。每个参数的状态部分带有这个值的质量信息,如好、不定或差。

功能模块执行同步化和功能模块参数在现场总线上的传送,使得将控制分散到现场总线成为可能。系统管理和网络管理负责处理这一功能,并实现将时间发布给所有设备,自动切换到冗余时间打印者,自动分配设备地址,在现场总线上寻找参数名或标识。

3) 设备描述技术

设备描述(DD)是实现用户层互操作技术的另一个关键因素。DD 被用来描述标准模块参数和供应商的特殊参数,以使任何主系统能够与这些参数互操作。在一定意义上,DD 是主系统所使用设备参数的扩展描述。供应商用一种称为设备描述语言(DDL)的特殊编程语言编写设备描述(DD)。DDL 源码被转换成充当现场总线设备"驱动器"的有效的 DD 二进制形式。DD 提供了控制系统或主系统理解设备数据意义所必需的所有信息,包括校准和诊断等功能的人机接口。

FF 为所有标准模块提供了 DD。设备供应商通常准备一个增量 DD,它以简便的方法在已经存在的 DD 上添加额外的功能。他们同时把通用 DD 注册到基金会,基金会用户通过订购手续得到这些注册的 DD。

另外,基金会提供一个能读懂 DD 的被称为设备描述服务的标准软件库。任何带设备描述服务的主系统只要具有设备的 DD 就能与 FF 设备互操作。

4) FF 的主要特点

(1) 具有适合工业现场应用的通信规范和网络操作系统。

(2) 采用单一串行线上连接多个设备的网络连接方法,1 条总线最多可连接 32 台设备。

(3) 通信介质可以是金属双绞线、同轴电缆、动力线或光纤。通信信号可以采用 10 mA 电流方式,也可以采用电压方式。通信线路可用设备的供电线路。

(4) 具有比较完备的工业设备描述语言。

(5) 采用虚拟设备的概念实现设备的模块化处理。

(6) 实现了开放式系统,在 FF 系统内,不同厂家的产品具有互操作性。

(7) 提供了比较完善的系统测试手段和方法。

可以说,FF 是个生命力强大的现场总线。

10.5.2 过程现场总线(Profibus)

过程现场总线(Process fieldbus,Profibus)是由以西门子公司为主的十几家德国公司、研究所共同推出的。Profibus 是一种国际化、开放式、不依赖于设备生产商的现场总线标准。Profibus 传送速度可在 9.6 kbaud~12 Mbaud 范围内选择,且当总线系统启动时,所有连接到总线上的装置被设成相同的速度。它广泛适用于制造业自动化、流程工业自动化和楼宇、交通电力等其他领域自动化。Profibus 是一种用于工厂自动化车间级监控和现场设备层数据通信与控制的现场总线技术。可实现现场设备层到车间级监控的分散式数字控制和现场通信网络,从而为实现工厂综合自动化和现场设备智能化提供了可行的解决方案。

Profibus 于 1989 年正式成为现场总线的国际标准。在多种自动化领域占据主导地位,全世界的设备节点数已经超过 2000 万。它由三个兼容部分组成,即 Profibus-DP (Decentralized Periphery)、Profibus-PA(Process Automation)和 Profibus-FMS (Fieldbus Message Specification)。其中 Profibus-DP 应用于现场级,是一种高速低成本通信,用于设备级控制系统与分散式 I/O 之间的通信,总线周期一般小于 10 ms,使用协议第 1、第 2 层和用户接口,确保数据传输的快速和有效进行;Profibus-PA 适用于过程自动化,可使传感器和执行器接在一根共用的总线上,可应用于本征安全领域;Profibus-FMS 用于车间级监控网络,它是令牌结构的实时多主网络,用来完成控制器和智能现场设备之间的通信以及控制器之间的信息交换。

1) 基本特性

Profibus 可使分散式数字化控制器从现场底层到车间实现网络化。与其他现场总线相比,Profibus 的重要优点是具有稳定的国际标准 EN 50170 作保证,并经实际应用验证具有普遍性,已在 10 多万的成功应用中得以实现。它包括了加工制造、过程和数字自动化等广泛的应用领域,并可同时实现集中控制、分散控制和混合控制三种方式。该系统分为主站和从站。

主站决定总线的数据通信,当主站得到总线控制权(令牌)时,没有外界请求也可以主动发送信息。

从站为外围设备,典型的从站包括输入/输出装置、阀门、驱动器和测量发射器。它们没有总线控制权,仅对接收到的信息给予确认或当主站发出请求时向它发送信息。从站也称为被动站。由于从站只需总线协议的一小部分,所以实施起来特别经济。

三种类型(DP、FMS、PA)均使用一致的总线存取协议,都是通过 OSI 参考模型第二层来实现的。如图 10.4 所示,在总线上挂接 3 台主站、7 台从站,主站采用令牌传送方式,从站采用主从传输方式,每个主站可以管理 7 台从站中的几台,主站管理从站可以交叉进行(如 PLC 和 PC 都可在总线上管理温度控制仪表 3)。

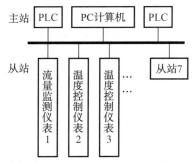

图 10.4 Profibus 总线系统结构示意图

2）结构

Profibus 协议结构是根据 ISO7498 国际标准，以开放式系统互联网络（OSI）作为参考模型的，如图 10.5 所示。

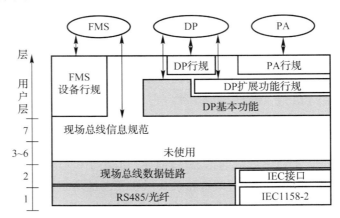

图 10.5　Profibus 通信参考模型结构

（1）Profibus-DP：定义了第一、第二层和用户接口。第三到第七层未加描述。用户接口规定了用户及系统以及不同设备可调用的应用功能，并详细说明了各种不同 Profibus-DP 设备的设备行为。

（2）Profibus-FMS：定义了第一、第二、第七层，应用层包括现场总线信息规范（Fieldbus Message Specification，FMS）和低层接口（Lower Layer Interface，LLI）。FMS 包括了应用协议并向用户提供了可广泛选用的强有力的通信服务。LLI 协调不同的通信关系并提供不依赖设备的第二层访问接口。

（3）Profibus-PA：PA 的数据传输采用扩展的 Profibus-DP 协议，描述了现场设备行为的 PA 行规。根据 IEC1158-2 标准，PA 的传输技术可确保其本征安全性，而且可通过总线给现场设备供电。使用连接器可在 DP 上扩展 PA 网络。

注：第一层为物理层，第二层为数据链路层，第三层为网络层，第四层为传输层，第五层为会话层，第六层为表达层，第七层为应用层。需要注意的是，第三至第六层在 Profibus 中没有具体应用，但是这些层要求的任何重要功能都已经集成在低层接口（LLI）中。

3）特点

Profibus 作为业界应用最广泛的现场总线技术，除具有一般总线的优点外还有自身的特点，具体表现如下：

（1）最大传输信息长度为 255 B，最大数据长度为 244 B，典型长度为 120 B。

（2）网络拓扑为总线型，附加 OLM 支持星形、树形或环形。

（3）传输速率取决于网络拓扑和总线长度，从 9.6 kb/s 到 12 Mb/s 不等。

（4）站点数取决于信号特性，如对屏蔽双绞线，每段为 32 个站点（无转发器），最多 127 个站点带转发器。

（5）传输介质为屏蔽/非屏蔽双绞线或光纤。

（6）当用双绞线时，传输距离最长可达 9.6 km，用光纤时，最大传输长度为 90 km。

(7) 传输技术为 DP 和 FMS 使用 RS-485 传输,PA 使用 IEC1158-2 传输和光纤传输。

(8) 采用单一的总线方位协议,包括主站之间的令牌传递与从站之间的主从方式。

(9) 数据传输服务包括循环和非循环两类。

10.5.3 局部操作网络(LonWork)

局部操作网络(Local Operating Network,LonWork)是由美国 Echelon 公司于 1990 年正式推出的。它采用 ISO/OSI 模型的全部 7 层协议,采用了面向对象的设计方法,通过网络变量把网络通信设计简化为参数设置,其传输介质可以是双绞线、光缆、射频、红外线和电力线等。

LonWork 总线技术提供了一套包含所有设计、配置和支持控制网元素的完整的开发平台。LonWorks 技术由以下几部分组成:LonWorks 节点和路由器、LonTalk 协议、LonWorks 收发器、网络开发工具(LonBuilder)和节点开发工具(NodeBuilder)。

一个典型的现场控制网络节点包括应用 CPU、I/O 处理单元、通信处理器、收发器和电源。LonWork 总线的路由器是其他现场总线所不具备的。LonWorks 技术中,路由器包括以下几种:中继器、桥接器、路由器。总线可以不受通信介质、通信距离、通信速率的限制。

网络管理的主要功能有网络安装、网络维护和网络监控。

采用的 LonTalk 协议被封装在 Neuron 芯片中,内含三个 8 位微处理器,CPU1 是 MAC 处理器,负责介质访问控制,处理 ISO/OSI 七层网络协议的 1、2 层;CPU2 是网络处理器,负责网络处理,实现 ISO/OSI 网络协议的 3~6 层功能;CPU3 是应用处理器,执行用户编写的程序代码和用户程序对操作系统的服务调用。

NEURON 的基本编程语言是 NEURON C,内部可进行多任务调度,有将 I/O 对象映射入 I/O 能力中的说明性语法、网络变量的说明性语法、对毫秒和秒计时器目标说明的语法、run-time 函数库、通用网络通信口。

LonTalk 协议具有的主要特点为:

(1) 发送的报文都是很短的数据(通常几个到几十个字节)。

(2) 通信带宽不高(几 kpbs 到 2 Mbps)。

(3) 总线式传输距离可达 2700 m,自由拓扑传输距离可达 500 m,电力载波传输距离可达 300 m,不带电电力载波传输距离可达 30 km。

(4) 网络上的节点往往是低成本、低维护的单片机。

(5) 多节点,多通信介质。

(6) 可靠性高,实时性强。

(7) 不受通信媒介、网络结构和网络拓扑的限制。

(8) LonTalk 协议提供四种基本报文服务:应答确认方式(Acknowledge)、请求/响应方式(Request/Response)、非应答重复方式(Unacknowledged Repeated)、非应答确认方式(Unacknowledged)。

10.5.4 控制局域网络(CAN)

控制局域网络(Controller Area Network,CAN)最早由德国 BOSCH 公司推出,用于汽

车内部测量与执行部件之间的数据通信。其总线规范现已被 ISO 国际标准组织制订为国际标准。CAN 协议也是建立在国际标准组织的开放系统互连模型基础上的,只取 OSI 底层的物理层、数据链路层和顶层的应用层。通信速率最高可达 1 Mbps/40 m,直接传输距离最远可达 10 km/5 kbps。

  CAN 协议的一个最大特点是废除了传统的站地址编码,而代之以对通信数据块进行编码,使网络内的节点个数在理论上不受限制。数据块的标识符可由 11 位或 29 位二进制数组成,因此可以定义两个或两个以上不同的数据块,这种按数据块编码的方式,还可使不同的节点同时接收到相同的数据,这一点在分布式控制系统中非常有用。

  CAN 为多主方式工作,网络上任一节点均可在任意时刻主动地向网络上其他节点发送信息,而不分主从,通信方式灵活,且无须站地址等节点信息。利用这一特点可方便地构成多机备份系统。CAN 网络上的节点信息分成不同的优先级,可满足不同的实时要求,高优先级的数据最多可在 134 ms 内得到传输。

  CAN 采用非破坏性总线仲裁技术,当多个节点同时向总线发送信息时,优先级较低的节点会主动地退出发送,而最高优先级的节点可不受影响地继续传输数据,从而大大节省了总线冲突仲裁时间。CAN 只需通过报文滤波即可实现点对点、一点对多点及全局广播等几种方式传送接收数据,无需专门的"调度"。

  CAN 上的节点数主要取决于总线驱动电路,目前可达 110 个;报文标识符可达 2032 种(CAN2.0A),而扩展标准(CAN2.0B)的报文标识符几乎不受限制。

  CAN 采用短帧结构,每一帧的有效字节数为 8 个,传输时间短,受干扰概率低,具有极好的检错效果。CAN 的每帧信息都有 CRC 校验及其他检错措施,数据出错率极低。CAN 的通信介质可为双绞线、同轴电缆或光纤,选择灵活。CAN 节点在错误严重的情况下具有自动关闭输出功能,以使总线上其他节点的操作不受影响。

10.5.5 可寻址远程传感器数据通路(HART)

  可寻址远程传感器数据通路(HART)是 Highway Addressable Remote Transducer 的缩写。最早由 Rosemount 公司开发并得到八十多家著名仪表公司的支持,于 1993 年成立了 HART 通信基金会。这种被称为可寻址远程传感器高速通道的开放通信协议,其特点是在现有模拟信号传输线上实现数字信号通信,属于模拟系统向数字系统转变过程中的过渡性产品,因而在当前的过渡时期具有较强的市场竞争能力,得到了较快发展。

  HART 使用了开放互联网络模型的 1、2、7 层。第 1 层(物理层)规定了信号的传输方法、设备阻抗和传输介质。采用 Bell202 标准的 FSK 频移键控信号,在低频的 4~20 mA 模拟信号上叠加一个频率数字信号进行双向数字通信。数字信号的幅度为 0.5 mA,数据传输率为 1200 bps,1200 Hz 代表逻辑"1",2200 Hz 代表逻辑"0"。第 2 层(数据链路层)规定 HART 协议帧的格式,可寻址范围 0~15,"0"时,处于 4~20 mA 及数字信号点对点模式,"1~15"处于全数字通信状态,工作在点对多点模式,通信模式有"问答"式、"突发"式(点对点、自动连续地发送信息)。按问答方式工作时的数据更新速率为 2~3 次/s,按突发方式工作时的数据更新速率为 3~4 次/s。第 3 层(应用层)规定了三类命令:(1) 通用命令,所有遵循 HART 协议的智能设备都能理解、执行该命令;(2) 一般行为命令,所提供的功能可以在许多现场设备(尽管不是全部)中实现,这类命令包括最常用的现场设备的功能库;(3) 特殊设备命令,只在某些具体设备中实现特殊功能。

HART 现场总线技术特点如下:

(1) 兼有模拟仪表性能和数字通信性能;
(2) 支持多点数字通信;
(3) 允许"问答式"及成组通信方式;
(4) 通用的报文结构;
(5) 采用设备描述语言 DDL 描述设备特性,并编成设备描述字典,主设备运用 DDL 技术理解设备参数,不需要开发专用接口;
(6) 可以利用总线供电,满足本质安全防爆要求;
(7) 可组成双主设备系统。

10.6 工业以太网与实时以太网简介

10.6.1 工业以太网概述

用于办公室和商业的以太网伴随着现场总线的发展已进入了控制领域,如图 10.6 所示。工业以太网发展迅速的主要原因是由于工业自动化系统正向分布化、智能化的实时控

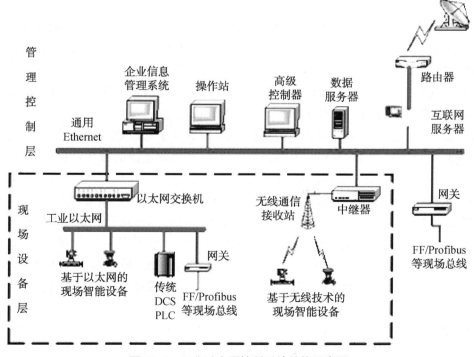

图 10.6 工业以太网控制系统结构示意图

制方面发展，用户对统一的通信协议和网络的要求日益迫切。由于 Intranet/Internet 等信息技术一般是用以太网技术架构的，综合自动化要求企业从现场控制层到管理层能实现全面的无缝信息集成，并提供一个开放的基础构架，而目前的现场总线尚不能完全满足这些要求，所以工业以太网成为综合自动化网络的首选。

以太网是当今现有局域网采用的最通用的通信协议标准。该标准定义了在局域网(LAN)中采用的电缆类型和信号处理方法。以太网在互联设备之间以 10～1000 Mbps 的速率传送信息包。以太网由于其开放性、低成本、高可靠性以及高速率传送信息而成为应用最为广泛的网络技术。进行适当改进的以太网可以应用到工业控制系统，这种网络叫工业以太网(Industrial Ethernet)。工业以太网具有如下优点：

（1）基于 TCP/IP 的以太网采用国际主流标准，协议开放、不同厂商设备容易互连，具有互操作性；

（2）可实现远程访问，远程诊断；

（3）不同的传输介质可以灵活组合，如同轴电缆、双绞线、光纤甚至无线电等；

（4）网络速度快，可达千兆甚至更快；

（5）支持冗余连接配置，数据可达性强，数据有多条通路抵达目的地；

（6）系统节点几乎无限制，不会因系统增大而出现不可预料的故障，有成熟可靠的系统安全体系；

（7）与管理网无缝连接，可降低投资成本。

10.6.2　几种工业以太网协议简介

由于商用计算机普遍采用的以太网应用层协议不能适应工业过程控制领域现场设备之间的实时通信，所以必须在以太网和 TCP/IP 协议的基础上，建立完整有效的通信服务模型，制定有效的实时通信服务机制，协调好工业现场控制系统中实时与非实时信息的传输，形成被广泛接受的应用层协议，也就是所谓的工业以太网协议。目前已经制定的工业以太网协议有 MODBUS/TCP，HSE，EtherNet/IP，ProfiNet 等。

（1）MODBUS/TCP 协议是法国施耐德公司 1999 年公布的协议，该协议以一种非常简单的方式将 MODBUS 帧嵌入到 TCP 帧中。这是一种面向连接的方式，每一个呼叫都要求一个应答。这种呼叫/应答的机制与 MODBUS 的主从机制相互配合，使交换式以太网具有很高的确定性。利用 TCP/IP 协议，通过网页的形式可以使用户界面更加友好，并且利用网络浏览器就可以查看企业网内部的设备运行情况。施耐德公司已经为 MODBUS 注册了 502 端口，这样就可以将实时数据嵌入到网页中，通过在设备中嵌入 Web 服务器，就可以将 Web 浏览器作为设备的操作终端。MODBUS/TCP 协议已是中国国家标准——《基于 Modbus 协议的工业自动化网络规范第 3 部分：Modbus 协议在 TCP/IP 上的实现指南》，标准号为：GB/Z19582.3-2004。

（2）HSE 是基金会现场总线 FF 于 2000 年发布的工业 EtherNet 规范，是以太网协议 IEEE802.3，TCP/IP 协议族和 FFH1 的结合体。FF 现场总线基金会将 HSE 定位于实现控制网络与 Internet 的集成。由 HSE 连接设备将 H_1 网段信息传送到以太网的主干网上，这些信息可以通过互联网送到主控室,并进一步送到企业的 ERP 管理系统。操作员可以在主控室直接使用网络浏览器查看现场运行情况,现场设备也可以通过网络获得控制信息。

（3）EtherNet/IP 是美国罗克韦尔公司于 2000 年发布的工业 Ethernet 规范,它很好地采用了当前应用广泛的以太网通信芯片以及物理媒体。IP 代表 Industrial Protocol,以此来与普通的以太网进行区分。它是将传统的以太网应用于工业现场层的一种有效的方法,允许工业现场设备交换实时性强的数据。EtherNet/IP 模型由 IEEE802.3 标准的物理层和数据链路层、以太网 TCP/IP 协议和控制与信息协议 CIP 三部分组成。CIP 是一个端到端的面向对象并提供了工业设备和高级设备之间的连接的协议,CIP 有两个主要目的,一是传输同 I/O 设备相联系的面向控制的数据,二是传输其他同被控系统相关的信息,如组态、参数设置和诊断等。CIP 协议规范主要由对象模型、通用对象库、设备行规、电子数据表、信息管理等组成。

（4）ProfiNet 是德国西门子公司于 2001 年发布的工业 Ethernet 的规范。该规范主要包括三方面的内容：① 基于组件对象模型（COM）的分布式自动化系统；② 规定了 ProfiNet 现场总线和标准以太网之间开放透明的通信；③ 提供了一个独立于制造商,包括设备层和系统层的系统模型。ProfiNet 的基础是组件技术,在 ProfiNet 中,每一个设备都被看成一个具有 COM 接口的自动化设备,同类设备都有相同的 COM 接口。在系统中可以通过调用 COM 接口来调用设备功能。组件对象模型使不同制造商遵循同一个原则,创建的组件之间可以混合使用,简化了编程。每一个智能设备都有一个标准组件,智能设备的功能通过对组件进行特定的编程来实现。同类设备具有相同的内置组件,对外提供相同的 COM 接口。为不同厂家的设备之间提供了良好的互换性和互操作性。ProfiNet 已是中国国家标准指导性标准,标准号：《国家标准化指导性技术文件 GB/Z20541-2006PROFINET 规范》。

我国第一个拥有自主知识产权的现场总线国家标准——EPA 在国际标准化工作中取得了重大突破,已通过 IEC/SC65C 会员国家的投票被 IEC 发布为 IEC/PAS62409 标准化文件,作为第 10 类型列入实时以太网国际标准 IEC61784-2,并将收录为现场总线国际标准 IEC61158 第四版,成为中国第一个被国际标准化组织接受和发布的工业自动化标准。

10.6.3 实时以太网的产生

我们知道,用于工业自动化系统的网络通信技术来源于 IT 信息的计算机网络技术,但是又不同于一般的计算机网络通信,这是因为 IT 网络通信是以传递信息为最终目的,而工业控制网络传递信息是以引起物质或能量的运动为最终目标。所以,用于测量和控制数据通信的主要特点是：允许对事件进行实时响应的事件驱动通信,很高的可用性,很高的数据完整性,在有电磁干扰和对地电位差的情况下能正常工作,以及使用工厂内专用的传输线等。其中,最主要的要求是网络通信的高实时性。

对于工业自动化系统来说,目前根据不同的应用场合,将实时性要求划分为三个范围：信息集成和较低要求的过程自动化应用场合,实时响应时间要求是 100 ms 或更长；绝大多数的工厂自动化应用场合实时响应时间的要求最少为 5～10 ms；对于高性能的同步运动控制应用,特别是在 100 个节点下的伺服运动控制应用场合,实时响应时间要求小于 1 ms,同步传送和抖动小于 1 μs。工业控制网络的实时性还规定了许多技术指标,如交付时间、吞吐量、时间同步、时间同步精度以及冗余恢复时间等,对于这些性能指标都有详细的规定,例如:我国制定的国家标准《用于工业测量与控制系统的 EPA、系统结构与通信标准》中规定,网络的时间同步精度分为 8 个等级,即 0:无精度要求,1:小于 1 s,2:小于 100 ms,3:小于 10 ms,4:小于 1 ms,5:小于 100 μs,6:小于 10 μs,7:小于 1 μs。

通常,人们习惯上将用于工业控制系统的以太网统称为工业以太网。但是,如果仔细划分,按照国际电工委员会 SCBSC 的定义,工业以太网是用于工业自动化环境,符合 IEEE 802.3 标准,按照 IEEE 802.1D《媒体访问控制(MAC)网桥》规范和 IEEE 802.1Q《局域网虚拟网桥》规范,对其没有进行任何实时扩展(Extension)而实现的以太网。通过采用减轻以太网负荷,提高网络速度,采用交换式以太网和全双工通信,采用信息级、流量控制以及虚拟局域网等技术,到目前为止可以将工业以太网的实时响应时间做到 5~10 ms,相当于现有的现场总线。工业以太网在技术上与商用以太网是兼容的。

对于响应时间小于 5 ms 的应用,工业以太网已不能胜任。为了满足高实时性能应用的需要,各大公司和标准组织纷纷提出各种提升工业以太网实时性的技术解决方案。这些方案建立在 IEEE 802.3 标准基础上,通过对其和相关标准的实时扩展,提高实时性,并且做到与标准以太网的无缝连接,这就是实时以太网(Real Time Ethernet,简称 RTE)。

10.6.4 几种实时以太网通信协议简介

1) 我国的 EPA 实时以太网

EPA 网络拓扑结构如图 10.7 所示,它由两级网络组成,即过程监控级 L_2 网和现场设备级 L_1 网。现场设备级 L_1 网用于工业生产的各种现场设备(如变送器、执行机构和分析仪器等)之间以及现场设备与 L_2 网的连接;过程监控级 L_2 网主要用于控制室仪表、装置以及人机接口之间的连接。无论是 L_1 网还是 L_2 网,均可分为一个或几个微网段。在 EPA 系统

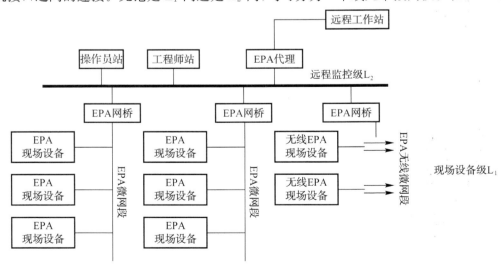

图 10.7 EPA 网络拓扑结构图

中,将控制网络划分为若干个控制区域,每个控制区域即为一个微网段。每个微网段通过EPA 网桥与其他网段分隔,该微网段内 EPA 设备间的通信被限制在本控制区域内进行,而不会占用其他网段的带宽资源。处于不同微网段内的 EPA 设备间的通信,需由相应的 EPA 网桥转发控制。为了提高网络的实时性能,EPA 对 ISO/IEC 8802.3 协议规定的数据链路层进行了扩展,在其之上增加了一个 EPA 通信调度管理实体(Communication Scheduling Management Entity,简称 EPA_CSME)。EPA_CSME 不改变 IEC 8802.3 数据链路层提供给 DLS User 的服务,也不改变与物理层的接口,只是完成对数据报文的调度管理。该数据链路层模型如表 10.3 所示。

表 10.3 EPA 通信模型

DLS_User
数据链路服务用户
EPA_CSME
EPA 通信调度管理体系
LLC 逻辑链路控制子层
MAC 媒体访问控制子层
PHL 物理层

EPA_CSME 通信调度管理实体支持:完全基于 CSMA/CD 自由竞争的通信调度和基于分时发送的确定性通信调度。对于第一种通信调度,EPA_CSME 直接传输 DLE 与 DLS_User 之间交互的数据,而不作任何缓存和处理。对于第二种通信调度,每个 EPA 设备中的 EPA_CSME 将 DLS_User DATA 根据事先组态好的控制程序和优先级大小,传送给 DLE,由 DLE 处理后通过 PHLE 发送到网络,以避免两个设备在同一时刻向网络上同时发送数据,避免报文碰撞。在周期报文传输阶段 T_p,每个 EPA 设备向网络上发送的报文是包含周期数据的报文。周期数据是指与过程有关的数据,如需要按控制回路的控制周期传输的测量值、控制值,或功能块 I/O 之间需要按周期更新的数据。周期报文的发送优先级应为最高。在非周期报文传输阶段 T_n,每个 EPA 设备向网络上发送的报文包含非周期数据的报文。非周期数据是指用于以非周期方式在两个通信伙伴间传输的数据,如程序的上下载数据、变量读写数据、事件通知和趋势报告等数据,以及诸如 ARP、RARP、HTTP、FTP、TFTP、ICHP 和 IGMP 等应用数据。非周期报文按其优先级高低,IP 地址大小及时间有效方式发送。

2) Ethernet/IP 实时以太网

Ethernet/IP 实时扩展成功之处在于 TCP/IP 之上附加 CIP(Common Industrial Protocol),在应用层进行实时数据交换和运行实时应用,其通信协议模型如表 10.4 所示。CIP 的控制部分用于实时 I/O 报文或隐形报文。CIP 的信息部分用于报文交换,也称作显性报文。Control-Net、Device Net 和 Ethernet/IP 都是用该协议通信,3 种网络分享相同的对象库、对象和装置行规,使得多个供应商的装置能在上述 3 种网络中实现即插即用。Ethernet/IP 能够用于处理多达每个包 1500 B 的大批量数据,它以可预报方式管理大批量数据。

表 10.4 Ethernet/IP 通信协议模型

用户层	SEMI 装置	气动阀	AC 驱动	位置控制	其他行规	CIP 公共规范
	应用对象层					
应用和传输层	CIP 报文：显示 I/O 路由					
数据链路层	Device Net 数据链路层 (CAN)	Control Net 数据链路层 (CTDMA)	解包	将来扩展		
			UDP TCP			
			IP			
			Enet 数据/链路层			
物理层	Device Net 物理层	Control Net 物理层	Enet 物理层	将来扩展		

2003 年，ODVA 组织将 IEEE 1588 精确时间同步协议用于 Ethernet/IP，制定了 CIP sync 标准，以进一步提高 Ethernet/IP 的实时性。该标准要求每秒钟由主控制器广播一个同步化信号到网络上的各个节点，要求所有节点的同步精度准确到微秒级。为此，芯片制造商增加了一个"加速"线路到以太网芯片，从而改善了性能精度。由此可见，CIP sync 是 CIP 的实时扩展。

3) Modbus-IDA 实时以太网

Modbus 组织和 IDA(Interface for Distributed Automation)集团都致力于建立基于 Ethernet TCP/IP 和 Web 互联网技术的分布式智能自动化系统。为了提高竞争力，2003 年 10 月，两个组织宣布合并，联手开发 Modbus_IDA 实时以太网。Modbus_IDA 实时扩展的方案是为以太网建立一个新的实时通信应用层，采用一种新的通信协议 RTPS(Real-Time Publish/Subscribe)实现实时通信，该协议的实现则由一个中间件来完成。Modbus_IDA 通信协议模型如表 10.5 所示。该模型建立在面向对象的基础上，这些对象可以通过 API 应用程序接口被应用层调用。通信协议同时提供实时服务和非实时服务。非实时通信基于 TCP/IP 协议，充分采用 IT 成熟技术，如基于网页的诊断和配置(HTTP)、文件传输(FTP)、网络管理(SNMP)、地址管理(BOOTP/DHCP)和邮件通知(SMTP)等；实时通信服务建立在 RTPS 实时发布者/预订者模式和 Modbus 协议之上。

表 10.5 Modbus_IDA 通信协议模型

应用程序						
API(应用程序接口)			Boocp + DHCP	Web	文件传输	e-mail
IDA 目标模型						
Modbus TCP	P/S NDDS3.0	C/S 信息		HTTP Server	FTP Server	SNAP Client
选择项	UDP			TCP		
IP						
以太网						

RTPS 协议及其应用程序接口(API)由一个对各种设备都一致的中间件来实现，它采用美国 RTI(Real-Time Innovations)公司的 NDDS 3.0(Network Data Delivery Service)实时

通信系统。RTPS 建立在 Publish/Subscribe 模式基础上，并进行了扩展，增加了设置数据发送截止时间、控制数据流速率和使用多址广播等功能。它可以简化为一个数据发送者和多个数据接收者之间通信编程的工作，极大地减轻网络的负荷。RTPS 构建在 UDP 协议之上，Modbus 协议构建在 TCP 协议之上。

4) PROFINET 实时以太网

PROFINET 实时以太网是由 Profibus International(PI)组织提出的基于以太网的自动化标准。从 2004 年 4 月开始，PI 与 Inter bus Club(Inter bus)联手，负责合作开发与制定标准。PROFINET 构成从 I/O 级直至协调管理级的基于组件分布式自动化系统的体系结构方案，Profibus 技术和 Inter bus 现场总线技术可以在整个系统中无缝地集成。PROFINET 已有 3 个版本，在这些版本中，PROFINET 提出了对 IEEE802.1D 和 IEEE 1588 进行实时扩展的技术方案，并对不同实时要求的信息采用不同的实时通道技术。

PROFINET 通信协议模型如表 10.6 所示。表中，PROFINET 提供一个标准通信通道和两类实时通信通道。标准通道是使用 TCP/IP 协议的非实时通信通道，主要用于设备参数化、组态和读取诊断数据。实时通道 RT 是软实时 SRT(Software RT)方案，主要用于过程数据的高性能循环传输、事件控制的信号与报警信号等。它旁路第 3 层和第 4 层提供精确通信能力。为优化通信功能，PROFINET 根据 IEEE802.1p 定义了报文的优先级，最多可用 7 级。实时通道 IRT 采用了 IRT(ISO chronous Real-Time)等时同步实时的 ASIC 芯片解决方案，进一步缩短了通信栈软件的处理时间，特别适用于高性能传输、过程数据的等时同步传输，以及快速的时钟同步运动控制应用，在 1 ms 时间周期内，实现对 100 多个轴的控制，而抖动不足 1 μs。

表 10.6　PROFINET 通信协议模型

IT 应用 HTTP SNMP DHCP	PROFINET 应用	
	标准数据	实际数据
TCP/IP	实时	
IP		
以太网	RT	IRT
	实时	
实时转换器 ASIC		

5) Ethernet Powerlink

实时以太网(Ethernet Powerlink)由奥地利 B&R 公司于 2001 年开发，并在 2002 年成立了 EPSG(Ethernet Power link Standardization Group)组织。EPSG 的战略伙伴有 CIA/CAN Open，这是设备级通信协议、行规的用户集团，以及 IAONA 工业自动化开放网络体系结构集团等。Powerlink 协议对第 3 和第 4 层的 TCP/UDP/IP 栈进行了实时扩展，增加的基于 TCP/IP 的 Async 中间件用于异步数据传输，Isochron 等时中间件用于快速、周期的数据传输。Powerlink 通信协议模型如表 10.7 所示，PowerLink 栈控制着网络上的数据流量。Ethernet Powerlink 避免网络上数据冲突的方法采用的是 SCNM(Slot Communication

Network Management)时间片网络通信管理机制。SCNM 能够做到无冲突的数据传输,专用的时间片用于调度等时同步传输的实时数据;共享的时间片用于异步的数据传输。在网络上,只能指定一个站为管理站,它为所有网络上的其他站建立一个配置表和分配的时间片,只有管理站能接收和发送数据,其他站只有在管理站授权下才能发送数据,为此 Powerlink 需要采用基于 IEEE 1588 的时间同步。

表 10.7 Powerlink 通信协议模型

Application			
Asyne			ISOchron
TCP	UDP		Powerlink
IP			
CSMA/CD			
Ethernet			

6) EtherCAT 实时以太网

EtherCAT(Ethernet for Control Automation Technology)由德国 Beckhoff 公司开发,并得到 ETG(EtherCAT Technology Group)组织的支持。EtherCAT 是一个可用于现场级的超高速 I/O 网络,它使用标准的以太网物理层和常规的以太网卡,媒体可为双绞线或光纤。Ethernet 技术用于现场级的最大问题是通信效率低,用于传输现场数据的 Ethernet 帧最短为 84 B(包括分组间隙 IPG)。按照理论计算值,以太网的通信效率仅为 0.77%,Interbus 现场总线的通信效率高达 52%。于是,EtherCAT 采用了类似 Interbus 技术的集总帧等时通信原理。EtherCAT 开发了专用 ASIC 芯片 FMMU(Fieldbus Memory Management Unit)用于 I/O 模块,这样一来,EtherCAT 可采用标准以太网帧,并以特定的环状拓扑发送数据,在 FMMU 现场总线存储器管理单元的控制下,网络上的每个站(或 I/O 单元)均从以太网帧上取走与该站有关的数据,或者插入该站要输出的数据。EtherCAT 还通过内部优先级系统,使实时以太网帧比其他数据帧有较高的优先级。组态数据只在实时数据的传输间隙期间传送或通过专用通道传送。EtherCAT 采用了 IEEE 1588 时间同步机制实现分布时钟精确同步,从而使 EtherCAT 可以在 30 μs 内处理 1000 个开关量,或在 50 μs 内处理 200 个 16 位模拟量,其通信能力可以使 100 个伺服轴的控制、位置和状态数据在 100 μs 内更新。

10.7 现场总线的主要产品

连接于总线上的产品,可以分为有源和无源两大类。有源产品可以产生通信信号、响应信号、调整信号或者兼而有之。有源产品包括以下部件:

(1) 节点(Node)

总线上可以编址的设备。

(2) 总线模块(Bus Module)

任何形式的现场节点,可以使用端子或接插件连接传感器、阀门、按钮等各种现场装置。

(3) 网关(Gateway)

一种特殊的节点,用于两种不同的总线之间的信号和数据变换。

(4) 放大器

用于实时(加强)信号,以精确复制原始信号。连接同一总线的两部分,解决通信信号在通信线上由于电气损耗而造成的衰减。当信号变弱而不变形时可以使用放大器。

(5) 中继器(Repeater)

用于加强信号,产生不变形的新信号。连接同一总线的两段,当信号变弱或变形时可以使用中继器。

(6) 桥(Bridge)

有两类桥。一种是用于连接同一种协议,不同传输速度的两个段。另一种是一种智能的中继器,当通信的源地址和目的地址位于不同总线段时,用于重复两个段间的数据。桥必须通过编程设定地址和相关的段。当桥读地址时,要有几个位的等待时间。桥可以应用于设备级总线,但应用并不普遍。

(7) 路由器(Router)

用于广域网的高等级桥。这类产品很少应用于设备级总线。

(8) 有源多端口分接器(Active hub)

多端口中继器或放大器,以增加总线的分支能力。

(9) 接口卡、接口模块(Interface card,interface module)

指网关的常用术语,作为 PLC 或 PC 到设备及总线的接口。

无源总线产品包括:

(1) T 形分支(Tee)

用于产生总线上的一路分支。

(2) 无源多端口分接器(Passive hub)

用于多端口 T 形分支。

(3) 终端电阻(Terminating Resistor)

安装在总线的始端和末端的电阻,用于稳定和调整信号。

(4) 总线电缆(Busline)

连接节点,传送数据的各种电缆。

思考题与习题 10

1. 什么是现场总线和现场总线控制系统?和 DCS 相比,简述现场总线控制系统的优缺点。
2. 现场总线控制系统主要有什么技术特点?与 DCS 主要有哪些区别?
3. 目前比较有影响的现场总线标准有哪些?
4. 目前比较有影响的工业以太网标准有哪些?
5. 目前比较有影响的实时以太网标准有哪些?
6. 试比较现场总线、工业以太网和实时以太网的优缺点。
7. 现场总线产品主要有哪些?

第 11 章 计算机控制系统实例

前面几章介绍了计算机控制系统主要部分的工作原理、硬件和软件技术，本章将通过举例说明其如何应用。由于计算机控制对象的多样性及多学科性，实际的计算机控制系统千差万别，所以这里只通过 5 个典型的例子介绍计算机控制技术的实际应用。

11.1 锅炉计算机控制系统

锅炉是工业生产过程中必不可少的重要动力设备。它通过煤、油、天然气的燃烧释放出化学能，通过热传递过程把能量传递给水，使水变成水蒸气。这种高压水蒸气既作为蒸馏、化学反应、干燥和蒸发过程的能源，也有可能作为发电机、风机、压缩机、大型泵类的驱动动力源。随着现代工业生产规模的不断扩大，生产过程不断强化，生产设备的不断更新，作为企业动力和热源的锅炉也向高效率、高可靠性和大容量等方面发展。为确保安全、稳定生产，对锅炉设备的自动控制就显得十分重要。

11.1.1 锅炉生产工艺简介

如图 11.1 所示是锅炉生产工艺流程示意图。给水经给水泵、给水控制阀、省煤器进入锅炉的汽包，燃料和空气按一定的比例进入燃烧室完成燃烧，生成的热量传递给蒸汽发生系统，产生饱和蒸汽 D_S，然后经过热器，形成一定汽温的过热蒸汽 D，汇集至蒸汽母管。压力为 P_M 的过热蒸汽，经负载设备控制给负荷设备使用。与此同时，燃烧过程中产生的烟气除将饱和蒸汽变成过热蒸汽外，还给省煤器预热锅炉给水和空气预热器预热空气，最后经引风机送往烟囱排到大气。

锅炉是企业主要的动力或能源设备，其要求是供给合格的蒸汽，使锅炉发热量适应负荷的需要。为此，生产过程的各个主要工艺参数必须严格控制。锅炉设备的主要控制要求如下：

(1) 供给蒸汽量适应负荷变化需求或保持给定负荷；
(2) 锅炉供给用汽设备的蒸汽压力应保持在一定范围内；
(3) 过热蒸汽温度应保持在一定范围内；
(4) 汽包水位应保持在一定的范围内；

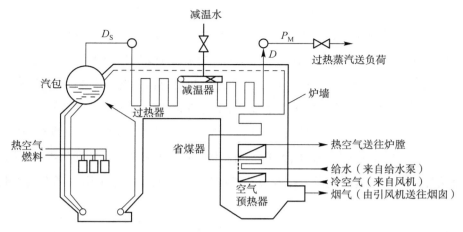

图 11.1 锅炉生产工艺流程示意图

（5）保证锅炉燃烧的经济性和安全性；
（6）炉膛负压保持在一定的范围内。

11.1.2 锅炉控制方案

如图 11.2 所示，锅炉设备是个复杂的被控对象。主要输入变量是锅炉给水量、减温水量、燃料量、送风量和引风量等；主要输出变量是汽包水位、过热蒸汽温度、蒸汽压力、过剩空气（氧气含量等）、炉膛负压。

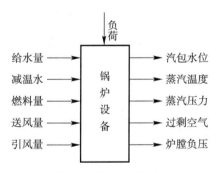

图 11.2 锅炉被控对象

上述输入变量与输出变量之间相互关联。如果蒸汽负荷发生变化，必将引起汽包水位、蒸汽压力和过热蒸汽温度等的变化。燃料量的变化不仅影响蒸汽压力，同时还会影响汽包水位、蒸汽压力、过剩空气和炉膛负压。给水量的变化不仅影响汽包水位，而且对蒸汽压力、过热蒸汽温度等也有影响。减温水的变化会导致过热蒸汽温度、蒸汽压力、汽包水位等的变化等。所以锅炉设备是一个多输入、多输出且相互关联的被控对象。本系统将锅炉设备控制划分成若干个子系统，各子系统控制方案如下：

1) 锅炉汽包水位控制

锅炉液位高度是确保生产和提供优质蒸汽的主要参数。特别是对现代工业生产来说，由于蒸汽用量显著提高，汽包容积相对减小，水位速度变化较快，稍不注意即造成汽包满水或烧干锅。无论是满水还是缺水都会造成严重的后果，因此，汽包水位控制主要从汽包内部的物料平衡入手，使给水量适合锅炉的蒸发量，维持汽包水位在工艺允许范围内。

如图11.3所示为汽包水位采用的三冲量控制方案。汽包水位为主反馈控制回路信号，给水流量为副反馈控制回路信号，两者的控制器构成串级控制结构，分别为水位 PID 控制器和给水流量控制器 P。蒸汽流量可作为前馈控制信号，前馈控制器采用比例控制策略。

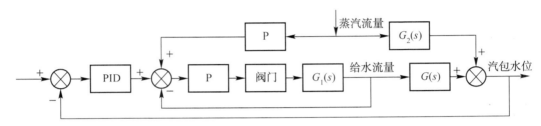

图 11.3　汽包水位的三冲量控制示意图

2) 过热蒸汽温度控制

过热蒸汽温度控制是以过热蒸汽温度为被控变量，喷水量为操纵变量的温度控制系统，维持过热蒸汽的出口温度在一定范围内并保证管壁温度不超过允许的工作范围。

如图11.4所示为过热蒸汽的串级控制方案。过热器出口温度为主反馈控制回路信号，减温器出口温度为副反馈控制回路信号，主回路采用 PID 控制算法，副回路采用纯比例 P 控制算法。

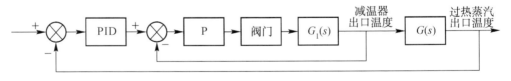

图 11.4　过热蒸汽温度的串级控制示意图

3) 蒸汽压力控制

蒸汽压力控制是以蒸汽压力为被控变量，燃料流量为操纵变量的蒸汽压力控制系统，维持蒸汽压力在一定的工作范围。

如图11.5所示为蒸汽压力的前馈控制方案，蒸汽流量可作为前馈控制信号进行燃料流量补偿。

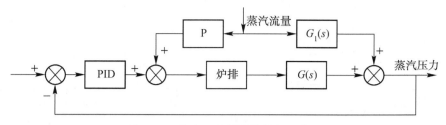

图 11.5 蒸汽压力的前馈控制示意图

4) 维持经济燃烧的送风控制

送风控制是以烟气含氧量为被控变量,送风流量为操纵变量的维持经济燃烧控制系统,维持烟气含氧量在合适的工作范围。

维持经济燃烧的关键是保持合适的风煤比,因此送风控制回路要实现风煤的比值控制(煤的比值相当于前馈控制),并且用烟气含氧量进行反馈校正。如图 11.6 所示为维持经济燃烧的送风控制方案。

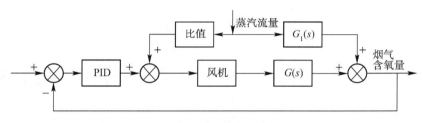

图 11.6 送风控制示意图

5) 炉膛负压控制

炉膛负压控制是以炉膛负压为被控变量,引风挡板的开度为操纵变量的控制系统。目标是控制炉膛负压在合适的工作范围。如图 11.7 所示为炉膛负压的负反馈—前馈控制方案。

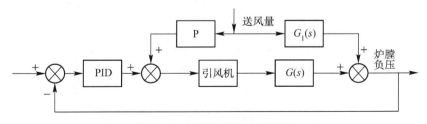

图 11.7 炉膛负压控制示意图

11.1.3 锅炉控制系统结构

如图 11.8 所示是锅炉计算机控制系统软件功能结构示意图。模拟信号经 A/D 转换变成数字信号送入计算机,经数字滤波和工程变换后进行显示和报警处理,计算机对处理后的数据按照相应的控制算法进行计算得到控制值,送 D/A 转换成模拟信号分别对回水阀(锅炉给水量)、炉排(燃料量)、送风量、减温水量和引风量进行调节。

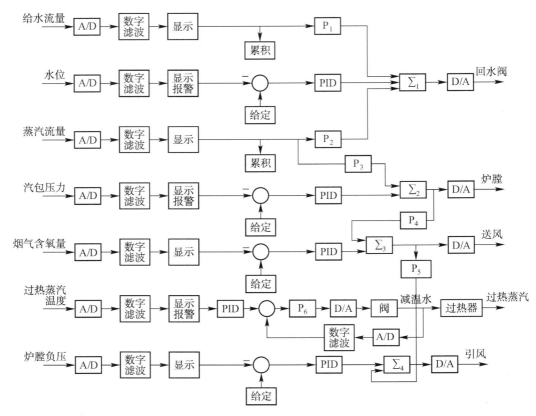

图 11.8　锅炉控制系统软件功能结构示意图

如图 11.9 所示是锅炉计算机控制系统硬件配置结构示意图,采用了 PCI 总线的工业控制计算机(Industrial Personal Computer,IPC)。特点如下:

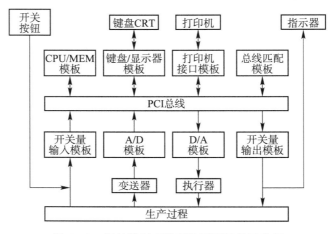

图 11.9　锅炉控制系统硬件配置结构示意图

(1) 机箱采用钢结构,有较高的防磁、防尘、防冲击的能力;

(2) 机箱内有专用底板,底板上有较多的PCI总线的插槽;

(3) 机箱内有专门电源,电源有较强的抗干扰能力;

(4) 具有连续长时间工作能力;

(5) 小型化、模块化、组合化、标准化和开放式总线结构。

11.1.4 锅炉控制系统软件设计

系统软件采用实时中断分时控制的方式设计,如图11.10所示为系统的主程序流程图。中断服务程序的功能是每到一定时刻完成对某参数的采样和控制,如图11.11所示为系统的控制回路程序流程图。

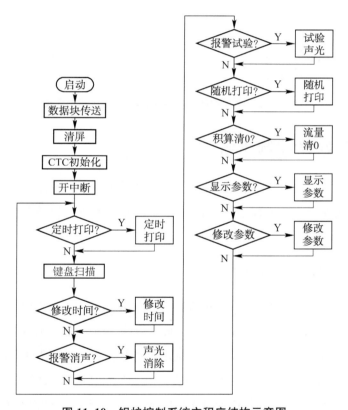

图 11.10　锅炉控制系统主程序结构示意图

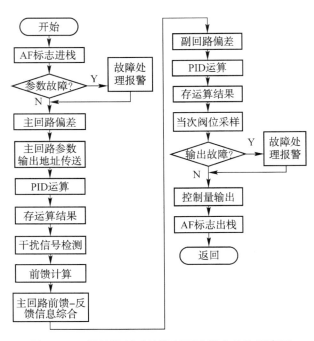

图 11.11 锅炉控制系统控制回路程序结构示意图

11.2 钢筋卷绕控制系统

卷绕控制系统在工业生产中有着广泛的应用,如轧钢卷绕、造纸卷绕、橡胶卷绕、拉丝卷绕等。本节以钢筋卷绕生产过程中张力控制和位置控制系统的设计为例,介绍钢筋卷绕控制系统的设计方法。

11.2.1 钢筋卷绕控制工艺简介

钢筋生产中要将钢筋卷绕成卷形成捆包装,如图 11.12 所示。图中钢筋经配重辊 R_3 由送丝电机通过减速器驱动送丝辊 R_2,将钢筋送到张力辊;拉丝电机通过减速器驱动卷丝辊 R_1,将 R_2 送到张力辊的钢筋卷绕成捆;卷绕位置电机配合卷绕过程驱动装置 P,控制钢筋卷绕位置。很显然,若 R_1 的线速度比 R_2 的线速度快,有可能造成钢筋张力过大使钢筋拉细甚至拉断;若 R_1 的线速度比 R_2 的线速度慢则卷绕会过松造成堆丝,使卷绕生产过程不能继续。因此,卷绕控制的第一个目标是控制拉丝电机和送丝电机速度同步,使钢筋的张力维持恒定。

卷绕过程中,钢筋卷绕在卷丝辊 R_1 的什么位置是由装置 P 设定的。显然,卷丝辊每转一圈,卷绕位置电机就要控制装置 P 移动一定的位置(钢筋直径+缝隙),因此卷绕控制的第二个目标是控制卷绕位置电机的位置和拉丝电机的角速度同步使卷绕生产顺利进行;当卷绕位置到头时,控制装置 P 进行移动方向切换,使卷绕能够反复进行,直至完成一捆钢筋的卷绕。因此,当卷绕位置到头时要控制卷绕位置电机进行前进方向切换。

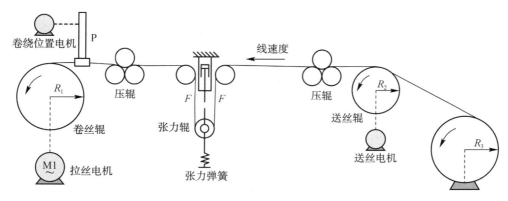

图 11.12 钢筋卷绕控制系统示意图

卷绕钢筋成捆达到计量标准后,系统必须自动控制各个电机停止,切断钢筋,然后更换卷轴,进行下一捆的钢筋卷绕生产。因此卷绕控制的第三个目标是按照生产工艺计量数据要求控制装置 P 夹紧钢筋并切断。

在卷绕过程中,并不是电机转得越快钢筋的线速度越快,这是因为钢筋是分层绕在卷轴上的,而卷轴又是安装在卷丝辊上的,其角速度与卷丝辊保持同步。当钢筋卷绕快满时,即使卷丝辊转得很慢,因半径大,钢筋的线速度也可能很快;当钢筋刚开始在卷轴上绕制时,即使卷丝辊转得很快,因半径小,钢筋的线速度也可能较慢。

11.2.2 传感器和执行元件的选择

从第 11.2.1 节可知,卷绕控制的主要要求如下:

(1) 控制卷丝辊 R_1 和送丝辊 R_2 的线速度,保证张力辊的张力为工艺给定值。

(2) 控制装置 P 的位置,保证钢筋绕在相应的位置上。其原理是跟踪卷丝辊的角速度,并根据钢筋直径、绕丝缝隙和已经绕的圈数计算相应移动位置。

(3) 卷绕到工艺规定圈数后停止卷绕,并控制装置 P 将钢筋锁紧并切断。

显然,这些控制要求用一般的模拟控制系统很难解决,必须采用计算机控制系统实现。

考虑到卷绕位置电机需要跟踪卷丝辊的角速度,因此可考虑将控制卷丝辊的拉丝电机作为主动电机,控制送丝辊的送丝电机作为从动电机。计算机根据工艺要求控制拉丝电机实现钢筋卷绕线速度的控制;根据工艺张力要求控制送丝电机,跟踪拉丝电机使张力维持在设定值附近;根据钢筋直径、绕丝缝隙、已经绕的圈数和装置 P 当前的位置计算装置 P 要移动的位置,进而控制卷绕位置电机改变装置 P 的位置。

1) 张力检测传感器的选择

张力检测一般分为力传感器式和气压浮辊式两种。

如图 11.13 所示是力传感器式张力检测单元示意图。它是通过检测轮将卷料张力以微变形的方式反映到力传感器上,然后通过应变检出装置检出张力,再将信号经放大后送张力控制运算单元处理。由于传感器自重及检测轮及卷料的重量的存在,即使张力为零,力传感器的输出也不为零,而是随传感器安装角度、检测辊的重量及卷料的重量变化而变换,因此必须调节传感器的零位。基于此装置是以微变形检测张力,因此当处于平衡状态的系统受到较强扰动时,系统一般瞬间来不及发生反应,卷料上张力的变化幅值较大,对张力控制系统尽快重新进入平衡不利。

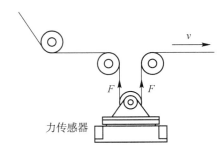

图 11.13 力传感器式张力检测单元示意图

如图 11.14(a)所示是气压浮辊式张力检测单元示意图。气压浮辊式张力检测单元通过对连接在检测辊浮动摆臂上的气缸气压的调节来检测卷料的张力,当气缸气压设定后,摆臂上的气缸推力 F_1 即为定值,如浮动辊上的卷料拉力 $2F$(F 为卷料张力)加摆辊重力的水平分量不能与 F_1 平衡,摆臂即偏离原来的位置,而使连接于摆臂端的电位器发生偏转,忽略摆辊重力的影响,此偏转即为实际张力与设定值的偏差。通过张力伺服系统控制纠偏后,浮动辊应停留在图示的平衡位置,此时,摆辊重力的影响亦自然消除,实际卷料张力与期望值相等。处于平衡态的该类系统,当发生较强扰动时,如系统瞬间来不及发生反应,则卷料上的张力波动可暂时因浮动辊的偏摆而得到有效缓解。在某些机构中,图中的气缸可由弹簧及阻尼机构替代,从而演化为如图 11.14(b)所示的模式。

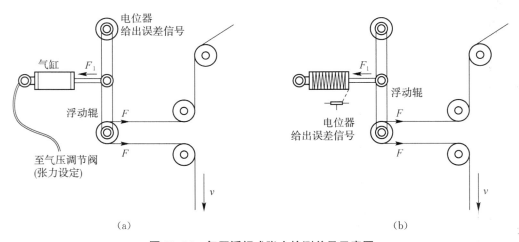

图 11.14 气压浮辊式张力检测单元示意图

考虑到力传感器安装方便、维护简单、测量精度高等方面的优点,本系统选择力传感器作为张力检测传感器。

2) 速度检测和位置检测传感器的选择

转速和位置是各类电机运行中的重要物理量,如何准确、快速而又方便地测量电机转速和位置极为重要。目前国内外常用的转速测量方法有测速发电机测速法、光电码盘测速法和霍尔元件测速法等;常用的测量位置方法则有光电码盘测量法和霍尔元件测量法。

(1) 测速发电机测速法

测速发电机测转速时,将测速发电机连接到被测电机的轴端,将被测电机的机械转速变换为电压信号输出,在输出端接一个电阻,电阻两端的电压与转速基本为线性变换关系。

(2) 光电码盘测速和测位置方法

光电码盘测速法一般使用增量式码盘。它是通过测出转速信号的频率或周期来测量电机转速的一种无接触测速法。光电码盘安装在转子端轴上,绕圆周刻有均匀分布的小孔。随着电机的转动,光电码盘也跟着一起转动,如果有一个固定光源照射在码盘上,则透过码盘可利用光敏元件来接收光透射的次数(脉冲个数)就可测量速度。假定码盘上刻有 M 个小孔,测量时间为 t 分钟,测量到的脉冲数为 N,则转速为 $n=\dfrac{N}{t \cdot M}$(转/分钟),位置则可根据脉冲个数 N 乘一个变换系数求出。

(3) 霍尔元件测速和测位置方法

霍尔元件测速法是利用霍尔开关元件测转速。霍尔开关元件内含稳压电路、霍尔电势发生器、放大器、施密特触发器和输出电路。输出电平与 TTL 电平兼容,在电机转轴上装一个圆盘,圆盘上装若干对小磁钢,小磁钢越多,分辨率越高。霍尔开关固定在小磁钢附近,当电机转动时,每当一个小磁钢转过霍尔开关,霍尔开关便输出一个脉冲,计算出单位时间的脉冲数,即可确定旋转体的转速。与基于光电码盘的测量类似,其位置也可根据脉冲个数乘一个变换系数求出。

考虑到光电码盘传感器安装方便、免维护、测量精度高等方面的优点,本系统选择光电码盘传感器作为速度和位置检测传感器。

3) 电流传感器的选择

霍尔电流传感器是利用霍尔效应将一次大电流变换为二次微小电压信号的传感器。实际设计的霍尔传感器往往通过运算放大器等电路,将微弱的电压信号放大为标准电压或电流信号。如图 11.15 所示为霍尔电流传感器原理图和实物图。

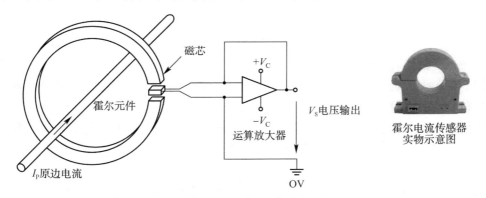

图 11.15 霍尔电流传感器原理图和实物图

当原边电流 I_P 流过一根长导线时,在导线周围将产生磁场,这一磁场的大小与流过导线的电流成正比,产生的磁场聚集在磁环内,通过磁环气隙中霍尔元件进行测量并放大输出,其输出电压 V_S 能精确地反映原边电流 I_P。一般的额定输出标定为 4 V。

在选择前,需要对与霍尔电流传感器工作有关联的方方面面做一番调查研究,要了解被测量的特点,如被测量的状态、性质,测量的范围、幅值和频带,测量的速度、时间、精度要求、过载的幅度和出现频率等。霍尔电流传感器具有如下特点:

(1) 测量范围广:可以测量任意波形的电流和电压,如直流、交流、脉冲、三角波形等,甚至对瞬态峰值电流、电压信号也能忠实地进行反映;

(2) 响应速度快:最快响应时间只为 1 μs。

(3) 测量精度高:测量精度优于 1%,适用于对任何波形的测量,而普通互感器由于是感性元件,接入后影响被测信号波形,其一般精度为 3%～5%,只适用于测量 50 Hz 正弦波形。

(4) 线性度好:优于 0.2%。

(5) 动态性能好:响应时间快,小于 1 μs;普通互感器的响应时间为 10～20 ms。

(6) 工作频带宽:0～100 kHz 频率范围内的信号均可以测量。

(7) 可靠性高,平均无故障工作时间长(大于 5000 小时)。

(8) 过载能力强、测量范围大:零到几十安培直至上万安培。

(9) 体积小、重量轻、易于安装。

由于霍尔电流电压传感器有以上优点,故而可广泛应用于变频调速装置、逆变装置、UPS 电源、逆变焊机、电解电镀、数控机床、微机监测系统、电网监控系统和需要隔离检测电流电压的各个领域中。

选择霍尔电流传感器所需考虑的方面和事项很多,实际中不可能也没有必要面面俱到满足所有要求。设计者应从系统总体对霍尔电流传感器的使用目的及要求出发,综合分析主次,权衡利弊,抓住主要方面,突出重要事项加以优先考虑。在此基础上,可以明确选择霍尔电流传感器类型的具体问题;量程的大小和过载量;被测对象或位置对霍尔电流传感器重量和体积的要求。

本系统选择 CSN 系列霍尔效应电流传感器。CSN 系列磁阻电流传感器使用了 ASIC(专用集成电路)和霍尼韦尔磁阻式(MR)传感器,温度漂移极低,因此其测量结果稳定、重复性好且精度很高。

4) 张力执行机构的选择

张力执行机构有磁粉离合器、矢量变频器、直流伺服系统、交流伺服系统等几种,下面着重介绍 MFC 系列宽调速矢量变频器、SC 系列直流伺服系统及 NC 系列交流伺服系统作为张力执行机构和进行多机联动控制的应用情况。

在中高档张力控制及多机联动系统中,由于更高的速度及生产工艺对张力控制提出了更高的要求,使得磁粉离合器已不能胜任该类系统的执行单元,目前一般采用交流、直流伺服系统。

(1) MFC 系列宽调速矢量变频器用于张力控制及多机联动系统的主传动

在多机联动系统中,由于生产线各运动部件的机械加工精度的限制,各部件的振动、摩擦阻力的变化常会造成对主传动速度的扰动,主传动速度的过度波动常导致从动系统跟踪精度下降乃至控制失败。在这种机构中,主传动的稳速能力已经成为收、放卷张力控制精度进一步提高的关键因素。随着这类系统对主传动的要求越来越高,主传动经历了普通电机——滑差电机——VVVF 变频驱动的发展。VVVF 通用变频器在 5 Hz 以下就很难稳定工作,所以设备启动时总是要经过一段速度波动时间,使张力控制及整机工作无法顺利进入稳定状态,并且在运行过程中遇到负载变化时,速度波动较大,直接影响产品质量。

MFC 系列变频器具有优秀的宽调速特性及稳速特性,它可驱动最普通的 Y 系列三相异步电机实现 200 倍以上的开环调速比,可以使设备从零速开始就真正做到平滑升速,让用户一开机就能得到满意的张力控制性能。在机器进入稳态后,MFC 的速度控制精度可达 0.2%,即使因外部因素强烈变动带来 100% 的负载变化(即负载转矩在零转矩至满转矩之间突变),MFC 控制下的速度变化率也不超过额定速度的 ±1.5%。

MFC 系列宽调速变频器是一种无速度传感器的矢量变频器,是变频器中的"傻瓜机",真正做到了免调试,它的高性能不依赖调试水平的高低,而是与生俱来的,每个人都是 MFC 的使用专家。表 11.1 是 MFC 变频器与 VVVF 通用变频器的性能、特色比较。

表 11.1 MFC 与 VVVF 变频器性能比较

控制模式	VVVF 通用变频器	MFC 宽调速矢量变频器	
		开环	闭环
速度检出器	不要	不要	要
速度控制范围	1:20	大于 1:200	1:10000
速度控制精度	±3%	±0.2%	±0.02%
低速力矩特性	3~5 Hz 满力矩	零速满力矩	零速满力矩
直接平滑换向功能	无	有	有
电机适应性	对电机无特殊要求	自动适应	自动适应
调试方便性	须进行多项参数设置	免调试	参数调试较方便

(2) MFC 系列宽调速矢量变频器用作张力控制的执行单元

不同于普通的 VVVF 变频器,MFC 系列宽调速矢量变频器可以像伺服系统那样用 −10 V~+10 V 的设定电压直接控制廉价的 Y 系列三相异步电机的转速和转向,并且在电机速度过零时,稳定运行实现平滑换向。同时,MFC 系列变频器具有很强的动态调节能力,用于收、放卷机构的张力控制闭环中,可平滑控制收、放卷张力,快速适应负载变化和整机线速度的变化。在放卷料卷直径由大变小的过程中,MFC 可使放卷电机自动从拉料渐变为主动送料,而在以前,该控制必须采用价格昂贵的直流伺服系统,若使用较为廉价的磁粉制动器则维护困难。

(3) SC 系列直流伺服系统/NC 系列交流伺服系统用作张力控制的执行单元

SC 系列直流脉宽伺服系统是一类高性能的直流伺服系统,广泛应用于各类要求快速响应、精密跟踪的执行机构中。NC 系列感应式交流伺服系统是基于交流调速原理的最新突破而开发的,它使廉价的感应电机达到了无刷直流电机或同步电机构成的交流伺服系统的运动指标,而价格仅相当于同等伺服精度的进口交流伺服系统价格的 2/3~1/2,具有很强的竞争力。

本系统选择 MFC 系列宽调速矢量变频器作为拉丝电机和送丝电机的执行机构。

5）装置 P 位置执行机构的选择

由于驱动装置 P 的功率要求不高,用步进电机既简单又完全可行,所以本系统的卷绕位置电机用步进电机。

步进电机的性能指标由步距角（涉及相数）、静转矩及电流三大要素组成。一旦三大要素确定,步进电机的型号便确定下来了。

步进电机的步距角取决于负载精度的要求,将负载的最小分辨率（当量）换算到电机轴上,则为每个当量电机应走多少角度（包括减速）。电机的步距角应等于或小于此角度。目前市场上步进电机的步距角一般有 0.36°/0.72°（五相电机）、0.9°/1.8°（二相、四相电机）、1.5°/3°（三相电机）等。

步进电机的动态力矩一下子很难确定,我们往往先确定电机的静力矩。静力矩选择的依据是电机工作的负载,而负载可分为惯性负载和摩擦负载两种。单一的惯性负载和单一的摩擦负载是不存在的。直接启动（一般由低速）时两种负载均要考虑,加速启动时主要考虑惯性负载,恒速运行时只要考虑摩擦负载。一般情况下,静力矩应为摩擦负载的 2~3 倍为宜。静力矩一旦选定,电机的机座及长度便能确定下来（几何尺寸）。

步进电机一般在较大范围内调速使用,其功率是变化的,一般只用力矩来衡量,力矩与功率换算为

$$P = \Omega \cdot M \qquad \Omega = 2\pi \cdot n/60 \qquad 即 \qquad P = 2\pi n M/60$$

其中,P 为功率,单位为 W；Ω 为角速度,单位为弧度/s；n 为每分钟转速；M 为力矩,单位为 N·m。

步进电机的执行机构非常简单,是一块步进电机功率驱动板。

6）装置 P 卡紧与切割钢筋执行机构的选择

气动执行器是用气压力驱动启闭或调节阀门的执行装置,又被称为气动执行机构或气动装置,俗称气动头。

气动执行器的执行机构和调节机构是统一的整体,其执行机构有薄膜式、活塞式、拨叉式和齿轮齿条式。活塞式行程长,适用于要求有较大推力的场合。薄膜式行程较小,只能直接带动阀杆。拨叉式气动执行器具有扭矩大、空间小、扭矩曲线更符合阀门的扭矩曲线等特点,但不是很美观,常用在大扭矩的阀门上。齿轮齿条式气动执行机构有结构简单、动作平稳可靠和安全防爆等优点,在发电、化工、炼油等对安全要求较高的生产过程中有广泛的应用。

本系统选用的是 AW 大型阀用气动执行器,属于拨叉式气动执行器。

11.2.3 控制系统基本结构

如图 11.16 所示为钢筋卷绕控制系统基本结构图。图中拉丝电机和送丝电机的电流环的电流调理板和电流控制器为 MFC 系列宽调速矢量变频器自带,我们只要配置霍尔传感器和 MFC 系列宽调速矢量变频器就可实现电流环的控制功能。主机为西门子 300 系列 PLC,光电码盘、脉冲采集板、张力传感器、张力采集板、步进电机驱动板、开关量输出板都为购买的标准电路板和传感器。PLC 还配有 RS-485 接口的触摸屏显示模块。PLC 软件完成的功

能模块有:
(1) 拉丝电机的卷绕速度给定、脉冲计数与速度计算和速度控制器;
(2) 送丝电机的张力给定、张力采集计算处理、张力控制器、脉冲计数与速度计算和速度控制器;
(3) 步进电机的卷绕位置计算、步进电机控制器、卡紧与切割控制器。

从图 11.16 可知,钢筋卷绕控制的基本思想为:
(1) 拉丝电机采用双环控制电机转速,内环为电流环,外环为速度环。它是由两个环构成的串级控制子系统。
(2) 送丝电机采用三环结构控制钢筋承受的张力,外环为张力,内环为电机双环调速系统。它是由三个环构成的串级控制子系统。
(3) 步进电机卷绕到工艺规定圈数后停止卷绕,控制装置 P 将钢筋锁紧并切断。

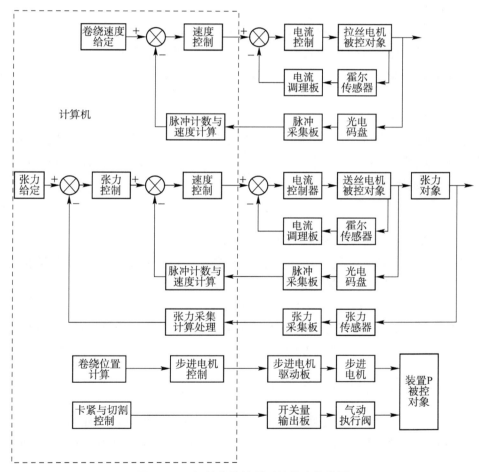

图 11.16 钢筋卷绕控制系统基本结构图

11.2.4 关键功能模块控制器设计

1) 速度控制器设计

电力环是速度环的一部分,可将其等效成速度环的一个环节。考虑到电力环的带宽比速度环的带宽大得多,故速度环被控对象主要是受机械传动特性影响而具有惯性,即速度环被控对象的传递函数可近似为

$$G_n(s) = \frac{K_n}{T_1 s + 1} \tag{11.1}$$

其中,T_1 为机械惯性时间常数,K_n 为速度环被控对象等效增益。

为了尽可能保持转速平稳,减少转速扰动对张力环的影响,提高转速环的抗干扰能力,消除速度环的静差,可将速度环近似设计成 I 型系统,因此可设计速度控制器为数字式 PI 调节器。其控制算法为

$$u_n(k) = u_n(k-1) + a_1 e_n(k) + a_2 e_n(k-1) \tag{11.2}$$

其中,e_n 为控制器的输入,u_n 为控制器的输出,a_1, a_2 为 PI 控制参数。

本系统整定结果为

$$a_1 = 0.418, \quad a_2 = -0.373$$

2) 张力控制器设计

速度环是张力环的一部分,可将其等效成张力环的一个环节。速度环的设计结果是将整个速度环等效成一个惯性环节。由于张力和速度的关系可近似成积分乘以一个增益,故张力环被控对象的传递函数可近似为

$$G(s) = \frac{K}{s(T_2 s + 1)} \tag{11.3}$$

其中,T_2 为速度环等效惯性时间常数,K 为张力环被控对象等效增益。

为了提高张力环的抗干扰能力,加快张力跟踪给定张力的速度,可将张力环近似设计成 II 型系统,因此可设计张力控制器为数字式 PID 调节器。其控制算法为

$$u(k) = u(k-1) + a_1 e(k) + a_2 e(k-1) + a_3 e(k-2) \tag{11.4}$$

其中,e 为控制器的输入,即张力误差;u 为控制器的输出,即加给速度环的给定信号;a_1, a_2, a_3 为 PID 控制参数。可采用工程方法整定。

11.3 某焦化企业 DCS 系统

在山西某焦化企业工程改造项目中,有 4 个生产部门的设备需要组成一个 DCS 系统,底层实现控制,上层实现监视、操作和优化管理。4 个部门分别为备煤车间、炼焦车间、鼓冷车间和筛焦车间。

11.3.1 系统工艺流程与控制需求

炼焦生产的主要工艺是:备煤车间将不同种类的原煤进行破碎,按照工艺配方要求配煤,制作成炼焦生产所需的原料煤,通过皮带送炼焦车间炼焦炉;炼焦车间按照生产工艺要

求对原料煤进行煅烧,炼制成焦炭送筛焦车间,煅烧过程中产生的废气是可利用材料,用集气管回收送鼓冷车间;鼓冷车间对炼焦车间送过来的废气按照生产工艺冷却,控制电捕实施焦油、煤气和杂质的分离,焦油储存到储油罐形成焦油产品,煤气通过鼓风机送发电厂发电;筛焦车间将炼焦车间炼制好的焦炭进行筛焦分类,通过皮带输送到汽车上拖走。

1) 备煤车间主要工艺与控制系统需求

如图 11.17 所示,备煤车间的主要任务是为炼焦车间准备炼焦原料——煤。它将不同种类的粗煤分时间段分别由 0 号、1 号、2 号、3 号、4 号给料机从煤场放到相应的皮带(0 号或 1 号)上,经过皮带机运送到 0 号破碎机进行破碎,再由 2 号、3 号皮带机运送到相应的料仓前。料仓一共有 6 个,由 3 号皮带机上方的挡板控制放到哪个料仓。系统原有一套西门子配料系统,配料系统按照工艺配方要求专门进行配料。备煤车间控制系统要求将原配料系统配好的料经 4 号皮带机运送到 1 号或 2 号破碎机前进行充分的破碎混合,再由 5 号皮带机运送到炼焦炉炼焦。备煤车间控制系统的主要需求为:

(1) 按照工艺启、停皮带和相关设备,同时要监控设备是否发生故障,以免发生堆煤事故或配料不经济,甚至达不到要求。当发生故障时及时报警。

(2) 该车间原有的配煤系统控制器为西门子的 S7-300,要求上位机对其实施监控;

(3) 系统工况及操作指令要求通过大的模拟屏在煤场远程显示。

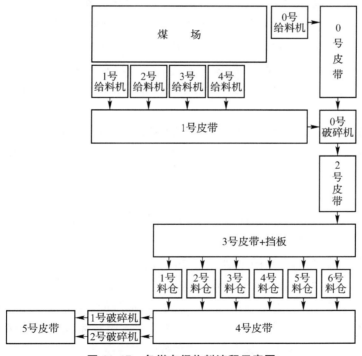

图 11.17 备煤车间物料流程示意图

2) 炼焦车间主要工艺与控制系统需求

炼焦车间按照生产工艺要求控制原料煤在炼焦炉煅烧,炼制成焦炭后用氨水冷却送筛焦车间,煅烧过程中产生的废气用集气管回收送鼓冷车间。该车间控制系统的主要需求如下：

（1）为提高热效率，煤气燃烧前需用预热蒸汽对煤气进行预热再燃烧。要求监测煤气预热前温度、压力、预热后温度和末端压力；监测预热蒸汽的压力和流量。

（2）控制煤气经济燃烧。要求监测进入压缩空气压力、流量，根据燃烧效率情况，按照配比通过阀门控制煤气进入流量和送风，以使燃烧充分。

（3）煤气燃烧后废气经烟道排出。要求监测机侧、焦侧烟道温度，通过调节挡板角度控制烟道吸力，监测总烟道温度、压力。烟道压力要求控制在一个规定的范围内。

（4）炼焦产生的可再利用废气经集气管收集送到鼓冷车间回收利用。要求监测集气管温度、压力，通过调节集气管的阀门控制集气管压力，保证生产安全和工作环境舒适。

（5）炼焦时，有时要用高压氨水、低压氨水对焦炭冷却，监测氨水进入温度、压力。

（6）焦炉机侧与焦侧的煤气使用切换需求进行开关量控制。

（7）当工况出现异常时进行故障报警。

3）鼓冷车间主要工艺与控制系统需求

鼓冷车间对炼焦车间送过来的废气按照生产工艺冷却，控制电捕实施焦油、煤气和杂质的分离，焦油储存到储油罐形成焦油产品，煤气则通过鼓风机送发电厂发电。系统通过鼓风机、初冷器回流阀控制集气管压力，以保证生产安全和工作环境舒适。同时，系统要对一些工艺数据进行检测，必要时进行报警处理。鼓冷车间控制系统的主要需求如下：

（1）炼焦后的废气首先进入冷却塔冷却，初步进行气体和杂质的分离。要求监测进入冷却塔前、冷却塔内、冷却塔后气体的压力、温度。

（2）出冷却塔的气体经电捕装置进行焦、气、杂质分离。要求监测进入电捕前、后的压力和温度；按照工艺要求控制电捕温度，使生产过程的温度符合工艺曲线，使油、气更好地分离。

（3）出电捕后煤气通过鼓风机吸走。监测煤气进入鼓风机前的压力和鼓风机工作状况，并通过鼓风机、初冷器回流阀、放散阀控制集气管压力，保证生产安全和工作环境舒适。

（4）对循环水、制冷水、冷却塔等液位进行监测，根据情况控制各个电泵的启、停（开关量控制）。

（5）对一些工况参数进行检测，当出现故障时及时进行报警。

4）筛焦车间主要工艺与控制系统需求

如图 11.18 所示，筛焦车间的主要任务是将炼好的焦炭分类并运走。焦炭先经刮焦机放到 1 号皮带上，再通过 2 号和 3 号皮带运送到 1 号振动筛进行筛焦，分离后的一部分焦炭经 4 号皮带及 4 号皮带上方的 1 号小车挡板运送到等候的汽车上拉走；另外一部分焦炭经 5 号皮带运送到 2 号或 3 号振动筛再进行筛焦，然后经 6 号皮带及 6 号皮带上方的 2 号小车挡板运送到等候的汽车上拉走。该车间控制系统的主要需求如下：

（1）按照工艺启、停皮带和相关设备，同时要监控设备是否发生故障，以免发生堆焦事故。当发生故障时及时报警。

（2）指示小车挡板位置，知道哪个位置汽车正在装卸。

（3）系统工况通过大的模拟屏在远程现场显示。

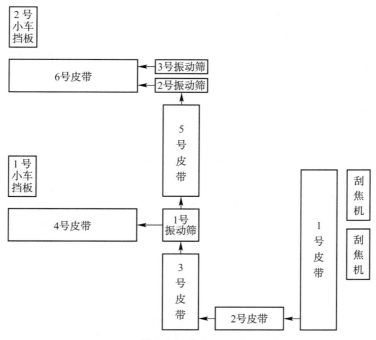

图 11.18 筛焦车间焦炭运送流程示意图

11.3.2 系统硬件配置

1) 系统总体规划思想

(1) 按照 PLC 系统和 DCS 的设计选型和应用原则进行硬件和软件配置。
(2) 按过程控制系统的控制规模及复杂程度进行硬件和软件配置。
(3) 按投资规模和项目经济效益合理选择硬件和购买软件。
(4) 规划系统时要考虑系统连续性、兼容性及通信性能。
(5) 购买硬件和软件时考虑系统生产厂家的技术服务性。

2) 确定系统输入点和输出点

表 11.2～表 11.5 分别列出了 4 个车间的输入/输出点需求。

表 11.2 备煤车间输入/输出点一览表

序号	名称	说明	AI	AO	DI	DO
1	皮带机	0,1,2,3,4,5 号皮带机			24	6
2	破碎机	0,1,2 号破碎机			12	3
3	给料机	0,1,2,3,4 号给料机			5	
4	给料位置监测	料仓上方位置开关			6	
5	报警输出					1
6	配料监控	原有配料系统通过监控 PLC 实现				
7	模拟屏输出	大屏幕需要 RS232 接口				
	合计	一块 RS232 通信接口板			47	10

表 11.3 炼焦车间输入/输出点一览表

序号	名称	说明	AI	AO	DI	DO
1	机侧和焦侧分烟道吸力、温度	只控制吸力	8	4		
2	焦炉机侧与焦侧煤气切换				2	2
3	焦炉集气管压力、温度	只控制压力	4	2		
4	煤气主管流量、压力、温度	只控制流量	3	1		
5	低压氨水温度、压力		2			
6	高压氨水温度、压力		2			
7	总烟道温度、吸力		2			
8	压缩空气压力、流量		4			
9	蒸汽总管压力、流量		4			
10	报警输出					1
11	1号焦和2号焦调节阀位		2			
合计	温度8个,其他模拟量23个		31	7	2	3

表 11.4 鼓冷车间输入/输出点一览表

序号	名称	说明	AI	AO	DI	DO
1	气液分离器后煤气温度		1			
2	进、出冷却器煤气温度、压力		8		2	2
3	电捕焦油煤气进、出口管温度、压力	只控制温度	8	2		
4	鼓风机	控制增速器	24	2	2	2
5	新鲜水温度		1			
6	循环水温度		1			
7	电捕高压箱温度		1			
8	电捕绝缘箱温度		2			
9	水池液位		3			
10	机后回流阀压力调节	控制		1		
11	电机泵输入、报警输出				7	1
合计	温度10个,其他模拟量39个		49	5	11	5

表 11.5 筛焦车间输入/输出点一览表

序号	名称	说明	AI	AO	DI	DO
1	皮带机	1,2,3,4,5,6号皮带机			24	6
2	振动筛	1,2,3号振动筛			12	3
3	刮焦机	1,2号刮焦机			2	
4	下料位置监测	皮带上方位置开关			20	
5	报警输出					1
7	模拟屏输出	大屏幕需要RS232接口				
合计		一块RS232通信接口板			58	10

3) 系统网络拓扑结构及硬件配置

如图 11.19 所示是系统网络拓扑结构示意图。其中操作员站选了 3 台研华 IPC-610 工业控制计算机,安装在监控室;工程师站选了一台移动笔记本电脑;选了 2 台 HP 服务器互为冗余。服务器既作为数据存储器使用又作为网桥使用,用于连接工业控制网和管理网。管理网为以太网,工业控制网为 Profibus-DP。考虑到 PLC 可靠性高、价格便宜、配置灵活、抗干扰能力强以及适合用于工业控制现场等优势,以及现场已经有一个备煤配料使用的西门子 S7-300,现场控制站选用了 4 台 PLC,同时配了两块大的模拟显示屏。4 台 PLC 系统硬件配置如下:

(1) 备煤 PLC(SIMATIC S7-300PLC)

313C-2DP(CPU),2 块 SM321(32DI),1 块 SM322(16DO),1 块 IM365(232 通信),1 个电源模块,一块 64K MMC 存储卡,导轨,前、后连接针。

(2) 炼焦 PLC(SIMATIC S7-300PLC)

313C-2DP(CPU),1 块 SM321(16DI),1 块 SM322(16DO),2 块 SM331(16AI,8 个热电耦),3 块 SM331(16AI,8 个 4~20 MA 输入带补偿),1 块 SM332(16AO,8 个 4~20 MA 输出带诊断),1 个电源模块,一块 64K MMC 存储卡,导轨,前、后连接针。

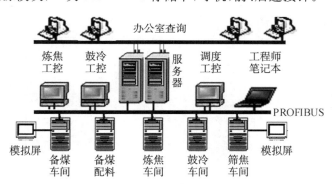

图 11.19 系统网络拓扑结构示意图

(3) 鼓冷 PLC(SIMATIC S7-300PLC)

313C-2DP(CPU),1 块 SM321(16DI),1 块 SM322(16DO),2 块 SM331(16AI,8 个热电耦),5 块 SM331(16AI,8 个 4~20 MA 输入带补偿),1 块 SM332(16AO,8 个 4~20 MA 输出带诊断),1 个电源模块,一块 64K MMC 存储卡,1 块 IM365 用于机架扩展,导轨,前、后连接针。

(4) 筛焦 PLC(SIMATIC S7-300PLC)

313C-2DP(CPU),2 块 SM321(32DI),1 块 SM322(16DI),1 块 IM365(232 通信),1 个电源模块,一块 64K MMC 存储卡,导轨,前、后连接针。

11.3.3 系统软件配置

1) 下位机软件配置及编程

由于现场工作站选择的是西门子 S7-300 系列的 PLC,所以下位机软件选用 SIMATIC STEP 7 开发软件。STEP 7 主要包括以下组件:

(1) SIMATIC 管理器,用于集中管理所有工具以及自动化项目数据库。
(2) 程序编辑器,用于以 LAD、FBD 和 STL 语言生成用户程序。
(3) 符号编程器,用于管理全局变量。
(4) 硬件组态,用于组态和参数化硬件。
(5) 硬件诊断,用于诊断自动化系统的状态。
(6) NetPro,用于组态 MPI(Multipoint Interface)和 Profibus 等网络连接。
西门子 STEP 7 自带很多程序库,用梯形图 LAD 语言对下位机软件组态非常方便。

2) 上位机软件配置及编程

从上、下位机软件的兼容性以及工程进度的需要出发,选用了 WinCC。

如图 11.20 所示是工控组态软件 WinCC (WINDOW CONTROL CENTER)的主界面。WinCC 是一个集成的人机界面(HMI)系统和监控管理(SCADA)系统,提供了适用于工业的图形显示、信息归档以及报表的功能模板。其显著特点是全面开放。WinCC 自带很多标准驱动程序,各系统集成商可用 WinCC 作为其系统扩展的基础,通过开放接口开发自己的应用软件。WinCC 组网非常方便,随时提供在线帮助。WinCC 组态软件有一个资源管理器,主要功能如下:

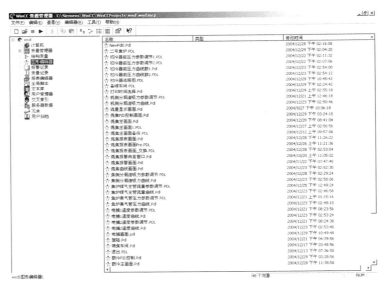

图 11.20　组态软件 WinCC 主界面

(1) 创建工程:对整个系统资源进行管理。

(2) 工程组态:定义设备,建立网络连接,定义信息点。在计算机、变量管理器、结构变量、服务器数据栏目中进行。信息点定义包括硬件 I/O 通道的信号类型、输入/输出地址、数据范围、数据刷新时间等设置。

(3) 数据归档处理:在报警记录、变量记录、用户归档栏目中进行。

(4) 图形界面、趋势曲线界面、报警界面、画面切换等界面编辑:在图形编辑器栏目中进行,有很多图库。

(5) 报表编辑：在报表编辑器栏目中进行。

(6) 数据冗余：在冗余栏目中进行。

(7) 权限管理：在用户管理栏目中进行。

11.3.4　系统组态编程

1) 逻辑组网

在硬件物理连接完成后，逻辑组网步骤为：

(1) 创建工程；

(2) 定义设备；

(3) 建立网络连接，实现网络逻辑组态连接。

2) 下位机软件组态编程

西门子 STEP 7 自带很多程序库，提供三种 PLC 程序编写语言：语句表（STL）、梯形图（LAD）、功能图（FBD）。用梯形图很容易组态，因此本工程项目下位机编程用梯形图 LAD 语言和汇编 STL 语言。大多数程序使用 LAD 语言，个别自编通用函数和与模拟屏的通信用 STL 语言编程。下位机组态编程主要注意事项为：

(1) 顺序控制（开关控制）

① 时序控制：注意逆序启动，顺序停止，防止堆煤和堆焦发生。启动时每台设备要等待一个启动延时，停止也类似。

② 故障处理：当某个设备出现故障时，该设备的前面设备全部立即顺序停止（不延时），故障排除时从该设备开始逆序启动（每台设备之间也要有一个启动延时）；

③ 故障报警：有故障立即启动声光报警。

(2) 模拟量控制

① 数据采集：完成数据采集、滤波，必要时进行线性补偿，并进行工程变换。

② 设定值处理：防止变化幅度太大。

③ 手动控制：和上位机配合，上位机有 WinCC 做的仪表操作盘，当软开关为手动时断开自动控制，输出仪表操作盘传过来的数据。

④ 自动控制：主回路采用 PID 闭环控制。与锅炉计算机控制系统类似，很多控制采用串级控制和前馈控制相结合的控制策略实现，算法可用 STEP 7 程序库。

⑤ 手动/自动无扰切换：当系统从手动切换到自动时，保证控制输出变化很小。

⑥ 耦合控制策略：用模糊控制进行解耦。

⑦ 故障报警：有故障立即启动声光报警。

(3) PLC 与模拟屏的通信

通过 CP340 与模拟屏通信，采用中断方式，通信协议为模拟屏厂家自定的非标准协议，所以通信使用 STL 语言编程。

3) 上位机组态编程

上位机软件通过 WinCC 组态编程，基本过程如下：

(1) 在 WinCC 资源管理器"变量管理器"栏目中定义外部变量，将这些变量与 PLC 中相

应变量相连(包括模拟量、开关量);

(2) 定义内部变量;

(3) 定义归档文件,建立历史数据库;

(4) 规划界面,界面一般包括登录界面、权限管理界面、流程图总界面和分界面、仪表盘手动操作界面、参数设定界面、曲线显示界面、报警界面、报表界面等;

(5) 用图形编辑器设计界面,界面中输入/输出域与外部变量、内部变量相连接;

(6) 定义触发事件或动作,必要时用C语言编辑程序脚本;

(7) 调试程序;

(8) 程序打包,生成执行程序,供运行时使用。

11.3.5 部分组态界面举例

在工程组态软件中,我们把系统运行时操作员打开的每一个窗口都称为一幅画面。工程人员根据工程设计设置画面的大小,布置画面上显示的内容。下面用举例的方式呈现工艺流程界面、趋势曲线界面、操作界面、报警界面、报表界面、权限管理界面的式样。

1) 工艺流程显示

界面分成静态界面和动画界面,为形象描述工艺流程,界面中一般要用动画、颜色等表示设备状态。所谓动画连接是把画面中的图素和实时数据库的变量进行连接,使其能够及时动态地反映工业现场的实际情况,因为只有实时数据库中的变量数值是与现场的信号变化同步的。那么图素是如何同变量连接的呢?一般是通过时间或事件驱动的,有的需要定义脚本,有的控件自己本身就带有此功能。如图11.21所示为鼓冷车间的流程图界面举例。

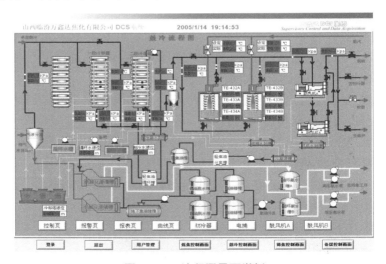

图 11.21 流程图界面举例

2) 实时曲线和历史曲线显示

实时曲线用来反映数据随时间的变化情况,外形类似于坐标纸,X轴代表时间,Y轴代表变量值,能够随时间变化自动卷动,以快速反应变量的新变化,但是时间轴不能"回卷",即不能查阅变量的历史数据。

在实时趋势曲线中,工程人员可以规定时间间距,数据数值范围,网格分辨率,时间坐标数目,以及绘制曲线的笔的颜色属性。画面程序运行时,实时趋势曲线可以自动卷动,以快速反应变量随时间的变化。实时曲线画面驱动方式一般是时间。

历史趋势曲线类似于实时曲线,只是其时间条件可以由用户输入,因而画面驱动方式一般是事件。它可以完成历史数据的查看工作。如图 11.22 所示为实时曲线界面举例。

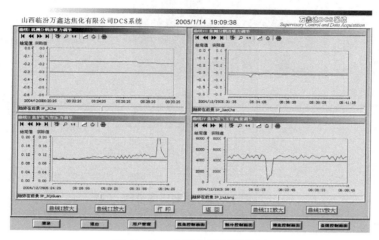

图 11.22 实时曲线界面举例

3) 操作界面

操作界面是类似于模拟表盘的界面。在操作界面中,用户可以通过鼠标、按键等操作改变现场控制站的设定值、参数等数据。如图 11.23 所示为操作界面举例。

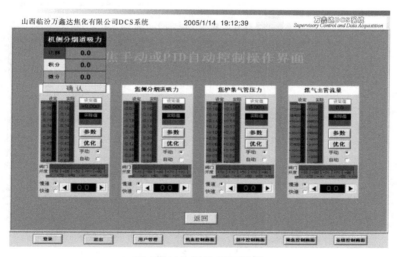

图 11.23 操作界面举例

4) 报警界面

报警是指当系统中某些量异常时,系统自动产生相应警告信息,提示操作人员注意。报警允许操作人员应答。

WinCC 软件中报警事件的处理方法是：当报警事件发生时，系统把这些信息存于内存中的缓冲区中，报警事件在缓冲区中是以先进先出的队列形式存储。用户可以从人机界面提供的报警窗口中查看报警事件信息。如图 11.24 所示为报警界面举例。

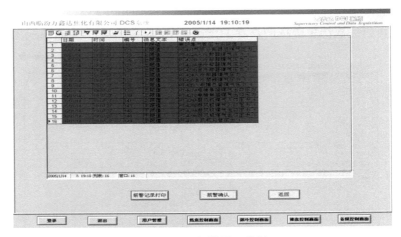

图 11.24　报警界面举例

5）报表界面

数据报表是反映生产过程中的数据、状态等，并对数据进行记录的一种重要形式。是生产过程必不可少的一个部分。它既能反映系统实时的生产情况，也能对长期的生产过程进行统计、分析，使管理人员能够及时掌握和分析生产情况。如图 11.25 所示为报表界面举例。

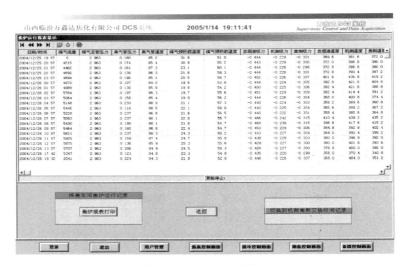

图 11.25　报表界面举例

6）权限管理界面

系统管理员给每个用户配置一个用户名和密码，用户名就相当于用户的身份。管理员在权限管理界面可以增加或修改用户，规定用户可以操作哪些界面和执行哪些动作。如图

11.26 所示为权限管理界面举例。

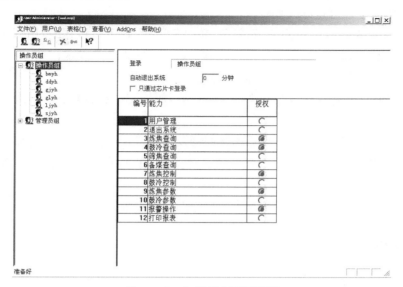

图 11.26　权限管理界面举例

11.4　无人靶机单片机控制系统

靶机是无人机的一种主要类型，其作用在平时可应用于防空武器系统的试验鉴定，在战时，可用作诱饵或假目标。本节介绍靶机飞行控制系统的基本组成、功能需求、控制原理以及系统软件设计等。

11.4.1　系统基本组成和功能需求

如图 11.27 所示，该系统由遥控遥测接口、垂直陀螺、航向传感器、高度空速传感器、发动机转速测量、飞行控制计算机、升降和副翼控制器、舵机、速度控制器、靶机动作任务控制、电源、整机电缆等组成，系统功能需求如下：

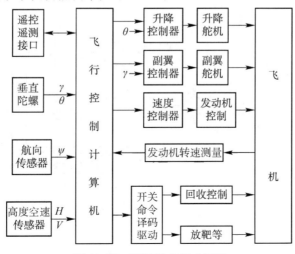

图 11.27　系统基本组成框图

(1) 稳定飞机的俯仰角、倾斜角、航向角,保证飞机在给定气压高度上飞行,在飞行过程中,给定的气压高度值可连续改变;

(2) 操纵飞机按给定的俯仰角、倾斜角、航向角飞行,在飞行过程中,俯仰角和倾斜角随飞行高度变化而自动调整,定向角度值可在 0°～360°范围内任意设定;

(3) 随着飞行高度和飞行速度变化自动改变控制参数;

(4) 接收和执行遥控指令,改变飞行状态,执行放拖靶,投放诱饵弹,点燃曳光弹等作业任务;

(5) 采集飞行状态参数,发送给遥测调制器及发射机,下传至地面控制站;

(6) 飞行航线可预编程,并且具有自动返航功能,在无线电控制范围内,能控制飞机自动飞回地面控制站上空;

(7) 进行发动机控制、回收控制及飞行故障的应急处理。

11.4.2 系统控制器设计

1) 升自动驾驶控制设计

在略去舵回路惯性后,控制系统升降通道和副翼通道自动驾驶调节规律如式(11.5)

$$\delta_z = K_\theta(\theta_0 - \theta) + K_H(H_0 - H) + K_C C + K_{\dot\theta}\dot\theta$$
$$\delta_x = K_r(r_0 - r) + K_\psi(\psi_0 - \psi) + K_{\dot r}\dot r \tag{11.5}$$

式中:δ_z 为升降舵偏角;δ_x 为副翼舵偏角;K 为各被控量的比例系数;θ_0 为俯仰角稳定基准(数字量);r_0 为倾斜角稳定基准(数字量);ψ_0 为航向角稳定基准(数字量);H_0 为高度稳定基准(数字量);H 为高度信号(数字量);C 为盘旋时高度补偿信号(数字量);ψ 为航向角信号(数字量);θ 为俯仰角信号(模拟量);r 为倾斜角信号(模拟量);$\dot\theta$ 为俯仰角速度信号(模拟量);$\dot r$ 为倾斜角速度信号(模拟量)。

由式(11.5)可知,该控制系统为双通道比例式和比例微分数模混合自动驾驶控制,控制方程中的比例系数根据仿真结果和实际飞行试验数据选定,为了使飞机在不同的动、静压条件下具有良好的飞行稳定性和飞行品质,方程中的控制参数随不同的动静压条件而变化。如图 11.28 和图 11.29 所示,分别给出了升降舵机和副翼舵机控制的原理框图。控制器算法类似于多个 PID 数字算法叠加。

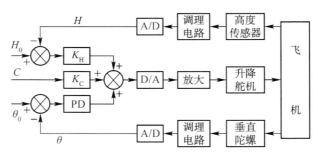

图 11.28 升降舵机控制原理框图

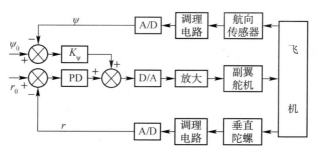

图 11.29　副翼舵机控制原理框图

2) 发动机转速控制设计

发动机转速控制原理如图 11.30 所示。地面控制站发出的发动机转速比例指令由遥控信道送至机载飞行控制计算机,飞行控制计算机将计算好的控制数据送入 D/A 转换器,经放大后控制风门调节器运动。发动机转速信号由转速传感器及测量电路送入飞行控制计算机,组成闭环控制回路,同时将此参数经由遥测信道下传至地面控制站。

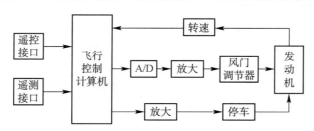

图 11.30　发动机转速控制原理框图

当飞机要回收时,遥控发出停车指令,此信号经放大变换后带动停车继电器工作,控制发动机点火信号,使发动机停车。

3) 回收控制设计

回收控制信号有指令回收和自动回收两种,自动回收控制信号又分为高度故障回收和姿态角超限回收。当飞机在预定高度上飞行时,如果飞机掉高度超过 200 m 或者当飞机的姿态角超过 60°时即启动自动回收电路,回收控制原理框图如图 11.31 所示。

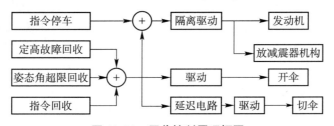

图 11.31　回收控制原理框图

回收时,由飞行控制计算机发出停车和开伞信号,执行机构动作,飞机停车,放减震器,同时打开降落伞,当高度快接近地面时,输出切伞信号,当飞机落地时,触地开关闭合,飞机抛掉降落伞,回收过程结束。

11.4.3 系统软件设计

系统中的核心设备——飞行控制计算机采用单片机,程序用单片机C语言编写。

系统软件设计采用模块化结构,由主程序、定时中断、遥控中断、遥测中断组成。遥测中断服务程序用于将编好的飞机状态参数发送给遥测发射机,下传至地面控制站;遥控中断服务程序功能是将遥控接收机传来的数据进行译码;定时中断服务程序是机上时钟,用于周期性的事务处理;主程序是系统软件的核心模块,它完成定高、定向控制数据的计算,设置系统控制模态,根据动、静压条件改变控制参数,采集飞机状态参数,完成自动返航或预编程飞行,进行自动回收等应急处理,主程序框图如图11.32所示。

为提高可靠性,软件采取了许多抗干扰措施,如输入通道的数字滤波法,输出通道的重复赋值法,CPU指令冗余法,watchdog法,软件陷阱法等。

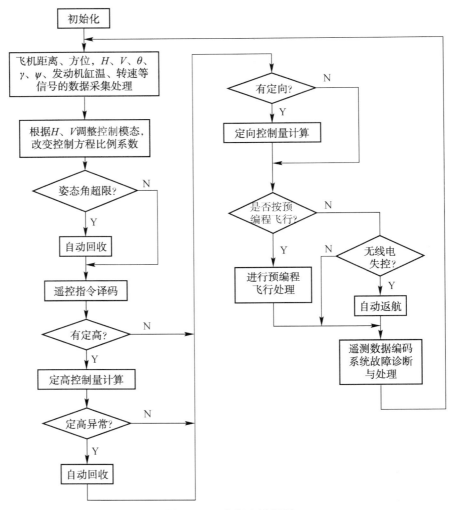

图11.32 主程序流程图

11.5 智能家居控制系统

智能家居是综合利用先进的计算机技术、网络通信技术、系统布线技术、医疗电子技术，依照人体工程学原理，融合个性需求，将与家居生活有关的各个子系统，如安防、灯光控制、窗帘控制、煤气阀控制、信息家电、场景联动、地板采暖、健康保健、卫生防疫等有机地结合在一起，通过网络化综合智能控制和管理，实现"以人为本"的全新家居生活体验。典型的智能家居控制系统如图 11.33 所示。

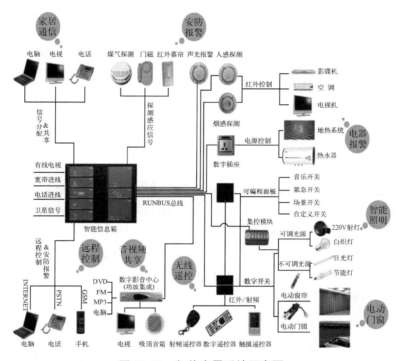

图 11.33　智能家居系统示意图

11.5.1　智能家居控制需求

1) 随意照明

控制随意照明，按几下按钮就能调节所有房间的照明，各种梦幻灯光可以随心创造。智能照明系统具有软启功能，能使灯光渐亮渐暗；灯光调节可实现调亮、调暗功能，让你和家人分享温馨与浪漫，同时具有节能和环保的效果；全开全关功能可轻松实现灯和电器的一键全关和一键全开功能，并具有亮度记忆功能。

2) 简单安装

智能家居系统可以实现简单安装，不必破坏隔墙，不必购买新的电气设备，系统完全可与你家中现有的电气设备，如灯具、电话和家电等进行连接。各种电器及其他智能子系统既可在家操控，也能完全实现远程控制。

3) 可扩展性

智能家居系统是可以扩展的系统,可以只与照明设备或常用的电器设备连接,将来也可以与其他设备连接,以适应新的智能生活需要。

11.5.2 设计原则

1) 实用性、便利性

设计智能家居系统时,应根据用户对智能家居功能的需求,整合以下最实用、最基本的家居控制功能:智能家电控制、智能灯光控制、电动窗帘控制、防盗报警、门禁对讲、煤气泄漏等,同时还可以拓展诸如三表抄送、视频点播等增值功能。要充分考虑到用户体验,注重操作的便利化和直观性,最好能采用图形图像化的控制界面,让操作所见即所得。

2) 可靠性

整个建筑的各个智能化子系统应能 24 小时运转,系统的安全性、可靠性和容错能力必须予以高度重视。对各个子系统,在电源、系统备份等方面采取相应的容错措施,保证系统正常安全使用,质量、性能良好,具备应付各种复杂环境变化的能力。

3) 标准性

智能家居系统方案的设计应依照国家和地区的有关标准进行,确保系统的扩充性和扩展性,在系统传输上采用标准的 TCP/IP 协议网络技术,保证不同生产商之间系统可以兼容与互联。系统的前端设备应是多功能的、开放的、可以扩展的,如系统主机、终端与模块采用标准化接口设计,为家居智能系统外部厂商提供集成的平台,而且其功能应可以扩展,当需要增加功能时,不必再开挖管网。设计选用的系统和产品应能够使本系统与未来不断发展的第三方受控设备进行互通互连。

4) 方便性

布线安装是否简单直接关系到成本、可扩展性、可维护性的问题,一定要选择布线简单的系统,施工时可与小区宽带一起布线;设备方面应容易学习掌握。

5) 操作和维护简便

系统在工程安装调试中的方便设计也非常重要。

6) 数据安全性

在智能家居的逐步扩展中,会有越来越多的设备连入系统,不可避免的会产生更多的运行数据,如空调的温度和时钟数据、室内窗户的开关状态数据、煤气电表数据等。这些数据与个人家庭的隐私形成前所未有的关联程度,如果数据保护不当,不但会导致个人习惯等极其隐私的数据泄漏,关系家庭安全的数据如窗户状态等会直接危害家庭安全。同时,智能家居系统并不是孤立于世界的,要对进入系统的数据进行审查,防止恶意破坏家庭系统,甚至破坏联网的家电和设备。尤其在当今大数据时代,一定要保护家庭大数据的安全性。

11.5.3 系统组成与主要功能

系统包含的主要子系统有家居布线系统、家庭网络系统、智能家居(中央)控制管理系统、家居照明控制系统、家庭安防系统、背景音乐系统（如 TVC 平板音响）、家庭影院与多媒体系统、家庭环境控制系统等八大系统。其中，智能家居（中央）控制管理系统（包括数据安全管理系统）、家居照明控制系统、家庭安防系统是必备系统，家居布线系统、家庭网络系统、背景音乐系统、家庭影院与多媒体系统、家庭环境控制系统为可选系统。系统的主要功能如下：

1）遥控控制

可以使用遥控器来控制家中灯光、热水器、电动窗帘、饮水机、空调等设备的开启和关闭；通过这支遥控器的显示屏可以在一楼（或客厅）查询并显示出二楼（或卧室）灯光电器的开启、关闭状态；同时还可以控制家中的电器诸如电视、DVD、音响等。

2）电话控制

电话远程控制和高加密（电话识别）多功能语音电话远程控制功能。当主人出差或者在外边办事时，可以通过手机、固定电话来控制家中的空调和窗帘、灯光，使之提前制冷、制热，开启和关闭。通过手机或固定电话可知家中电路是否正常，还可以得知室内的空气质量，可控制窗户和紫外线杀菌装置进行换气或杀菌。此外，还可根据外部天气的优劣适当地加湿屋内空气。主人不在家时，也可以通过手机或固定电话来自动给花草浇水、给宠物喂食等。控制卧室的柜橱对衣物、鞋子、被褥进行杀菌、晾晒等。

3）定时控制

可以提前设定某些产品的自动开启、关闭时间，如电热水器每天晚上 20：30 分自动开启加热，23：30 分自动断电关闭，既能让用户享受到热水洗浴，还能节省电能。再如电动窗帘的自动开启、关闭更不在话下。

4）集中控制

可以在进门的玄关处就同时打开客厅、餐厅和厨房的灯光，打开小厨宝等电器。尤其是在夜晚，可以在卧室控制客厅和卫生间的灯光，既方便又安全，还可以查询它们的工作状态。

5）场景控制

轻轻触动一个按键，数种灯光、电器可在"意念"中自动执行，让使用者感受到科技时尚生活的完美、简捷和高效。

6）网络控制

无论在办公室还是外地，只要是有网络的地方，使用者都可以通过 Internet 登录固定的智能家居控制界面来控制家中的电器。

7）监控功能

视频监控功能在任何时间、任何地点均可直接通过局域网络或宽带网络，使用浏览器（如 IE）进行远程影像监控及语音通话。支持远程 PC 机、本地 SD 卡存储，移动侦测邮件传输、FTP 传输，对于家庭用远程影音拍摄与拍照更可达到专业的安全防护。

8）报警功能

当有警情发生时，能自动拨打报警电话，并联动相关电器做报警处理。

9）共享功能

家庭影音控制系统包括家庭影视交换中心（视频共享）和背景音乐系统（音频共享），是家庭娱乐的多媒体平台。它运用先进的微电脑技术、无线遥控技术和红外遥控技术，在程序指令的精确控制下，把机顶盒、卫星接收机、DVD、电脑、影音服务器、高清播放器等多路信号源根据用户的需要，发送到每一个房间的电视。

在影音服务器、音响等终端设备上实现一机共享客厅的多种视听设备，使家庭成为一个设计独特的 AV 影视交换中心。

10）娱乐系统

"数字娱乐"是利用书房电脑作为家庭娱乐的播放中心，客厅或主卧大屏幕电视机上播放和显示的内容可来源于互联网上海量的音乐资源、影视资源、电视资源、游戏资源、信息资源等。

附录 A 部分函数拉氏变换与 Z 变换对照表

$f(t)$	$F(s)$	$f(kT)$	$F(z)$
$\delta(t)$	1	$1, k=0; 0, k\neq 0$	1
$\delta(t-nT)$	e^{-nTs}	$1, k=n; 0, k\neq n$	z^{-n}
$I(t)$	$\dfrac{1}{s}$	$1(kT)$	$\dfrac{z}{z-1}$
t	$\dfrac{1}{s^2}$	kT	$\dfrac{Tz}{(z-1)^2}$
$\dfrac{1}{2!}t^2$	$\dfrac{1}{s^3}$	$\dfrac{1}{2!}(kT)^2$	$\dfrac{T^2 z(z+1)}{2(z-1)^3}$
$\dfrac{1}{3!}t^3$	$\dfrac{1}{s^4}$	$\dfrac{1}{3!}(kT)^3$	$\dfrac{T^3 z(z^2+4z+1)}{6(z-1)^4}$
e^{-at}	$\dfrac{1}{s+a}$	e^{-akT}	$\dfrac{z}{z-e^{-aT}}$
te^{-at}	$\dfrac{1}{(s+a)^2}$	kTe^{-akT}	$\dfrac{Tze^{-aT}}{(z-e^{-aT})^2}$
$\dfrac{1}{2!}t^2 e^{-at}$	$\dfrac{1}{(s+a)^3}$	$\dfrac{1}{2!}(kT)^2 e^{-akT}$	$\dfrac{T^2}{2}\dfrac{e^{-aT}z(z+e^{-aT})}{(z-e^{-aT})^3}$
$1-e^{-at}$	$\dfrac{a}{s(s+a)}$	$1-e^{-akT}$	$\dfrac{z(1-e^{-aT})}{(z-1)(z-e^{-aT})}$
$t-\dfrac{1-e^{-at}}{a}$	$\dfrac{a}{s^2(s+a)}$	$kT-\dfrac{1-e^{-akT}}{a}$	$\dfrac{Tz}{(z-1)^2}-\dfrac{z(1-e^{-aT})}{a(z-1)(z-e^{-aT})}$
$e^{-at}-e^{-bt}$	$\dfrac{b-a}{(s+a)(s+b)}$	$e^{-akT}-e^{-bkT}$	$\dfrac{z}{z-e^{-aT}}-\dfrac{z}{z-e^{-bT}}$
$(1-at)e^{-at}$	$\dfrac{s}{(s+a)^2}$	$(1-akT)e^{-akT}$	$\dfrac{z[z-e^{-aT}(1+aT)]}{(z-e^{-aT})^2}$
$1-(1+at)e^{-at}$	$\dfrac{a^2}{s(s+a)^2}$	$1-(1+akT)e^{-akT}$	$\dfrac{z}{z-1}-\dfrac{z}{z-e^{-aT}}-\dfrac{aTe^{-aT}z}{(z-e^{-aT})^2}$
$\sin\omega t$	$\dfrac{\omega}{s^2+\omega^2}$	$\sin\omega kT$	$\dfrac{z\sin\omega T}{z^2-2z\cos\omega T+1}$
$\cos\omega t$	$\dfrac{s}{s^2+\omega^2}$	$\cos\omega kT$	$\dfrac{z(z-\cos\omega T)}{z^2-2z\cos\omega T+1}$
$e^{-at}\sin\omega t$	$\dfrac{\omega}{(s+a)^2+\omega^2}$	$e^{-akT}\sin\omega kT$	$\dfrac{ze^{-aT}\sin\omega T}{z^2-2ze^{-aT}\cos\omega T+e^{-2aT}}$
$e^{-at}\cos\omega t$	$\dfrac{s+a}{(s+a)^2+\omega^2}$	$e^{-akT}\cos\omega kT$	$\dfrac{z^2-ze^{-aT}\cos\omega T}{z^2-2ze^{-aT}\cos\omega T+e^{-2aT}}$

附录 B　基于虚拟实验平台的计算机控制实验简介

为结合本课程的教学，强化读者应用所学知识解决实际问题的能力，作者开发了虚拟实验平台。虚拟实验平台用软件实现，由虚拟被控对象和虚拟输入/输出过程通道组成。用该平台进行实验与真实计算机控制系统环境比较接近，读者可通过编程对虚拟被控对象进行实时控制。利用该平台，读者可进行数字滤波控制实验、计算机 PID 控制实验、离散化方法比较控制实验、最小拍控制实验、大林算法控制实验、计算机串级控制实验、Smith 预估控制实验、前馈与反馈相结合控制实验、状态反馈控制实验。限于本书篇幅，附录只将三个实验指导书作为实例呈现给读者。

B.1　基于虚拟实验平台的计算机控制实验基本原理

如图 B.1 是基于虚拟实验平台的计算机控制系统基本框图。在这类实验中，作者用软件分别实现了一个虚拟被控对象和虚拟输入/输出过程通道。该虚拟被控对象是一个可执行程序，其显示界面能直观地以如图 B.2 所示的趋势图显示控制值、设定值和输出值。为了使读者可编程对该虚拟被控对象进行控制，作者还用软件实现了一个虚拟输入/输出过程通道。该虚拟输入/输出过程通道是一个动态函数库(DLL)，通过调用该库中的函数，读者编程时可如调用 A/D 转换函数一样通过虚拟输入/输出过程通道读取虚拟被控对象的输出值，可如调用 D/A 转换函数一样通过虚拟输入/输出过程通道写控制值到虚拟被控对象。

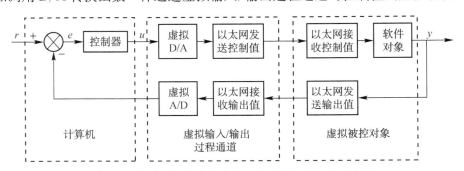

图 B.1　基于虚拟实验平台的计算机控制系统基本框图

虚拟被控对象的结构和参数(如对象类型、对象的传递函数、输入/输出饱和特性、输入死区特性和变化率限制特性)、虚拟输入/输出过程通道的 A/D 和 D/A 转换精度都可以通过配置文件设定。

从图 B.1 可以看出，计算机可以通过虚拟输入/输出过程通道采集虚拟被控对象的被控输出值 y，并将其与期望值 r 进行比较得到偏差 e，按照所设计的控制算法进行计算得到控

制值 u，再通过虚拟输入/输出过程通道把控制值 u 写入虚拟被控对象，控制虚拟被控对象的输出值达到期望值 r。

实验中读者可以编写自己的控制算法程序，通过虚拟输入/输出过程通道的 DLL 函数对虚拟被控对象进行计算机闭环控制。由于虚拟被控对象与虚拟输入/输出过程通道通过以太网连接，因此虚拟被控对象程序和读者自己编写的控制程序可以分别运行在两台计算机上，只要这两台计算机用以太网网线或无线网连接。这样可使读者更有亲临实际计算机控制现场之感。虚拟被控对象所显示的趋势曲线就如将实际被控对象的被控情况呈现给读者。和实际被控对象计算机控制实验相比，虚拟被控对象能不受条件制约，模拟较复杂的被控对象。

当然，如果读者只有一台计算机，则虚拟被控对象程序和读者自己编写的控制程序也可运行在一台计算机上。

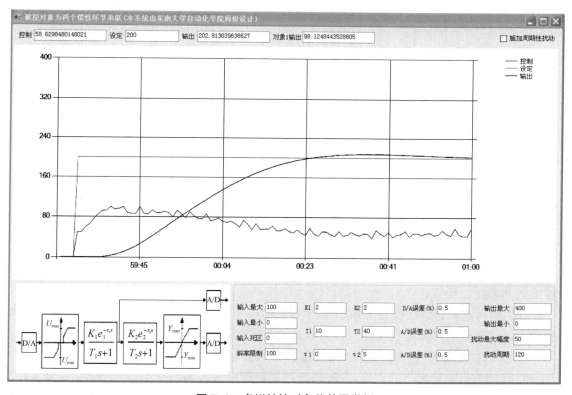

图 B.2 虚拟被控对象趋势图举例

B.2 虚拟被控对象简介

虚拟被控对象是作者用 C♯ 编写的一个可执行程序，文件名为 ControlObject.exe，配置文件名为 server_config.ini，程序可在 Windows 环境下运行。不过，计算机需要安装微软公司的 Microsoft.NET Framework 4.0 或以上版本作为支撑环境。.NET Framework 是微软公司为广大编程爱好者提供的可在其网站免费下载的软件，主要作为软件开发的 Services

引擎。

虚拟被控对象可理解为工业现场的温度、压力、流量、液位等被控对象中的一种,其输入和输出数值范围可由读者设置。例如,我们可将其输入数值范围设置为0~100以表示阀门开度,输出数值范围设置为0~400以表示温度输出。

虚拟被控对象可实现如图B.3所示(a)、(b)、(c)、(d)的四类被控对象,通过配置文件server_config.ini进行配置。从图B.3可以看出,每类对象由两个对象组合而成,分别由以下环节组成:

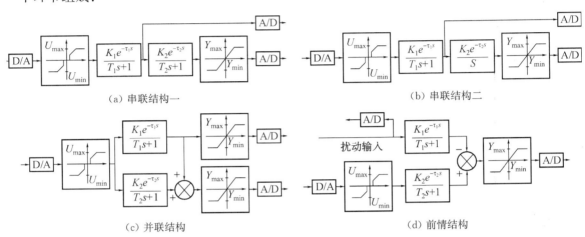

图 B.3　虚拟被控对象四种类型结构示意图

(a) 输入饱和、死区、变化率限制非线性环节＋两个可带纯滞后特性的惯性环节串联＋输出饱和非线性环节;

(b) 输入饱和、死区、变化率限制非线性环节＋一个可带纯滞后特性的惯性环节和一个可带纯滞后特性的积分环节串联＋输出饱和非线性环节;

(c) 输入饱和、死区、变化率限制非线性环节＋两个可带纯滞后特性的惯性环节并联＋输出饱和非线性环节;

(d) 输入饱和、死区、变化率限制非线性环节＋一个可带纯滞后特性的惯性环节＋输出饱和非线性环节＋可测量扰动输入及扰动叠加到输出的可带纯滞后特性的惯性环节。

图B.2右上角的"施加周期性扰动"选择框可控制扰动施加。当虚拟被控对象类型为(d)时,扰动为可测量大小的方波,方波幅度和周期都可通过server_config.ini文件设置;当虚拟被控对象类型为(a)、(b)、(c)时,扰动为不可测量的脉冲,脉冲幅度和周期都可通过server_config.ini文件设置,脉冲宽度约为周期的5%。

注意ControlObject.exe和server_config.ini文件必须放在同一个目录,但可以不和用户计算机控制程序放在同一台计算机,即ControlObject.exe可在另外一台计算机上运行。

配置文件server_config.ini可以用Windows自带的记事本之类的程序进行修改并保存,配置说明如清单B.1所示。

清单 B.1:虚拟被控对象配置文件配置说明

[窗口显示位置]

```
Window_x=100              //窗口左上角 X 坐标
Window_y=250              //窗口左上角 Y 坐标
[系统类型       1=两个惯性环节串联    2=惯性环节和积分环节串联    3=两个惯性环节并联    4=惯性环
节和干扰环节并联,即前馈结构]
System_Type=1
[输入特性(U_Max:最大输入  U_Min:最小输入  U_Zero:零附近死区特性,即必须>=U_Zero 或<=-U_
Zero  U_Slope:最大变化率限制(按秒计算)]
U_Max=100                //输入上限饱和特性
U_Min=0                  //输入下限饱和特性
U_Zero=0                 //输入零附近死区特性
U_Slope=100              //输入变化率限制死区特性
[对象环节 1 特性  Gain1:增益  Delay_Time1:纯滞后时间  Inertance_Time1:惯性时间常数]
Gain1=2                  //增益
Delay_Time1=0            //纯滞后时间(秒)
Inertance_Time1=10       //惯性时间常数(秒)
[对象环节 2 特性  Gain2:增益  Delay_Time2:纯滞后时间  Inertance_Time2:惯性时间常数  若环节 2 为积分,则
Inertance_Time2 设置不起作用,保留即可]
Gain2=2                  //增益
Delay_Time2=5            //纯滞后时间(秒)
Inertance_Time2=40       //惯性时间常数(秒),若为积分环节则该参数不起作用,保留
[输出饱和特性  Y_Max:输出最大  Y_Min:输出最小]
Y_Max=400
Y_Min=0
[D/A 和 A/D 转换精度(DA_Error 为最大转换误差占输入最大量程百分比,AD_Error1,AD_Error2 为最大转换误
差占输出最大量程百分比)]
DA_Error=0.5             //D/A 转换最大误差(%)
AD_Error1=0.5            //对象环节 1 输出 A/D 转换最大误差(%)
AD_Error2=0.5            //对象环节 2 输出 A/D 转换最大误差(%)
[扰动输入:Disturbance:方波幅度  Disturbance_time:方波周期  前馈结构为对称方波;  其他结构为 5%周期
Disturbance,95%周期为 0]
Disturbance_Max=50       //扰动输入幅度
Disturbance_Time=120     //扰动发生周期(秒),前馈为方波,其他结构为脉冲
```

【例 F.1】 请配置如图 B.4 所示的被控对象,并设置输入范围为 0~100,无输入死区,输入变化率限制最大为每秒 100,输出范围为 0~400,A/D 和 D/A 转换精度为最大量程的 0.5%,扰动幅度为 50,扰动周期为 120 s。

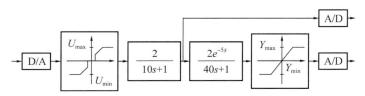

图 B.4 例 F.1 虚拟被控对象结构图

解 配置文件 server_config.ini 如清单 B.2 所示。

清单 B.2：虚拟被控对象例 F.1 配置文件

Window_x=100

Window_y=250

System_Type=1

U_Max=100

U_Min=0

U_Zero=0

U_Slope=100

Gain1=2

Delay_Time1=0

Inertance_Time1=10

Gain2=2

Delay_Time2=5

Inertance_Time2=40

Y_Max=400

Y_Min=0

DA_Error=0.5

AD_Error1=0.5

AD_Error2=0.5

Disturbance_Max=50

Disturbance_Time=120

【例 F.2】 请配置如图 B.5 所示的被控对象，并设置输入范围为 $-15 \sim 15$，无输入死区，输入变化率限制最大为每秒 4，输出范围为 $-15 \sim 15$，A/D 和 D/A 转换精度为最大量程的 0.2%，扰动幅度为 1，扰动周期为 100 s。

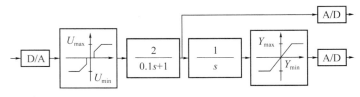

图 B.5 例 F.2 虚拟被控对象结构图

解 配置文件 server_config.ini 如清单 B.3 所示。

清单 B.3：虚拟被控对象例 F.1 配置文件

Window_x=100

Window_y=250

System_Type=2

U_Max=15

U_Min=-15

U_Zero=0

U_Slope=4

Gain1=2

Delay_Time1=0

Inertance_Time1=0.1
Gain2=1
Delay_Time2=0
Inertance_Time2=1
Y_Max=15
Y_Min=−15
DA_Error=0.2
AD_Error1=0.2
AD_Error2=0.2
Disturbance_Max=1
Disturbance_Time=100

【例 F.3】 请配置如图 B.6 所示的被控对象,并设置输入范围为 0~100,无输入死区,输入变化率限制最大为每秒 100,输出范围为 0~400,A/D 和 D/A 转换精度为最大量程的 0.5%,扰动幅度为 50,扰动周期为 120 s。

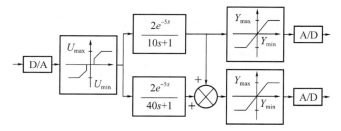

图 B.6 例 F.3 虚拟被控对象结构图

解 配置文件 server_config.ini 如清单 B.4 所示。

清单 B.4:虚拟被控对象例 F.3 配置文件
Window_x=100
Window_y=250
System_Type=3
U_Max=100
U_Min=0
U_Zero=0
U_Slope=100
Gain1=2
Delay_Time1=5
Inertance_Time1=10
Gain2=2
Delay_Time2=5
Inertance_Time2=40
Y_Max=400
Y_Min=0
DA_Error=0.5
AD_Error1=0.5

AD_Error2=0.5
Disturbance_Max=50
Disturbance_Time=120

【例 F.4】 请配置如图 B.7 所示的被控对象,并设置输入范围为 0~100,无输入死区,输入变化率限制最大为每秒 100,输出范围为 0~200,A/D 和 D/A 转换精度为最大量程的 0.2%,扰动幅度为 70,扰动周期为 100 s。

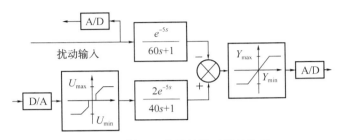

图 B.7 例 F.4 虚拟被控对象结构图

解 配置文件 server_config.ini 如清单 B.5 所示。

清单 B.5：虚拟被控对象例 F.4 配置文件

Window_x=100
Window_y=250
System_Type=4
U_Max=100
U_Min=0
U_Zero=0
U_Slope=100
Gain1=1
Delay_Time1=5
Inertance_Time1=60
Gain2=2
Delay_Time2=5
Inertance_Time2=40
Y_Max=200
Y_Min=0
DA_Error=0.2
AD_Error1=0.2
AD_Error2=0.2
Disturbance_Max=70
Disturbance_Time=100

B.3 虚拟输入/输出过程通道简介

虚拟输入/输出过程通道是作者用 C♯编写的一个动态函数库(DLL),文件名为 TEST_Dll.dll,配置文件名为 Client_config.ini,函数库中的函数可以被读者调用,但要在 Windows

环境下才可运行,而且也需要安装微软公司的 Microsoft.NET Framework 4.0 或以上版本作为支撑环境。

TEST_Dll.dll 和 Client_config.ini 应放在同一个目录,而且要和用户编写的控制程序放在一台计算机上。

Client_config.ini 可以用 Windows 自带的记事本之类的程序进行修改并保存。由于虚拟输入/输出过程通道的转换误差可在虚拟被控对象配置文件 server_config.ini 中进行配置,故 Client_config.ini 只要配置虚拟被控对象运行在哪台计算机上,即运行虚拟被控对象程序计算机的 IP 地址是什么。若虚拟被控对象与 TEST_Dll.dll 运行在同一台计算机上,则 Client_config.ini 配置为本机地址,即 TcpipAddress=127.0.0.1;若虚拟被控对象与 TEST_Dll.dll 不运行在同一台计算机上,例如运行在 IP 地址为 192.168.10.220 的计算机上,则只要设置 TcpipAddress=192.168.10.220。

为了方便读者编程,在虚拟输入/输出过程通道中我们还设计了 5 个函数供编程者调用,它们被封装在 TEST_Dll.dll 文件中,用户只要在 C♯ 或 C++ 开发环境下"引用"即可使用。5 个函数的类名为 comm,分别为:

(1) comm.init()　用于建立主控计算机、虚拟输入/输出过程通道和虚拟被控对象的连接。函数原型为:

Public　static　void　init()

函数调用代码实例:comm.init();

(2) comm..exit()　断开所有连接并释放资源。函数原型为:

Public　static　void　init()

函数调用代码实例:comm.exit();

(3) comm.Write_Data(double setup,double u)　写设定值和控制值到虚拟被控对象,其中第一个参数为设定值,第二个参数为控制值。这是为了使虚拟被控对象能将用户指定的曲线与实际运行曲线进行显示比较。

控制值的大小范围受 server_config.ini 文件的 U_Max,U_Min,U_Zero 控制,设定值 setup 的大小范围受 server_config.ini 文件的 Y_Max,Y_Min 控制。函数原型为:

public static void Write_Data(double setup,double u)

函数调用代码实例:

double　My_Setup,My_Control_Output;

My_Setup　=　150;

Control_Output　=　50;

Comm.Write_Data(My_Setup Control_Output);

(4) comm.Read_y2()　用于读取虚拟被控对象的输出,返回双精度输出值数据。函数原型为:

public static double Read_y2()

函数执行调用码实例:

double　My_Output;

My_Output=comm. Read_y2();

(5) comm. Read_y1() 用于读取虚拟被控对象的中间环节输出值或干扰输入值。在虚拟被控对象被设置为类型1、2、3时,读取虚拟被控对象的中间环节输出值;在虚拟被控对象被设置为类型4(即前馈结构)时,读取虚拟被控对象的干扰输入值。之所以要读取虚拟被控对象的中间对象输出值是为了能进行状态反馈控制实验或串级控制实验,之所以要读取虚拟被控对象的干扰输入值是为了能进行前馈控制实验。函数原型为:

public static double Read_y2()

函数调用代码实例:

double My_Value;

My_Value;=comm. Read_y1();

从上面的函数调用举例可以看出,Write_Data 相当于 D/A 转换函数,Read_y2(),Read_y1()相当于 A/D 转换函数。系统运行后,当用户调用虚拟 D/A 转换函数时,虚拟被控对象通过虚拟输入/输出过程通道接收用户送过来的控制值和设定值,送过来的控制值会随机产生 D/A 转换误差,计算机会根据 D/A 转换结果和用户设定的模型结构、参数自动动态计算输出值,并在趋势曲线上显示。当用户调用虚拟 A/D 转换函数时,虚拟被控对象会将所算出的输出值或干扰输入值通过虚拟输入/输出过程通道送出,送出时会随机产生 A/D 转换误差。

B.4 基于虚拟实验平台的计算机控制实验编程指导

1) 控制程序与虚拟被控对象、虚拟输入/输出过程通道的关系

虚拟被控对象、虚拟输入/输出过程通道与用户编写的控制程序关系如图 B.8 所示。可以看出,TEST_Dll.dll 和 Client_config.ini 必须放在同一个目录,而且要和用户编写的控制程序放在一台计算机上,供用户编写的控制程序调用。ControlObject.exe 和 server_config.ini 文件必须放在同一个目录,但可以不和用户编写的控制程序放在同一台计算机。

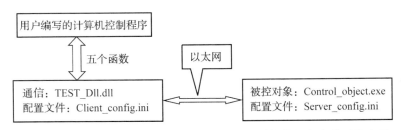

图 B.8 虚拟被控对象、虚拟输入/输出过程通道与控制程序关系示意图

2) 编程注意事项

(1) 首先根据实验目的设置虚拟被控对象的特性,通过修改 Server_config.ini 文件实现。

(2) 根据虚拟被控对象是运行在本机还是运行在另外一台计算机配置虚拟输入/输出过程通道和虚拟被控对象的连接,通过修改 Client_config.ini 文件实现。

(3) 在你的控制程序项目中引入动态库 TEST_Dll.dll，然后进行编程。

(4) 编程时初始化函数 comm.init() 必须首先调用，且只能调用一次；然后可反复调用写函数 comm.Write_Data 和读函数 comm.Read_y2()、comm.Read_y1()；程序终止时可调用退出函数 comm.exit() 以释放被控对象所占计算机资源。

(5) 受计算机硬件、Windows 操作系统和网络通信速度等限制，虚拟被控对象要求系统采样周期必须大于等于 0.5 s，若低于 0.5 s 可能会导致虚拟 A/D 和 D/A 转换误差变大。采样周期由用户程序决定；因此，在设置被控对象参数时应注意惯性时间常数不要太小。

(6) 注意即使在一台计算机上运行用户程序和虚拟被控对象程序，两个程序之间也是通过以太网通信交换数据。要使用户程序和虚拟被控对象程序通信正常，必须先运行虚拟被控对象程序，然后运行用户程序。如果还有问题，应该检查计算机网络是否能 Ping 通。

(7) 计算机的操作系统日期格式为长日期格式。一般缺省情况 Windows 的日期格式为长日期格式，若为短日期格式，请在 Windows 操作系统控制面板下"区域和语言选项"中修改。

3) 参考程序框图

参考程序框图如图 B.9 所示。注意该框图是程序逻辑框图，不是真正的程序框图。逻辑框图中数据初始化部分程序在用户的"启动"按钮鼠标点击事件中编写；以定时器程序开始到定时器程序结束的程序在"定时器"事件中编写；退出部分程序在"退出"按钮鼠标点击事件中编写，或在窗口关闭事件中编写。

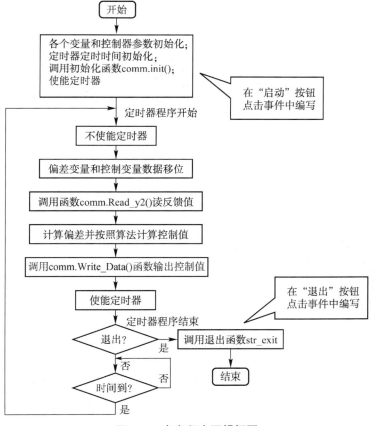

图 B.9　参考程序逻辑框图

B.5　实验一　虚拟被控对象计算机 PID 控制实验指导书

一、实验目的
1. 熟悉计算机控制系统的基本构成；
2. 掌握 PID 控制算法编程，实现计算机 PID 闭环控制；
3. 通过计算机 PID 闭环控制实验，掌握整定 PID 控制器参数的基本技巧；
4. 掌握越限报警处理技术，并会编程实现；
5. 掌握计算机控制的手动/自动无扰切换技术，并会编程实现。

二、实验设备和支撑软件
1. 至少一台 PC 计算机（最好 2 台），要求安装 Windows 操作系统和 Microsoft. NET Framework 4.0 或以上版本软件。若为两台计算机则要求两台计算机用以太网连接并在一个局域网内，其中运行虚拟被控对象软件的计算机必须分配局域网 IP 地址（即运行控制程序的计算机能通过 IP 地址 Ping 通运行虚拟被控对象软件的计算机）；
2. 虚拟被控对象和虚拟输入/输出过程通道支撑软件；
3. 开发环境支撑软件（如 Microsoft Visual Studio 2010）。

三、实验原理
实验原理如图 B.10 所示。

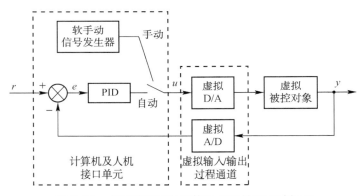

图 B.10　虚拟被控对象计算机 PID 控制系统框图

1. 计算机控制系统组成

由被控对象、输入/输出过程通道、计算机及人机接口单元组成。其中被控对象、输入/输出过程通道都是由软件实现，因此被称为虚拟被控对象和虚拟输入/输出过程通道。

2. 被控对象

被控对象如图 B.4 所示。

3. PID 控制算法

$$u_k = u_{k-1} + K_p(e_k - e_{k-1}) + K_i e_k + K_d(e_k - 2e_{k-1} + e_{k-2})$$

式中：K_p——比例系数；$K_i = \dfrac{K_p T}{T_i}$——积分系数；$K_d = K_p \dfrac{T_d}{T}$——微分系数。

根据被控对象和环境等不同，还可以采用积分分离 PID 算法、变速积分 PID 算法、微分先行 PID 算法、智能 PID 算法等多种形式的 PID 控制算法。

4. PID 参数整定方法

(1) 选择合适的采样周期 T；

(2) 选择合适的整定方法：临界比例度法、阶跃响应曲线法、试凑法等。

5. 程序流程图

程序流程图如图 B.11 所示。注意该框图是程序逻辑框图，不是真正程序框图。

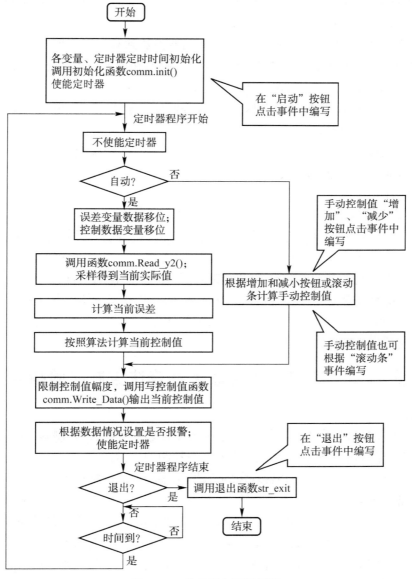

图 B.11　参考程序逻辑框图

四、实验步骤

1. 消化并理解"虚拟被控对象计算机控制实验简介"B.1、B.2、B.3、B.4 中的内容；

2. 思考实验应如何进行,预先编写好手动控制程序、PID 闭环控制程序、越限报警程序以及手动到自动无扰切换程序。参考程序逻辑流程图如图 B.11 所示;

3. 按照被控对象要求设置配置文件 Server_config.ini,运行虚拟被控对象观察是否正常;

4. 根据运行环境配置 Client_config.ini 文件,将自己预先编写好的程序进行编译、运行;

5. 手动控制虚拟被控对象,观测虚拟 D/A 转换是否正常。通过虚拟 A/D 转换函数读取系统输出值,观测虚拟 A/D 转换是否正常;

6. 对系统实行 PID 闭环控制,整定 PID 控制器参数到较理想状况,要求系统阶跃响应曲线符合典型二阶系统要求,对精度暂时不做硬性规定,用屏幕硬拷贝记录阶跃响应曲线。

7. 观看施加扰动情况,记录实验结果;

8. 设定越限报警输出值,报警死区值,手动控制使其越限报警和消除报警,观看报警死区大小对报警情况的影响;

9. 进行手动到自动的无扰切换控制实验,用屏幕硬拷贝记录响应曲线。

五、整理实验数据、书写实验报告

1. 实验目的;
2. 实验设备和支撑软件;
3. 实验原理(除本指导书所给的原理外还要求给出报警、手动到自动无扰切换原理);
4. 实验步骤、结果及结果分析:
(1) 给出 PID 控制参数的整定方法及整定结果(包括采样周期);
(2) 列出屏幕硬拷贝的 PID 控制阶跃响应曲线,对扰动记录结果进行分析;
(3) 列出报警记录情况,对报警记录结果进行分析;
(4) 列出程序逻辑框图和程序清单。

B.6 实验二 虚拟被控对象大林算法控制实验指导书

一、实验目的

1. 了解大林控制算法的适用范围,熟悉其基本原理,掌握大林控制算法的设计与编程;
2. 研究采样周期、目标传递函数对大林算法控制的影响;
3. 掌握大林控制算法消除振铃现象的方法,会编程抑制振铃现象。

二、实验设备和支撑软件

1. 至少一台 PC 计算机(最好两台),要求安装 Windows 操作系统和 Microsoft.NET Framework 4.0 或以上版本软件。若为两台计算机则要求两台计算机用以太网连接并在一个局域网内,其中运行虚拟被控对象软件的计算机必须分配局域网 IP 地址(即运行控制程序的计算机能通过 IP 地址 Ping 通运行虚拟被控对象软件的计算机)。

2. 虚拟被控对象和虚拟输入/输出过程通道支撑软件。

3. 开发环境支撑软件(如 Microsoft Visual Studio 2010)。

三、实验原理

实验原理如图 B.12 所示。

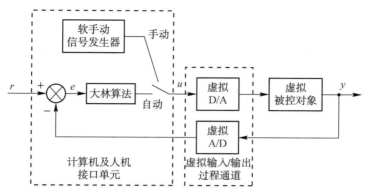

图 B.12 虚拟被控对象大林算法控制系统框图

1. 被控对象

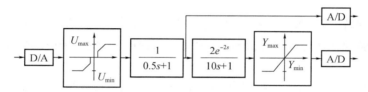

图 B.13 虚拟被控对象结构框图

被控对象如图 B.13 所示,传递函数为

$$G(s)=\frac{Ke^{-\tau s}}{(T_1 s+1)(T_2 s+1)}$$

式中:$T_1=0.5$,$T_2=10$,$\tau=2$。若取采样周期 T 满足 $\frac{\tau}{T}=N$(N 为整数),则对象的脉冲传递函数为

$$G(z)=Z\left[\frac{1-e^{-Ts}}{s}\frac{Ke^{-NTs}}{(T_1 s+1)(T_2 s+1)}\right]=\frac{K(C_1+C_2 z^{-1})z^{-N-1}}{(1-e^{-\frac{T}{T_1}}z^{-1})(1-e^{-\frac{T}{T_2}}z^{-1})}$$

式中:

$$\begin{cases} C_1=1+\dfrac{1}{T_2-T_1}(T_1 e^{-\frac{T}{T_1}}-T_2 e^{-\frac{T}{T_2}}) \\ C_2=e^{-T(\frac{1}{T_1}+\frac{1}{T_2})}+\dfrac{1}{T_2-T_1}(T_1 e^{-\frac{T}{T_2}}-T_2 e^{-\frac{T}{T_1}}) \end{cases}$$

2. 控制器设计

假设系统期望的闭环传递函数为

$$H(s)=\frac{e^{-\tau s}}{T_0 s+1}$$

则闭环系统的脉冲传递函数为

$$H(z)=\frac{(1-e^{-\frac{T}{T_0}})z^{-N-1}}{1-e^{-\frac{T}{T_0}}z^{-1}}$$

于是控制器的传递函数为

$$D(z) = \frac{1}{G(z)} \cdot \frac{H(z)}{1-H(z)} = \frac{(1-e^{-\frac{T}{T_0}})(1-e^{-\frac{T}{T_1}}z^{-1})(1-e^{-\frac{T}{T_2}}z^{-1})}{K(C_1+C_2z^{-1})[1-e^{-\frac{T}{T_0}}z^{-1}-(1-e^{-\frac{T}{T_0}})z^{-N-1}]}$$

3. 振铃现象的消除

直接按照大林算法设计的控制器可能会产生振铃现象，其根源是控制器 $D(z)$ 含 $z=-1$ 附近的极点。因为

$$1-e^{-\frac{T}{T_0}}z^{-1}-(1-e^{-\frac{T}{T_0}})z^{-N-1} = (1-z^{-1})[1+(1-e^{-\frac{T}{T_0}})(z^{-1}+z^{-2}+\cdots+z^{-N})]$$

而 $1+(1-e^{-\frac{T}{T_0}})(z^{-1}+z^{-2}+\cdots+z^{-N})$ 可能含有左半 Z 平面根，因此消除振铃的方法是令 $z=1$，这样就取消了该极点，即

$$1+(1-e^{-\frac{T}{T_0}})(z^{-1}+z^{-2}+\cdots+z^{-N})=1+(1-e^{-\frac{T}{T_0}})(1+1+\cdots+1)=1+N(1-e^{-\frac{T}{T_0}})$$

4. 程序流程图

程序流程图如图 B.11 所示，只有控制算法和实验一不同。注意其是程序逻辑框图，不是真正程序框图。

四、实验步骤

1. 消化并理解"虚拟被控对象计算机控制实验简介"B.1、B.2、B.3、B.4 中的内容；

2. 思考实验应如何进行，预先编写好手动控制程序、大林算法控制程序、振铃消除大林算法控制程序；

3. 按照被控对象要求设置配置文件 Server_config.ini，运行虚拟被控对象，观察是否正常；

4. 根据运行环境配置 Client_config.ini 文件，将自己预先编写好的程序进行编译、运行；

5. 手动控制虚拟被控对象，观测虚拟 D/A 转换是否正常，通过虚拟 A/D 转换函数读取系统输出值，观测虚拟 A/D 转换是否正常；

6. 对系统实行大林算法闭环控制，研究不同采样周期、不同闭环目标传递函数的控制情况，用屏幕硬拷贝记录典型的阶跃响应曲线；

7. 对系统实行消除振铃的大林算法闭环控制，用屏幕硬拷贝记录典型的阶跃响应曲线；

8. 观看施加扰动情况，用屏幕硬拷贝记录抗扰动实验结果。

五、整理实验数据、书写实验报告

1. 实验目的；
2. 实验设备和支撑软件；
3. 实验原理；
4. 实验步骤、结果及结果分析：

（1）列出不同采样周期屏幕硬拷贝的大林算法控制阶跃响应曲线，对记录结果进行分析；

（2）列出不同闭环目标传递函数屏幕硬拷贝的大林算法控制阶跃响应曲线，对记录结果进行分析；

(3) 列出消除振铃现象屏幕硬拷贝的大林算法控制阶跃响应曲线,对记录结果进行分析;

(4) 列出程序逻辑框图和程序清单。

B.7 实验三 计算机前馈与反馈相结合控制实验指导书

一、实验目的

1. 熟悉计算机前馈与反馈相结合控制系统的基本构成;
2. 掌握计算机前馈与反馈相结合控制算法编程,实现前馈与反馈相结合的闭环控制;
3. 比较纯反馈控制、前馈和反馈相结合控制的实际控制效果,加深理解前馈控制的基本原理。

二、实验设备和支撑软件

1. 至少一台 PC 计算机(最好两台),要求安装 Windows 操作系统和 Microsoft.NET Framework 4.0 或以上版本软件。若为两台计算机则要求两台计算机用以太网连接并在一个局域网内,其中运行虚拟被控对象软件的计算机必须分配局域网 IP 地址(即运行控制程序的计算机能通过 IP 地址 Ping 通运行虚拟被控对象软件的计算机);

2. 虚拟被控对象和虚拟输入/输出过程通道支撑软件;

3. 开发环境支撑软件(如 Microsoft Visual Studio 2010)。

三、实验原理

实验原理如图 B.14 所示。

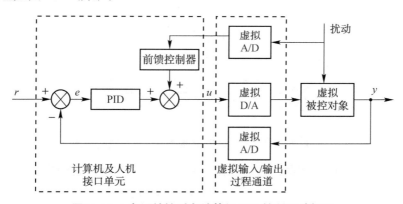

图 B.14 虚拟被控对象计算机 PID 控制系统框图

1. 计算机控制系统组成

由虚拟被控对象、虚拟输入/输出过程通道、计算机及人机接口单元组成。其中控制器由常规 PID 控制字和前馈控制器组成。

2. 被控对象

被控对象如图 B.7 所示。

3. PID 控制算法

$$u_k = u_{k-1} + K_p(e_k - e_{k-1}) + K_i e_k + K_d(e_k - 2e_{k-1} + e_{k-2})$$

式中:K_p——比例系数;$K_i=\dfrac{K_p T}{T_i}$——积分系数;$K_d=K_p\dfrac{T_d}{T}$——微分系数。

根据被控对象和环境等不同,还可以采用积分分离 PID 算法、变速积分 PID 算法、微分先行 PID 算法、智能 PID 算法等多种形式的 PID 控制算法。

4. PID 参数整定方法

(1) 选择合适的采样周期 T;

(2) 选择合适的整定方法:临界比例度法、阶跃响应曲线法、试凑法等。

5. 前馈补偿原理

如图 B.15 所示,$G(s)$ 为被控对象的传递函数,$G_f(s)$ 为干扰通道的传递函数,反馈控制器为 PID 控制器,$D_f(z)$ 为前馈控制器的脉冲传递函数。

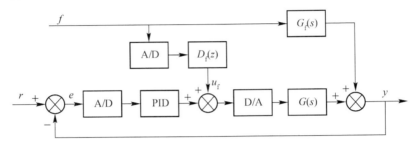

图 B.15　前馈—反馈控制系统结构框图

按照数字控制器连续系统方法设计系统的连续等价系统模型结构框图如图 B.16 所示。

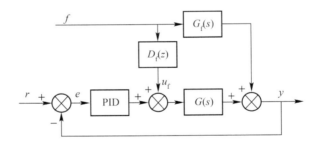

图 B.16　前馈—反馈控制连续等价系统结构框图

假定 $D_f(s)$ 表示前馈控制器的传递函数,则由图 B.16 可以得到干扰 f 产生的输出为

$$Y_f(s)=[D_f(s)G(s)+G_f(s)]F(s)$$

完全补偿的条件是干扰信号的 Laplace 变换 $F(s)\neq 0$ 时输出 Laplace 变换 $Y_f(s)=0$,因此,由上式可得到完全补偿时前馈控制器的传递函数为

$$D_f(s)=-\dfrac{G_f(s)}{G(s)}$$

对上式按照数字控制器连续系统方法进行离散化就可得到前馈控制器的数字控制器,进而可得到前馈控制器的数字控制算法。

6. 程序流程图

程序流程图如图 B.11 所示,只有控制算法和实验一不同。注意其框图是程序逻辑框图,不是真正的程序框图。

四、实验步骤

1. 消化并理解"虚拟被控对象计算机控制实验简介"B.1、B.2、B.3、B.4 中的内容;
2. 思考实验应如何进行,预先编写好手动控制程序、PID 闭环控制程序、前馈—PID 闭环控制程序;
3. 按照被控对象要求设置配置文件 Server_config.ini,运行虚拟被控对象观察是否正常;
4. 根据运行环境配置 Client_config.ini 文件,将自己预先编写好的程序进行编译、运行;
5. 手动控制虚拟被控对象,观测虚拟 D/A 转换是否正常。通过虚拟 A/D 转换函数读取系统输出值,观测虚拟 A/D 转换是否正常;
6. 对系统实行 PID 闭环控制,整定 PID 控制器参数到较理想状况,要求系统阶跃响应曲线符合典型二阶系统要求,对精度暂时不做硬性规定,用屏幕硬拷贝记录阶跃响应曲线;
7. 观察施加扰动情况,记录实验结果;
8. 对系统实行 PID+前馈闭环控制,观察施加扰动情况,记录实验结果。

五、整理实验数据、书写实验报告

1. 实验目的;
2. 实验设备和支撑软件;
3. 实验原理;
4. 实验步骤、结果及结果分析:
   (1) 给出 PID 控制参数的整定方法及整定结果(包括采样周期);
   (2) 列出屏幕硬拷贝的 PID 控制阶跃响应曲线,对扰动记录结果进行分析;
   (3) 列出屏幕硬拷贝的 PID+前馈控制阶跃响应曲线,对扰动记录结果进行分析;
   (4) 列出程序逻辑框图和程序清单。

参考文献

[1] 于海生,等. 微型计算机控制技术. 北京:清华大学出版社,2009
[2] 王勤. 计算机控制技术. 南京:东南大学出版社,2003
[3] 辅小荣,陈益飞. 计算机控制技术. 北京:国防工业出版社,2012
[4] 方彦军,张荣. 计算机控制技术. 北京:中国水利水电出版社,2012
[5] 戴先中,马旭东. 微机硬件应用实践——原理与接口. 南京:东南大学出版社,2003
[6] 田玉平,蒋珉,李世华. 自动控制原理. 北京:科学出版社,2006
[7] 姜学军,等. 计算机控制技术. 北京:清华大学出版社,2009
[8] 刘雨棣,雷新颖. 计算机控制技术. 西安:西安交通大学出版社,2013
[9] 王建华. 计算机控制技术. 北京:高等教育出版社,2009
[10] 周志峰. 计算机控制技术. 北京:清华大学出版社,2014
[11] 曹佃国,等. 计算机控制技术. 北京:人民邮电出版社,2013
[12] 黄福彦,陆绮荣,程大方. 集散控制系统网络结构的研究. 自动化仪表,2010,31(1):10-12
[13] 郝晓弘,马向华. 论现场总线控制系统. 自动化与仪表,2001,16(3):1-5
[14] 张士超,等. 集散控制系统的发展及应用现状. 微计算机信息,2007,23(1):94-96
[15] 刘川来,胡乃平. 计算机控制技术. 北京:机械工业出版社,2013
[16] 张燕红,等. 计算机控制技术. 南京:东南大学出版社,2008
[17] 俞光昀,等. 计算机控制技术. 北京:电子工业出版社,2014
[18] 徐文尚,等. 计算机控制系统. 北京:北京大学出版社,2007
[19] 王锦标. 计算机控制系统. 北京:清华大学出版社,2008
[20] 夏建全,赵又新. 工业计算机控制技术. 北京:清华大学出版社,2006
[21] 郑大钟. 线性系统理论. 北京:清华大学出版社,2003
[22] 赵众,等. 集散控制系统原理及其应用. 北京:电子工业出版社,2007
[23] 曲丽萍,白晶. 集散控制系统及其应用实例. 北京:化学工业出版社,2007
[24] 施保华,等. 计算机控制技术. 武汉:华中科技大学出版社,2007
[25] 李国勇. 计算机仿真技术与CAD. 北京:电子工业出版社,2012
[26] 李雪霞. 微型计算机控制技术实验教程. 西安:西北工业大学出版社,2015
[27] 潘新民. 微型计算机控制技术. 北京:电子工业出版社,2014